"十五五"普通高等教育人工智能专业系列教材

机器学习
算法思想与实践

夏家莉　白耀辉　卢思洋◎主编

中国铁道出版社有限公司
CHINA RAILWAY PUBLISHING HOUSE CO., LTD.

内 容 简 介

本书是一本面向多领域读者的基础通识教材，旨在以通俗易懂的方式揭开机器学习的神秘面纱，帮助读者理解机器学习算法本质，并具备实际应用能力。本书以“从生活到算法”为核心理念，引导读者轻松跨越理论与实践的鸿沟，兼顾学术性与实用性：一方面，以人类解决问题的思路理解算法逻辑，降低算法理解门槛；另一方面，提供丰富的实践案例与配套代码，培养读者的工程化思维。

本书系统讲解了机器学习的基础知识体系与实践框架，共 8 章。首先介绍机器学习的基本概念、发展历程及分类(监督学习、无监督学习等)，接着深入讲解相似度计算、模型性能评估、数据收集、特征工程等核心环节，并针对常见算法(如线性回归、决策树、支持向量机、集成学习等)，结合生活化案例剖析其设计思想与实现逻辑。最后，本书专设 Python 编程基础与经典算法实践章节，通过完整案例演示数据准备、模型训练到评估优化的全过程，并辅以代码示例与单元测试指导，助力读者提升机器学习算法的代码实践能力。

本书适合作为普通高等院校人工智能相关专业本科生、研究生的教材，也可供相关技术人员阅读参考。

图书在版编目(CIP)数据

机器学习算法思想与实践 / 夏家莉，白耀辉，卢思洋主编. -- 北京 ：中国铁道出版社有限公司，2025. 8.
(“十五五”普通高等教育人工智能专业系列教材).
ISBN 978-7-113-32308-0

Ⅰ. TP181

中国国家版本馆 CIP 数据核字第 2025TE9996 号

书　　名：**机器学习算法思想与实践**
作　　者：夏家莉　白耀辉　卢思洋

策　　划：秦绪好　曹莉群　　　　**编辑部电话**：(010) 63549508
责任编辑：闫钇汛　贾淑媛
封面设计：高博越
责任校对：刘　畅
责任印制：赵星辰

出版发行：中国铁道出版社有限公司 (100054，北京市西城区右安门西街 8 号)
网　　址：https://www.tdpress.com/51eds
印　　刷：北京鑫益晖印刷有限公司
版　　次：2025 年 8 月第 1 版　2025 年 8 月第 1 次印刷
开　　本：787 mm×1 092 mm　1/16　**印张**：18.5　**字数**：471 千
书　　号：ISBN 978-7-113-32308-0
定　　价：62.00 元

前　言

在这个快速发展的时代，人工智能已经成为了人们生活、工作和学习的重要组成部分，其重要分支与基础支撑技术——机器学习，凭借卓越的数据处理与分析能力，为各行各业带来前所未有的机遇和变革。

笔者通过长期教学实践发现，学生普遍认为机器学习深奥难懂，因而产生畏难情绪，有一些本科生乃至硕士研究生虽能应用算法却难以深入理解其本质。本书旨在改变这一现状，通过系统性引导来助力学习者突破认知瓶颈。

机器学习算法的思想源于人类智慧，每一种算法都受到生活的启发，映射着现实问题的解决逻辑。基于此，本书从人类解决问题的思路入手，以图文并茂、通俗易懂的方式逐步引导读者掌握各种机器学习算法思想，为读者提供一份系统而全面的机器学习指南，让读者发现身边的机器学习算法，将人工智能的学习变成一件轻松愉快而高效的事情。本书配有完整的实践案例和代码，帮助读者掌握模型构建，并将抽象理论与实际应用场景深度融合，使学习机器学习算法成为兼具效率与深度的探索过程。

作为机器学习的基础通识教材，本书面向多学科背景的读者群体，无论是零基础入门者还是具备一定经验的研究者，通过学习本书都将开启人工智能学习的大门。

全书包含以下内容：绪论（第 1 章）系统阐述机器学习的基本概念、技术框架与发展脉络，解析监督学习、无监督学习、半监督学习及强化学习的核心范式。相似度计算（第 2 章）是衡量不同对象之间相似程度的重要工具，介绍了各种相似度计算方法，包括距离测度、相似测度和匹配测度，为数据分析、推荐系统等提供了理论支持。性能度量（第 3 章）深入探讨分类任务中的准确率、精确率、召回率、F 值及 ROC 曲线，回归任务中的 MAE、MSE、RMSE 与 R^2 指标，结合实例阐明模型评估方法论。数据收集（第 4 章）解析数据采集策略，重点阐释数据清洗、缺失值处理、归一化等预处理方法，通过行业案例展示高质量数据构建路径。特征工程（第 5 章）从特征构建、变换到选择，逐层剖析提升模型性能的关键技术，结合实战案例揭示特征优化的核心逻辑。机器学习算法思想（第 6 章）以线性回归、决策树、支持向量机、k 近邻等经典算法为主线，通过生活化的案例阐释算法本质。Python 基础（第 7 章）系统介绍 numpy、pandas、matplotlib 等工具库的应用规范，强调代码质量与测试方法，夯实算法实践基础。经典机器学习算法实践（第 8 章）以线性回归、神经网络等典型场景为例，完整演示从数据准备、模型训练到效果评估的全流程，通过项目级案例深化技术应用能力。

本书由夏家莉、白耀辉、卢思洋任主编，研究生许睿、宋文琴、王昊、易开楠、黄凯越、胡雪辉、韩宁宁、徐靖尧、林在超、李昊然、范嘉豪、李斌等参与书稿录入、案例设计和代码验证。所有内容经夏家莉统稿，确保知识体系的严谨性与实践指导价值。

人工智能技术正经历跨越式发展，对机器学习的认知亦需持续迭代，本书立足教学实践经验编写而成，力求为人工智能人才培养提供可靠的知识载体。书中不足之处谨请读者和同行专家不吝指正，我们将虚心接受、认真对待，并在后期的版本中修正。

愿每一位探索者在此书中获得启发，于机器学习的领域中找到属于自己的光辉道路，共同见证这一伟大技术的蓬勃发展。

编　者

2025 年 3 月

目　录

第1章 绪论

随着人工智能技术的飞速发展，机器学习在各个领域的应用越来越广泛，成为推动技术创新和产业变革的重要力量。机器学习通过从数据中学习和提取模式，使计算机具备自动分析和决策的能力，解决了许多传统方法难以处理的复杂问题。本章对机器学习进行了综述，涵盖了其基本概念、工作流程、常用工具和框架，并深入探讨了当前面临的挑战及未来的发展方向，旨在为读者提供全面的知识框架，帮助理解其核心概念、技术和应用，以及当前的研究热点和未来的发展趋势。通过对机器学习各个方面的详细介绍，希望能够激发读者对这一领域的兴趣，推动更多创新和实践应用。

学习目标

- 掌握机器学习的基本概念与关键术语。
- 掌握机器学习的分类方法，包括监督学习、无监督学习和强化学习等。
- 了解机器学习常用算法及其应用场景。

1.1 机器学习的定义

机器学习是人工智能的一个重要分支，其核心在于构建能够从数据中学习并改进其性能的算法和模型。机器学习的目标是使计算机具备自动从数据中提取知识和经验，并在此基础上进行推断和决策的能力，而无须为每个具体问题编写详细的程序。

Arthur Samuel 在 20 世纪 50 年代首次提出了“机器学习”这一术语，他将其定义为“赋予计算机在没有明确编程的情况下学习能力的领域”。Samuel 的定义强调了机器学习的核心思想，即计算机能够通过数据经验自动改进自身性能。这种自我改进的能力使得计算机不仅能够执行预先编写的程序，还能通过学习数据中的模式和规律，不断提升其在特定任务上的表现。例如，Samuel 开发的西洋跳棋程序，通过自我对弈，不断优化其策略，展示了机器学习的潜力。

Tom Mitchell 在其经典教材《机器学习》中给出了一个更正式和广泛引用的定义：“如果一个计算机程序在某些任务上通过经验 E 进行学习，并且其性能 P 随着经验 E 的积累而提高，则该程序被称为从经验 E 中学习。”Mitchell 的定义明确了机器学习的三个关键要素：任务（task）、经验（experience）和性能（performance）。

①任务：这是指计算机程序要完成的具体工作或问题。例如，在垃圾邮件过滤任务中，任务

就是区分电子邮件是垃圾邮件还是正常邮件。

②经验:这是指程序在执行任务过程中所获取的数据或知识。例如,垃圾邮件过滤系统的经验就是已经标记好的电子邮件样本,这些样本包含了垃圾邮件和正常邮件的实例。

③性能:这是指程序在执行任务时的表现或效果。性能可以通过某种指标来衡量,例如垃圾邮件过滤系统的性能可以通过其分类准确率来评估,即正确识别垃圾邮件和正常邮件的比例。

Mitchell 的定义不仅清晰地阐述了机器学习的基本概念,还为理解和分析不同的机器学习算法提供了框架。在这一框架下,人们可以具体地讨论每种算法在不同任务上的适用性、通过哪些经验进行学习,以及如何评估其性能。例如,在监督学习中,算法通过已标注的数据(经验)进行训练,目标是提高其在新数据(测试数据)上的预测性能。而在无监督学习中,算法通过未标注的数据进行学习,目的是发现数据中的结构或模式,如聚类任务中发现相似的数据点群体。

机器学习的定义不仅停留在理论层面,也有着广泛的实际应用。从电子邮件过滤、图像识别、语音识别,到自动驾驶、个性化推荐系统,机器学习正在改变人们的生活方式和工作模式。通过不断积累经验和优化性能,机器学习系统能够适应不同的应用场景和需求,展示了其强大的灵活性和适应性。

机器学习是一个动态和不断发展的领域,其核心在于通过数据经验改进计算机程序的性能。Arthur Samuel 和 Tom Mitchell 的定义为理解这一领域提供了基础,使人们能够更深入地探讨和应用机器学习技术。

1.2 机器学习的历史背景

机器学习的发展经历了几个重要阶段,每个阶段都有其独特的技术突破和应用场景。以下是这些阶段的大致描述。

1.2.1 早期探索阶段(20 世纪 50 年代至 20 世纪 70 年代)

机器学习的概念可以追溯到 20 世纪 50 年代。当时,人工智能的主要目标是开发能够模仿人类智能的系统。1956 年,达特茅斯会议标志着人工智能研究的正式开始,这次会议被广泛认为是人工智能领域的奠基事件。在这次会议上,研究人员提出了人工智能的基本构想,并讨论了如何通过机器模拟人类的学习和推理过程。

这一时期的研究主要集中在符号主义方法和规则系统上,研究人员试图通过逻辑推理和专家系统来构建智能机器。符号主义方法基于符号处理和逻辑推理,试图通过明确的规则和知识库来模拟人类的认知过程。专家系统是这一时期的代表性成果,它们依靠专家知识和推理规则来解决特定领域的问题,如医疗诊断和故障检测。

Arthur Samuel 的西洋跳棋程序是早期机器学习的一个典型例子。1959 年,Samuel 开发了一个可以通过自我对弈进行学习的跳棋程序。该程序使用一种被称为“alpha-beta 剪枝”的算法来优化搜索过程,并通过自我对弈和参数调整来逐步改进其游戏策略。Samuel 的跳棋程序展示了计算机通过经验学习的潜力,是早期机器学习研究的重要里程碑。

在此期间,另一个重要的突破是感知器模型的提出。1957 年,Frank Rosenblatt 提出了感知器(perceptron)模型,这是一个简单的线性分类器,可以根据输入数据的特征进行分类。尽管早期的感知器模型只能解决线性可分问题,但它为后来的神经网络研究奠定了基础。

尽管早期探索阶段取得了一些重要成果，但这一时期的机器学习研究也面临许多挑战和限制。符号主义方法和规则系统依赖于明确的规则和知识库，难以处理复杂和模糊的问题。此外，早期的机器学习算法在计算能力和数据资源有限的情况下，性能受到很大限制。

总体来说，20世纪50年代至70年代是机器学习的初期探索阶段。这一时期的研究为机器学习的发展奠定了基础，尽管面临许多技术和理论上的挑战，但通过符号主义方法和早期的学习算法，研究人员开始逐步揭示机器学习的潜力和应用前景。Arthur Samuel的跳棋程序和Rosenblatt的感知器模型是这一时期的重要里程碑，展示了计算机通过学习和经验改进性能的可能性。随着计算机技术的发展和数据资源的增加，机器学习将在未来的几十年中迎来更大的突破和进展。

1.2.2 统计学习理论的崛起(20世纪80年代)

20世纪80年代，统计学习理论开始在机器学习领域中崭露头角。这一理论的核心贡献者是Vladimir Vapnik和Alexey Chervonenkis，他们提出了许多关键概念，为机器学习提供了坚实的数学基础。统计学习理论通过引入严格的统计学和概率理论方法，为机器学习模型的性能和泛化能力提供了理论保证。

Vapnik和Chervonenkis在1974年提出的VC维(Vapnik-Chervonenkis dimension)是统计学习理论的核心概念之一。VC维量化了一个模型能够分类数据的复杂程度，从而衡量模型的泛化能力。高VC维意味着模型能够拟合复杂的模式，但同时也可能导致过拟合；低VC维则表明模型较简单，可能难以捕捉数据中的复杂关系。通过平衡模型的复杂度和泛化能力，统计学习理论为模型选择和评估提供了重要的理论依据。

支持向量机(support vector machine，SVM)是统计学习理论的重要成果之一。SVM是一种基于统计学习理论的监督学习方法，能够在高维空间中找到最佳的分类边界。通过最大化分类边界到数据点的最小距离(即最大化间隔)，SVM在分类任务中表现出色。SVM还引入了核函数的概念，使其能够处理非线性分类问题。这一技术突破使得SVM在许多实际应用中得到了广泛应用，如文本分类和生物信息学中的基因分类。

这一时期，机器学习算法逐渐从早期的符号主义和规则系统转向基于概率和统计的方法。概率图模型(如贝叶斯网络和马尔可夫随机场)在处理不确定性和复杂关系方面展现了强大的能力。这些模型通过表示变量之间的概率依赖关系，能够高效地进行推理和学习，广泛应用于图像处理、语音识别和自然语言处理等领域。

神经网络也在这一阶段得到重新关注，尤其是多层感知机(multi-layer perceptron，MLP)和反向传播算法的提出，为深度学习的未来发展奠定了基础。多层感知机通过增加隐藏层，能够表示和学习更复杂的非线性关系。然而，早期神经网络训练过程中存在的主要挑战是“梯度消失”和“梯度爆炸”问题，这使得训练深层神经网络变得困难。

1986年，David Rumelhart、Geoffrey Hinton和Ronald Williams提出的反向传播算法解决了这一问题。反向传播算法通过计算损失函数相对于每个权重的梯度，并沿着梯度下降方向更新权重，从而高效地训练多层感知机。这一算法的提出极大地提升了神经网络的训练效率，使得更深层、更复杂的神经网络成为可能。

在这一时期，统计学习理论和神经网络的发展为机器学习奠定了坚实的理论和技术基础。这些理论和技术不仅在学术研究中取得了重要进展，也在实际应用中展现了巨大的潜力。统计学习理论提供了严谨的数学框架，使得机器学习模型的设计和评估更加科学和系统；神经网络和反向传播算法的突破则为深度学习的发展铺平了道路，推动了机器学习在多个领域的应用和发展。

综上所述，20 世纪 80 年代是统计学习理论崛起的重要阶段，这一理论为机器学习提供了坚实的数学基础和理论支持。同时，神经网络和反向传播算法的提出为深度学习的未来发展奠定了基础，使得机器学习在理论和实践上都取得了重要突破。

1.2.3 数据驱动的方法(20 世纪 90 年代至 21 世纪初)

20 世纪 90 年代，随着计算机硬件性能的提升和互联网的普及，数据驱动的方法在机器学习中变得越来越重要。大量数据不仅提供了丰富的训练资源，也推动了机器学习算法和模型的创新与发展。在这一时期，统计学习方法和神经网络有了更多的应用场景和技术突破，使得机器学习在多个领域取得了显著进展。

在自然语言处理(natural language processing，NLP)领域，数据驱动的方法极大地推动了研究和应用的发展。大量的文本数据和语料库使得基于统计的语言模型和算法得以广泛应用。隐马尔可夫模型(hidden Markov model，HMM)和最大熵模型(maximum entropy，MaxEnt)等统计方法在语音识别、机器翻译和文本分类中表现出色。此外，词嵌入技术(如 Word2Vec)通过将词语表示为高维向量，捕捉了词语之间的语义关系，为许多 NLP 任务提供了基础。

在图像识别领域，数据驱动的方法同样带来了巨大的突破。计算机视觉技术通过大量标注数据训练模型，实现了从简单的边缘检测到复杂的物体识别等任务。1998 年，LeCun 等人提出的卷积神经网络(convolutional neural networks，CNN)在手写数字识别任务中取得了卓越的表现，成为图像识别领域的一个重要里程碑。随着数据集(如 MNIST、CIFAR-10 和 ImageNet)的出现，CNN 和其他基于数据驱动的方法在图像分类、目标检测和图像生成等任务中展现了强大的能力。

在生物信息学领域，数据驱动的方法帮助研究人员处理和分析大量的生物数据。基因组测序技术的进步使得研究人员能够获取大量的基因序列数据。机器学习算法，如支持向量机(SVM)、k 近邻算法(k-nearest neighbor，KNN)和决策树，被广泛应用于基因表达数据分析、蛋白质结构预测和疾病预测等领域。这些算法通过从大量生物数据中学习特征和模式，帮助研究人员揭示生物系统的复杂性和潜在规律。

在这一时期，许多经典的机器学习算法得到了广泛应用，并在各种实际任务中取得了显著成果，如 k 近邻算法(KNN)、决策树(decision trees)、随机森林(random forest)等。同时，随着互联网的普及和大数据的涌现，机器学习的应用场景变得更加丰富。电子商务、社交网络和在线广告等领域的数据量呈爆炸式增长，推动了推荐系统、个性化广告和用户行为分析等应用的发展。推荐系统利用协同过滤和基于内容的算法，为用户提供个性化的商品和服务推荐，大大提升了用户体验和商业价值。

总之，20 世纪 90 年代至 21 世纪初，数据驱动的方法在机器学习中变得越来越重要。随着计算机硬件性能的提升和互联网的普及，大量的数据为统计学习方法和神经网络提供了丰富的训练资源，使得机器学习在自然语言处理、图像识别和生物信息学等领域取得了显著进展。经典算法如 k-近邻、决策树和随机森林在实际应用中发挥了重要作用，推动了机器学习技术的广泛应用和发展。

1.2.4 深度学习时代(21 世纪 10 年代至今)

21 世纪 10 年代以来，深度学习的兴起标志着机器学习进入了一个新的阶段。深度神经网络，特别是卷积神经网络(convolutional nerual network,CNN)和循环神经网络(recurrent neural network,RNN),在图像识别和自然语言处理等任务上取得了突破性的进展。深度学习的成功得益于几个关键因素,包括大规模数据集的可用性、高性能计算资源的发展,以及新的训练算法和模型架构的提出。

深度学习的进展离不开大规模数据集的支持。2012 年,ImageNet 大规模视觉识别挑战赛(ILSVRC)推动了图像识别领域的研究。ImageNet 包含超过 1 400 万张带有标注的图像,为训练深度神经网络提供了丰富的数据资源。Alex Krizhevsky、Ilya Sutskever 和 Geoffrey Hinton 利用 ImageNet 数据集训练的 AlexNet 在 2012 年的 ILSVRC 比赛中取得了显著胜利,展示了深度卷积神经网络在图像分类任务上的强大能力。这一成功引发了学术界和工业界对深度学习的广泛关注和研究热潮。

深度学习模型通常具有大量参数和复杂的计算需求,因此高性能计算资源的发展对于深度学习的成功至关重要。图形处理单元(graphics processing unit,GPU)和专用集成电路(如 Google 的 TPU)提供了强大的并行计算能力,使得训练深度神经网络变得更加高效。GPU 的并行处理能力特别适合用于矩阵运算和大规模数据处理,显著缩短了深度学习模型的训练时间。此外,分布式计算平台和云计算服务(如 TensorFlow、PyTorch 和 AWS)进一步降低了计算资源的获取门槛,使得更多研究人员和开发者能够参与深度学习的研究和应用。

深度学习的另一个重要进展是新的训练算法和模型架构的提出。其中,深度残差网络(residual network,ResNet)和生成对抗网络(generative adversarial network,GAN)是两个具有代表性的例子。由 Kaiming He 等人提出的深度残差网络通过引入残差块(residual block),解决了深度神经网络训练中的梯度消失问题,使得训练更深层次的网络成为可能。ResNet 在 2015 年的 ILSVRC 比赛中取得了冠军,其 152 层的深度网络在多个图像识别任务中表现出色,极大地推动了深度学习在计算机视觉领域的发展。由 Ian Goodfellow 等人提出的生成对抗网络(GAN),通过对抗训练的方式生成高质量的数据。GAN 由生成器(generator)和判别器(discriminator)组成,生成器试图生成逼真的数据,而判别器则试图区分生成的数据和真实数据。GAN 在图像生成、图像修复和风格转换等任务中取得了显著成果,被广泛应用于计算机视觉和生成模型的研究。

在自然语言处理(NLP)领域,深度学习也取得了突破性进展。循环神经网络(RNN)及其变体(如长短期记忆网络和门控循环单元)在处理序列数据方面表现出色。近年来,基于注意力机制的模型(如 Transformer)进一步提升了 NLP 任务的性能。Transformer 模型通过多头自注意力机制实现了并行计算,克服了 RNN 在长序列数据处理中的局限性。基于 Transformer 的 BERT(bidirectional encoder representations from transformers)、GPT(generative pre-trained transformer)等预训练语言模型在机器翻译、文本生成和情感分析等任务中取得了卓越表现,推动了 NLP 研究的飞速发展。

近年来,大型语言模型(large language model,LLM)成为自然语言处理领域的一个重要发展方向。LLM 如 OpenAI 的 GPT(生成预训练变换器)系列和 Google 的 BERT(双向编码器表示的转换器)等,通过在大规模文本数据集上进行预训练,能够捕捉丰富的语义和上下文信息,生成高质量的文本。

GPT 系列:GPT 系列模型通过无监督的预训练和有监督的微调相结合,在多个自然语言处理任务中表现出色。GPT-4,作为目前最先进的语言模型之一,拥有 1 750 亿参数,能够生成自然流畅的文本,执行语言翻译、问题回答和文本摘要等任务,展示了深度学习在自然语言生成和理解方面的强大能力。

BERT：BERT通过双向训练过程理解上下文的双向关系，克服了传统单向模型的局限性。BERT在多个基准测试中取得了领先的性能，推动了问答系统、情感分析和命名实体识别等任务的发展。

深度学习的成功不仅体现在技术层面，其广泛的应用也对各行各业产生了深远影响。从自动驾驶、医疗影像诊断、金融预测到个性化推荐系统，深度学习技术正在改变人们的生活和工作方式。自动驾驶汽车利用深度学习模型进行环境感知和决策，显著提高了行车安全性和自动化水平。医疗领域，深度学习在疾病诊断、药物发现和基因研究中发挥了重要作用，提升了医疗服务的质量和效率。

综上所述，21世纪10年代以来，深度学习的发展标志着机器学习进入了一个新的时代。大规模数据集的可用性、高性能计算资源的发展，以及新的训练算法和模型架构的提出，共同推动了深度学习在各个领域的广泛应用和突破性进展。深度学习不仅在技术上取得了显著成果，也在实际应用中展现了巨大的潜力和价值。

1.3 机器学习的基本概念

机器学习是一门通过数据驱动的方法，让计算机从数据中学习并作出决策的学科。为了更好地理解机器学习的各个方面，了解其基本概念和术语是至关重要的。本小节将对机器学习的类别，以及一些常见术语做一些解释。

1.3.1 机器学习的分类

机器学习可以根据学习方式和数据特征的不同，分为几大类：监督学习、无监督学习、半监督学习和强化学习。每一种分类都有其独特的方法和应用场景。

1. 监督学习

监督学习是一种通过带有标签的训练数据进行学习的方法。在监督学习中，每个训练样本都包含一个输入和一个期望的输出。模型通过学习这些输入输出对，尝试找出输入与输出之间的关系，并利用这个关系对新数据进行预测。监督学习可以进一步分为分类和回归两类：

(1)分类：分类任务的目标是将输入数据分配到离散的类别中。例如，垃圾邮件过滤系统将电子邮件分类为“垃圾邮件”或“正常邮件”。

(2)回归：回归任务的目标是预测连续值。例如，房价预测系统根据房子的特征(如面积、房间数等)预测房子的价格。

常见的监督学习算法包括线性回归、逻辑回归、支持向量机(SVM)、k近邻(KNN)、决策树、随机森林和神经网络等。

2. 无监督学习

无监督学习是一种通过未标注的训练数据进行学习的方法。在无监督学习中，模型没有明确的标签信息，只能根据数据的内在结构进行学习和预测。无监督学习主要用于探索数据的结构、发现模式或进行数据压缩。常见的无监督学习任务包括聚类和降维：

(1)聚类：聚类任务的目标是将数据集中的样本分为多个组(簇)，使得同一组内的样本相似度高，不同组间的样本相似度低。例如，市场营销中客户细分就是一种聚类任务，目的是将具有相似购买行为的客户分到同一组。

(2)降维:降维任务的目标是将高维数据映射到低维空间中,保留数据的主要特征,同时去除冗余信息。例如,主成分分析(principal component analysis,PCA)是一种常见的降维技术,可以将高维数据投影到几个主要成分上。

常见的无监督学习算法包括K均值聚类、层次聚类、主成分分析(PCA)、独立成分分析(independent component analysis,ICA)和t-分布随机邻域嵌入(t-distributed stochastic neighbor embedding,t-SNE)等。

3. 半监督学习

半监督学习介于监督学习和无监督学习之间,它利用少量标注数据和大量未标注数据进行训练。半监督学习的目标是通过利用未标注数据的信息,提高模型的泛化能力和预测性能。这种方法特别适用于获取标注数据成本高或标注过程复杂的场景。例如,半监督学习在医学影像分析中得到了广泛应用,因为标注医学图像需要专业知识,且成本高昂。

常见半监督学习算法包括生成对抗网络(GAN)、自训练(self-training)和图卷积网络(graph convolutional network,GCN)等。

4. 强化学习

强化学习是一种通过与环境互动来学习策略的方法。不同于监督学习和无监督学习,强化学习不依赖于固定的训练数据,而是通过试错过程来获得经验。在强化学习中,智能体(agent)在每一步都采取一个动作(action),并从环境中接收到一个奖励(reward)和下一个状态(state)。智能体的目标是学习一个策略(policy),使得累积奖励最大化。

强化学习在自动控制、机器人技术和游戏AI中有广泛的应用。例如,AlphaGo通过强化学习从与自己对弈中学会了围棋,并击败了人类顶级棋手。

常见的强化学习算法包括Q学习(Q-learning)、深度Q网络(deep Q-network,DQN)、策略梯度(policy gradient)和近端策略优化(proximal policy optimization,PPO)等。

1.3.2 基本术语

理解一些基本术语是非常必要的,以下是一些常见的术语及其定义:

1. 特征

特征(feature)是描述数据样本的单个属性或度量。特征可以是连续值、离散值、二值或分类值。特征的选择和提取对模型的性能有重要影响。例如,在房价预测任务中,房子的面积、房间数和位置等都是特征。

2. 标签

标签(label)是与每个样本关联的输出或目标值。在监督学习中,标签是已知的,模型通过学习输入特征和标签之间的关系进行预测。例如,在垃圾邮件分类任务中,标签是电子邮件的类别(垃圾邮件或正常邮件)。

3. 训练数据

训练数据(training data)是用于训练机器学习模型的数据集,包括输入特征和对应的标签。在训练过程中,模型通过最小化预测输出与真实标签之间的误差来学习特征和标签之间的关系。

4. 测试数据

测试数据(testing data)是用于评估机器学习模型性能的数据集,不用于模型训练。测试数据通常包含输入特征和对应的标签,通过将模型的预测结果与真实标签进行比较,评估模型的泛化能力和性能。

5. 验证数据

验证数据(validation data)是用于调参和选择模型的独立数据集。在训练过程中,通过在验证数据上评估模型的性能,可以选择最优的模型参数和结构,避免过拟合。

6. 模型

模型(model)是通过训练数据学习得到的数学函数,用于从输入特征预测输出标签。不同的机器学习算法对应不同的模型结构,例如线性回归模型、决策树模型和神经网络模型。

7. 损失函数

损失函数(loss function)是衡量模型预测误差的函数,用于指导模型的优化过程。常见的损失函数包括均方误差(MSE)、交叉熵损失和绝对误差(MAE)。模型通过最小化损失函数,优化参数,提高预测精度。

8. 优化算法

优化算法(optimization algorithm)是用于最小化损失函数、调整模型参数的算法。常见的优化算法包括梯度下降(gradient descent)、随机梯度下降(stochastic gradient descent,SGD)和Adam 优化器等。

9. 过拟合

过拟合(overfitting)是指模型在训练数据上表现良好,但在测试数据上表现较差的现象。这通常是因为模型过于复杂,捕捉到了训练数据中的噪声。过拟合可以通过正则化、交叉验证和模型简化等方法来避免。

10. 欠拟合

欠拟合(underfitting)是指模型在训练数据和测试数据上都表现不佳的现象。这通常是因为模型过于简单,无法捕捉数据中的重要模式。欠拟合可以通过增加模型复杂度、引入更多特征和提高数据质量来改善。

11. 交叉验证

交叉验证(cross-validation)是一种评估模型性能的方法,通过将数据集分成多个子集,分别用于训练和测试,循环进行多次评估,以获得模型性能的稳定估计。常见的交叉验证方法包括K 折交叉验证和留一法。

12. 超参数

超参数(hyperparameters)是模型训练过程中需要预先设定的参数,不同于通过训练数据学习得到的模型参数。常见的超参数包括学习率(learning rate)、正则化系数和神经网络的层数等。超参数的选择对模型性能有重要影响,可以通过网格搜索(grid search)和随机搜索(random search)等方法进行优化。

13. 特征工程

特征工程(feature engineering)是指通过选择、转换和组合特征,提升模型性能的过程。特征工程在机器学习中具有重要地位,好的特征可以显著提高模型的准确性和鲁棒性。常见的特征工程方法包括标准化、归一化、编码、缺失值处理和特征选择等。

14. 正则化

正则化(regularization)是用于防止过拟合的一种技术,通过在损失函数中加入惩罚项,限制模型的复杂度。常见的正则化方法包括 L1 正则化(Lasso)和 L2 正则化(Ridge)。L1 正则化会导致一些特征的权重变为零,从而实现特征选择;L2 正则化则通过惩罚权重的平方防止权重过大。

15. 学习率

学习率是优化算法中的一个重要超参数，决定了每次更新模型参数时步长的大小。学习率过大可能导致训练过程不稳定，错过最优解；学习率过小则可能导致训练过程缓慢，难以收敛。学习率的选择对模型训练效果有重要影响，可以通过学习率调度（learning rate scheduling）等方法进行动态调整。

16. 梯度下降

梯度下降是一种常用的优化算法，通过迭代地调整模型参数，最小化损失函数。梯度下降根据损失函数相对于参数的梯度，沿着梯度下降的方向更新参数。常见的梯度下降变体包括批量梯度下降、随机梯度下降（SGD）和小批量梯度下降（mini-batch gradient descent）。

17. 精度

精度（accuracy）是衡量分类模型性能的一个指标，定义为正确分类的样本数量占总样本数量的比例。精度是一个简单直观的指标，但在类别不平衡的数据集中，精度可能无法准确反映模型的性能，需要结合其他指标（如查准率和查全率）进行评估。

18. 查准率和查全率

查准率（precision）和查全率（recall）是衡量分类模型性能的重要指标。查准率定义为正确预测为正类的样本数量占所有预测为正类样本数量的比例；查全率定义为正确预测为正类的样本数量占所有实际为正类样本数量的比例。查准率和查全率之间通常存在权衡关系，可以通过F1 分数综合两者的表现。

19. 混淆矩阵

混淆矩阵（confusion matrix）是用于评估分类模型性能的工具，通过显示真实类别和预测类别的交叉情况，帮助分析模型的分类效果。混淆矩阵的主要元素包括真阳性（TP）、假阳性（FP）、真阴性（TN）和假阴性（FN）。混淆矩阵可以直观地展示分类模型的优缺点，帮助识别分类错误的具体情况。

1.4　机器学习的工作流程

机器学习的工作流程涵盖了从数据收集到模型部署的整个过程，每一步都至关重要，影响着最终模型的性能和应用效果。以下对机器学习的工作流程做简单介绍。

1.4.1　数据收集和准备

1. 数据收集

数据是机器学习的基础，数据的质量和数量直接影响模型的效果。数据收集包括从多个来源获取相关的数据，这些来源可以是内部数据库、公开数据集、网络抓取、传感器数据等。数据收集过程中需要考虑数据的多样性和代表性，确保数据能够充分反映问题的各个方面。

2. 数据清洗

数据清洗是数据准备过程中不可或缺的一部分，旨在提高数据质量，去除噪声和错误。常见的数据清洗步骤包括：

（1）处理缺失值：缺失值在数据集中是常见问题，可以通过删除含缺失值的样本、用均值或中位数填充、插值法等方式处理。

(2)处理异常值：异常值是与大部分数据显著不同的数据点，可能由测量错误或其他原因引起。可以使用统计方法或基于模型的方法检测和处理异常值。

(3)数据一致性检查：确保数据的一致性和合理性，例如统一数据格式、修正数据录入错误、检查数据范围和单位是否正确。

3. 特征工程

特征工程是将原始数据转化为适合模型训练的特征的过程，对模型的性能有重要影响。特征工程包括特征选择、特征提取和特征变换：

(1)特征选择：从原始数据中选择对预测任务有重要作用的特征。特征选择可以通过统计方法(如相关系数、卡方检验)和模型方法(如 Lasso、随机森林)实现。

(2)特征提取：将原始数据转化为新的特征，如通过主成分分析(PCA)提取主要成分，或使用文本数据的词频-逆文档频率(TF-IDF)表示。

(3)特征变换：对特征进行变换以满足模型的要求，如对数变换、标准化和归一化。标准化将特征值调整到均值为 0、标准差为 1 的范围，归一化将特征值缩放到 0 和 1 之间。

1.4.2 模型训练和评估

1. 模型训练

模型训练是利用训练数据调整模型参数的过程，使模型能够有效捕捉数据中的模式和关系。模型训练的基本步骤包括：

(1)选择模型：根据问题的类型和特征选择合适的模型，如线性回归、决策树、支持向量机(SVM)、神经网络等。

(2)定义损失函数：损失函数衡量模型预测值与真实值之间的误差，常见的损失函数有均方误差(MSE)、交叉熵损失等。

(3)优化算法：选择合适的优化算法来最小化损失函数，如梯度下降、随机梯度下降(SGD)、Adam 等。

(4)训练过程：通过多次迭代更新模型参数，逐步最小化损失函数。在每次迭代中，模型使用当前参数进行预测，计算损失函数的值，然后根据损失函数的梯度调整参数。

2. 模型评估

模型评估是衡量模型在未见过的数据上的表现，评估模型的泛化能力。常见方法包括：

(1)训练/测试集划分：将数据集划分为训练集和测试集，训练集用于模型训练，测试集用于评估模型性能。

(2)交叉验证：将数据集分成 K 个子集，每次用 K-1 个子集进行训练，用剩下的一个子集进行测试，重复 K 次，最终的评估结果是 K 次测试结果的平均值。常见的交叉验证方法有 K 折交叉验证和留一法(LOO)。

(3)评估指标：根据具体任务选择合适的指标，如分类任务的准确率(accuracy)、查准率(precision)、查全率(recall)、F1 分数，回归任务的均方误差(MSE)、平均绝对误差(MAE)、R^2 值等。

1.4.3 模型选择和调优

1. 模型选择

模型选择是从多个候选模型中选择最适合特定任务的模型，可基于以下几个方面进行：

(1)性能：使用交叉验证等方法评估不同模型的性能，选择表现最好的模型。

(2)复杂度:选择模型时需要考虑其复杂度,避免过于复杂的模型导致过拟合,或过于简单的模型导致欠拟合。

(3)可解释性:在某些应用场景下,模型的可解释性非常重要,如医疗诊断和金融分析中,需要理解模型的决策过程和依据。

(4)计算效率:考虑模型的训练和预测时间,特别是在大规模数据和实时应用中,计算效率是重要的考量因素。

2. 超参数调优

超参数是模型在训练前需要设定的参数,不同于通过数据学习得到的模型参数。超参数调优是选择最优超参数组合的过程,以提高模型性能。常见的超参数调优方法包括:

(1)网格搜索:枚举所有可能的超参数组合,评估每个组合的性能,选择最佳组合。网格搜索简单易行,但计算成本高,适用于超参数空间较小的情况。

(2)随机搜索:随机选择一定数量的超参数组合进行评估,比网格搜索更高效,适用于超参数空间较大的情况。

(3)贝叶斯优化(Bayesianoptimization):基于贝叶斯统计方法,利用已有的评估结果,逐步优化超参数选择,适用于高维和复杂超参数空间的调优。

3. 模型调优的具体步骤

(1)定义超参数范围:根据模型和任务的需求,确定需要调优的超参数及其取值范围。

(2)选择调优方法:根据计算资源和调优需求,选择合适的调优方法,如网格搜索、随机搜索或贝叶斯优化。

(3)进行超参数调优:通过选定的方法,在训练集或交叉验证集上进行超参数调优,选择最佳的超参数组合。

(4)验证和评估:使用验证集或测试集评估调优后的模型性能,确保其在未见过的数据上有良好的表现。

1.4.4　机器学习工作流程的其他关键步骤

1. 模型部署

模型部署是将训练好的模型应用于实际生产环境的过程,需要考虑以下几个方面:

(1)集成:将模型集成到现有系统中,确保模型能顺利获取输入数据并返回预测结果。

(2)实时性:对于需要实时预测的应用,部署过程中需要优化模型的计算效率,确保响应时间在可接受范围内。

(3)监控:在模型部署后,需要持续监控模型的表现,确保其在实际数据上的预测性能。如果模型性能下降,需要及时进行模型更新或重新训练。

2. 模型维护和更新

机器学习模型并不是一次训练完毕就可以永久使用,模型的性能可能会随着时间的推移和数据的变化而下降。因此,模型维护和更新是保证模型持续高效的重要步骤。

(1)持续监控:定期评估模型在生产环境中的性能,检测模型性能是否下降。

(2)数据更新:将不断生成的新数据加入到训练集中,进行增量训练或全量重新训练。

(3)模型再训练:当模型性能明显下降时,可能需要重新训练模型,调整模型参数或结构,以适应新的数据和环境变化。

3. 模型解释和可视化

模型解释和可视化可以帮助用户理解模型的行为，增加对模型预测结果的信任。

(1)模型解释：可以通过特征重要性分析、局部可解释模型(如 LIME、SHAP)等方法，解释模型的决策过程和依据。

(2)结果可视化：通过图表和可视化工具展示模型的预测结果、特征关系和数据分布，帮助用户直观理解数据和模型。

机器学习的工作流程从数据收集和准备开始，经过模型训练和评估、模型选择和调优，最终到模型部署和维护的全过程。每个步骤都影响着模型的性能和效果。通过合理的数据处理、精心的模型设计和持续的模型维护，可充分发挥机器学习潜力，提升效率和决策能力。

1.5 机器学习的工具和框架

机器学习的蓬勃发展得益于强大的工具和框架的支持，它们简化了模型开发、训练、评估和部署的过程，使研究人员和开发者能高效地构建和应用机器学习模型。

1.5.1 编程语言和库

1. Python

Python 是机器学习领域最常用的编程语言，因其简洁易用、广泛的社区支持和丰富的库而受到欢迎。以下是一些常见的 Python 库：

(1)Scikit-learn：提供了各种监督学习和无监督学习算法，包括分类、回归、聚类和降维等，适用于大多数标准机器学习任务。

(2)TensorFlow：由 Google 开发的开源深度学习框架，支持从研究到生产的各个环节。

(3)PyTorch：由 Facebook AI Research 开发的深度学习框架，因其动态计算图和易用的接口而受到研究人员的青睐。

(4)Keras：一个提供简洁易用的接口，支持快速构建和训练的神经网络模型库。

(5)pandas：强大的数据处理和分析库，提供了高效的数据结构和数据操作工具。

(6)numpy：基础科学计算库，提供了高效的多维数组对象和基本的数学函数。

(7)matplotlib：用于数据可视化的库，支持生成各种类型的图表。

2. Java

Java 是一种通用的编程语言，具有良好的性能和可移植性，也在机器学习领域有一定应用。以下是一些常见的 Java 库：

(1)Weka：Weka 是一个流行的机器学习软件，提供了一系列数据预处理、分类、回归、聚类和可视化工具，适用于研究和教育。

(2)DL4J(deeplearning4j)：DL4J 是一个开源的深度学习库，适用于分布式深度学习应用，支持基于 Java 和 Scala 的开发。

(3)MOA(massive online analysis)：MOA 是一个用于流数据挖掘的框架，支持处理大规模数据流和实时学习任务。

3. C++

因其高性能和灵活性，C++在机器学习领域也有应用。常见的 C++库如下：

(1)Dlib：Dlib 是一个现代的 C++工具包，包含机器学习算法和计算机视觉功能，广泛应用于面部识别和图像处理任务。

(2)SHARK：一个提供各种优化算法、分类器、聚类算法和神经网络实现的开源库。

(3)TensorFlow：TensorFlow 提供 C++接口，适用于高性能和低延迟的深度学习应用。

4. JavaScript

随着 Web 应用和前端开发的普及，JavaScript 在机器学习领域的应用也在增加。以下是一些常见的 JavaScript 库：

(1) TensorFlow. js：TensorFlow. js 是 TensorFlow 的 JavaScript 版本，支持在浏览器和 Node. js 环境中进行机器学习模型的训练和推理。

(2)Brain. js：Brain. js 是一个简单的神经网络库，在浏览器和 Node. js 中构建和训练神经网络模型。

(3)Synaptic：Synaptic 是一个开源的神经网络库，支持多种神经网络架构，适用于在浏览器和 Node. js 中进行机器学习任务。

5. MATLAB

MATLAB 是一种广泛用于工程和科学计算的编程语言和环境，因其强大的数值计算能力和丰富的工具箱而闻名。在机器学习领域，MATLAB 提供了一系列强大的工具和库：

(1)Statistics and Machine Learning Toolbox：该工具箱提供了多种机器学习算法，包括回归、分类、聚类、降维和强化学习，还包含数据预处理、特征选择和模型评估等工具。

(2)Deep Learning Toolbox：支持设计、训练和部署深度神经网络，包括卷积神经网络（CNN）和循环神经网络（RNN）。它提供了预训练模型、自动微分和 GPU 加速支持。

(3)MATLAB Coder：该工具箱可以将 MATLAB 代码生成 C/C++代码，适用于嵌入式系统和高性能计算应用。

(4)Simulink：Simulink 是 MATLAB 的图形化编程环境，适用于模型设计、仿真和系统级优化。结合机器学习工具箱，Simulink 可以用于开发和测试复杂的机器学习系统。

1.5.2 开发环境

1. Jupyter Notebook

Jupyter Notebook 是一个交互式的开发环境，支持通过网页界面编写和运行代码。Jupyter Notebook 广泛应用于数据科学和机器学习，因为它允许用户以文档形式组织代码、文本、图表和结果，方便实验记录和共享。Jupyter Notebook 支持多种编程语言，最常用的是 Python。

优点：交互式环境、易于可视化、支持 Markdown、易于分享和展示。

缺点：对于长时间运行的任务可能不太适合。

2. Google Colab

Google Colab 是基于 Jupyter Notebook 的在线开发环境，由 Google 提供。Google Colab 提供免费的 GPU 支持，适用于深度学习和大规模数据处理任务。用户可以直接在浏览器中编写和运行代码，无须安装任何软件。

优点：免费提供 GPU 支持、无须安装、方便分享和协作、与 Google Drive 集成。

缺点：依赖网络连接、资源有限制。

3. Visual Studio Code

Visual Studio Code(VS Code)是一个强大的代码编辑器，支持多种编程语言和扩展。VS Code

的 Python 扩展和 Jupyter 插件使其成为机器学习开发的理想选择。VS Code 提供了丰富的调试功能、代码补全和版本控制集成，适用于从快速原型开发到生产化代码的全过程。

优点：丰富的扩展和插件、强大的调试功能、跨平台、轻量级。

缺点：需要配置环境、可能对初学者不太友好。

4. PyCharm

PyCharm 是一个专业的 Python 集成开发环境（IDE），由 JetBrains 开发。PyCharm 提供了强大的代码编辑、调试、测试和部署功能，适用于复杂的 Python 项目。PyCharm 的科学模式（scientific mode）和集成的 Jupyter Notebook 支持使其成为机器学习开发的强大工具。

优点：强大的代码分析和调试功能、科学模式、与版本控制系统集成。

缺点：资源占用较大、商业版需要付费。

5. Anaconda

Anaconda 是一个用于科学计算和机器学习的 Python 发行版，包含了大量的预安装库和工具，如 numpy、pandas、Scikit-learn、TensorFlow 和 Jupyter Notebook。Anaconda 的包管理器（Conda）使得环境配置和依赖管理变得简单高效。

优点：简化环境配置、预安装大量库、强大的包管理器。

缺点：安装包较大、可能包含不必要的库。

6. Kaggle Kernels

Kaggle 是一个数据科学和机器学习竞赛平台，提供在线的开发环境 Kaggle Kernels，它支持 Python 和 R，提供免费的 GPU 和 TPU 资源，适用于快速原型开发和竞赛实验。

优点：免费提供 GPU/TPU、集成丰富的数据集和竞赛、方便分享和协作。

缺点：资源有限制、依赖网络连接。

机器学习的工具和框架为研究人员和开发者提供了强大的支持，从数据处理、模型构建到结果可视化和部署，每个环节都有相应的工具和库来简化工作流程。Python 作为最常用的编程语言，其丰富的库如 Scikit-learn、TensorFlow、PyTorch 等，为各种机器学习任务提供了全面的解决方案。Java、C++、JavaScript 和 MATLAB 也在机器学习领域有重要应用，提供了多种工具和库，支持不同的开发需求。

在开发环境方面，Jupyter Notebook 和 Google Colab 因其交互性和易用性受到广泛欢迎，适用于快速原型开发和实验记录。Visual Studio Code 和 PyCharm 提供了强大的编辑和调试功能，适合复杂项目的开发和维护。Anaconda 简化了环境配置和依赖管理，而 Kaggle Kernels 则为竞赛和在线协作提供了便捷的平台。开发者需要合理选择这些工具和框架。

1.6 机器学习的挑战和未来发展

随着机器学习的快速发展和广泛应用，其潜力和优势在各个领域得到了充分体现。然而，机器学习也面临一些显著的挑战，同时未来的发展方向也充满了机遇和希望。

1.6.1 当前的挑战

1. 数据隐私和安全

数据隐私和安全是机器学习面临的一个重要挑战。随着机器学习模型对数据的依赖性越来越高，确保数据隐私和安全变得尤为重要。

(1)数据泄露：机器学习模型通常需要大量的数据进行训练，这些数据可能包含敏感的个人信息。如果这些数据没有妥善保护，可能会导致数据泄露，侵犯用户隐私。

(2)对抗攻击：机器学习模型可能面临对抗攻击，攻击者通过精心设计的输入数据欺骗模型，使其输出错误结果。例如，在图像识别系统中，攻击者可以通过微小的扰动使得模型误将一张猫的图片识别为狗。

2. 模型可解释性

模型可解释性是指能够理解和解释机器学习模型的决策过程。随着机器学习模型，特别是深度学习模型，变得越来越复杂，理解它们的内部工作机制变得更加困难。

(1)黑箱问题：许多复杂的机器学习模型，如深度神经网络，虽然性能优异，但其决策过程不透明，被称为“黑箱”模型。这对某些领域，如医疗诊断和金融决策，带来了风险，因为用户和监管机构需要理解和信任模型的决策依据。

(2)模型调试和改进：缺乏可解释性使得模型调试和改进变得困难，开发者无法明确知道模型为何会犯错，进而无法有效改进模型。

3. 算法公平性

算法公平性是指模型在决策时不应产生歧视或偏见。

(1)数据偏见：训练数据中可能存在偏见，这些偏见会被机器学习模型学习并放大，导致不公平的决策。例如，招聘系统可能基于历史数据的偏见，对某些群体的候选人产生歧视。

(2)公平性指标：如何定义和衡量算法的公平性是一个复杂的问题，需要综合考虑不同的公平性指标，并在实际应用中权衡这些指标之间的冲突。

4. 模型鲁棒性

模型鲁棒性是指模型在面对输入数据中的噪声或异常时，仍能保持稳定和可靠的性能。

(1)对抗样本：对抗样本是通过微小扰动生成的恶意输入，这些输入可能导致模型产生严重错误的预测。提高模型对对抗样本的鲁棒性是一个重要的研究方向。

(2)数据漂移：数据分布随时间变化称为数据漂移，模型在训练后如果无法适应新的数据分布，可能导致性能下降。因此，机器学习模型需要具备一定的适应性和更新能力。

5. 大规模数据和计算资源

随着数据规模的增长和模型复杂性的增加，机器学习对计算资源的需求也在不断增加。

(1)训练时间和成本：训练大规模深度学习模型需要大量的计算资源和时间，训练成本也随之增加。这对小型企业和研究机构构成了挑战，因为他们可能无法负担高昂的计算成本。

(2)能耗问题：大规模计算带来的能耗问题不容忽视，提高计算效率、减少能耗是一个问题。

1.6.2 未来的发展方向

1. 自动机器学习

自动机器学习(AutoML)是指通过自动化工具和技术，简化和加速机器学习模型的开发和部署过程。

(1)超参数调优：自动化的超参数调优技术可以自动搜索最佳的超参数组合，提高模型性能，同时减少人工干预。

(2)模型选择：AutoML 工具可以自动选择和组合不同的模型和算法，构建出最优的机器学习管道，适应不同的数据和任务。

(3)特征工程:自动化特征工程技术可自动选择、提取和组合特征,提升模型表现和稳定性。

2. 联邦学习

联邦学习是一种分布式机器学习方法,允许多个参与方在不共享原始数据的情况下协作训练模型。联邦学习在数据隐私和安全方面具有显著优势。

(1)数据隐私保护:联邦学习通过将模型训练过程分布在多个设备上,而不需要集中数据,从而保护数据隐私。

(2)跨设备协作:联邦学习支持跨设备、跨组织的协作训练,可以充分利用分散的数据资源,提升模型性能。

3. 解释性机器学习

解释性机器学习(explainable AI,XAI)旨在提高模型的可解释性,使得人类可以理解和信任模型的决策过程。

(1)可解释模型:研究和开发易于解释的机器学习模型,如决策树、线性回归和广义加性模型(GAM),以提高模型的透明度。

(2)解释技术:开发通用的解释技术,如LIME(local interpretable model-agnostic explanations)和SHAP(shapley additive explanations),适用于各种复杂模型,帮助理解模型的预测结果。

4. 公平性和伦理

机器学习研究需注重算法公平性和伦理问题,确保技术的应用不会带来不公平和歧视。

(1)公平性算法:开发和应用公平性算法,减少数据和模型中的偏见,确保机器学习系统对所有人公平。

(2)伦理规范:制定机器学习技术的伦理规范和标准,确保技术应用符合社会道德和法律要求,保护用户权益。

5. 强化学习和自监督学习

强化学习和自监督学习是机器学习中的两个重要研究方向,具有广阔的应用前景。

(1)强化学习:强化学习通过与环境的交互学习最优策略,适用于自动驾驶、机器人控制和游戏AI等领域。未来,强化学习将进一步发展,解决更复杂的实际问题。

(2)自监督学习:自监督学习利用未标注数据中的信息进行训练,减少对标注数据的依赖。自监督学习在自然语言处理、计算机视觉和生物信息学等领域具有重要应用前景。

6. 量子机器学习

量子计算的快速发展为机器学习带来了新的可能性。量子机器学习结合量子计算的强大计算能力,可能在解决大规模优化问题和处理高维数据方面取得突破。

(1)量子算法:研究和开发适用于量子计算的机器学习算法,如量子支持向量机和量子神经网络,探索其在实际问题中的应用。

(2)量子计算机:随着量子计算机硬件的发展和成熟,量子机器学习有望在处理复杂计算任务时展现出巨大的优势。

7. 小样本学习和迁移学习

小样本学习和迁移学习是解决数据匮乏问题的有效方法,适用于需要快速适应新任务和领域的场景。

(1)小样本学习:研究和开发在少量数据条件下仍能表现良好的模型和算法,如元学习(meta-Learning)和少样本学习(few-shot Learning)。

(2)迁移学习:迁移学习通过将已学到的知识应用于新的任务和领域,减少对大规模标注数据的需求，提高模型的适应性和泛化能力。

8. 持续学习和自适应系统

持续学习和自适应系统能够随着时间的推移不断学习和改进，适应新的数据和环境。

(1)持续学习：研究和开发能够持续学习和更新的模型，解决数据和环境变化带来的挑战，保持模型性能的稳定和提高。

(2)自适应系统：构建能够自适应调整和优化的系统，根据实时数据和反馈不断改进，提升系统的智能化水平。

机器学习在技术发展和应用推广方面取得了显著进展，但仍面临诸多挑战，包括数据隐私和安全、模型可解释性、算法公平性、模型鲁棒性和计算资源需求。未来的发展方向包括自动机器学习(AutoML)、联邦学习、解释性机器学习、公平性和伦理、强化学习和自监督学习、量子机器学习、小样本学习和迁移学习、持续学习和自适应系统等。通过解决这些挑战和探索新的研究方向，机器学习将进一步推动技术进步和社会发展，为各行各业带来更多创新和变革。

小　结

本章概述了机器学习的基本概念、工作流程、工具和框架，探讨了当前面临的挑战和未来的发展方向。从早期的符号主义和规则系统，到统计学习理论的崛起，再到深度学习的时代，机器学习不断演进，展现出强大的潜力和应用前景。然而，随着技术的发展，机器学习也面临诸多挑战，如数据隐私和安全、模型可解释性和算法公平性等问题。

未来，自动机器学习(AutoML)、联邦学习、解释性机器学习等新兴技术将为解决这些挑战提供有效途径。同时，强化学习、自监督学习和量子机器学习等前沿研究方向，将进一步拓展机器学习的应用范围和能力。通过持续的技术创新和实践应用，机器学习将继续推动各行各业的数字化转型，为社会发展带来更多的机遇和变革。

习　题

1. 简述机器学习的四种主要分类，并举例说明每种分类的应用场景。
2. 什么是特征和标签？它们在监督学习中的作用是什么？
3. 机器学习的工作流程包括哪些主要步骤？请简要描述每个步骤的内容。
4. 数据收集和准备阶段需要注意哪些问题？为什么这一阶段对机器学习至关重要？
5. 模型训练和评估的目的是什么？常用的评估指标有哪些？
6. 什么是模型调优？列举几种常用的调优方法。
7. 简述Python在机器学习中的优势，并列举三个常用的Python机器学习库。
8. 机器学习当前面临的主要挑战有哪些？请简要说明数据隐私和模型可解释性的重要性。
9. 什么是深度学习？它与传统机器学习方法的主要区别是什么？

第 2 章

相似度计算

相似度有两种基本类别：客观相似度和主观相似度。本章关注客观相似度，客观相似度衡量两个对象客观上的相近程度，是对象的多维特征之间的某种函数关系，以下介绍常用的相似度计算方法。

学习目标

- 理解相似度的基本概念。
- 掌握距离测度的计算方法。
- 掌握相似测度的计算方法。

2.1 距离测度

通常使用距离来衡量两个对象之间的相似度，对象之间的距离越近表示它们越相似。对象 $\boldsymbol{x}$ 和 $\boldsymbol{y}$ 用向量表示：$\boldsymbol{x}=\{x_1,x_2,\cdots,x_n\}$，$\boldsymbol{y}=\{y_1,y_2,\cdots,y_n\}$，则 $\boldsymbol{x}$ 和 $\boldsymbol{y}$ 间的距离为 $d(\boldsymbol{x},\boldsymbol{y})$，相似度一般定义为：

$$\mathrm{Sim}(\boldsymbol{x},\boldsymbol{y})=\frac{1}{1+d(\boldsymbol{x},\boldsymbol{y})} \tag{2-1}$$

计算二者之间距离测度 $d(\boldsymbol{x},\boldsymbol{y})$ 的具体方式有多种，本节介绍最常用的几种。

2.1.1 闵氏距离

闵氏距离也称为闵可夫斯基距离（Minkowski distance），对于对象 $\boldsymbol{x}$ 和 $\boldsymbol{y}$，闵氏距离的计算公式为：

$$d(\boldsymbol{x},\boldsymbol{y})=\left(\sum_{i=1}^{n}(x_i-y_i)^m\right)^{1/m} \tag{2-2}$$

当 $m=1$ 时，闵可夫斯基距离简化为曼哈顿距离；当 $m=2$ 时，闵可夫斯基距离简化为经典的欧氏距离；当 $m\to\infty$ 时，闵可夫斯基距离趋近于切比雪夫距离。

1. 曼哈顿距离

曼哈顿距离来源于城市区块距离，是将多个维度上的距离进行求和后的结果，也称为绝对值距离（街坊距离或 Manhattan 距离），用于多维数据空间距离的测度，曼哈顿距离计算公式见式(2-3)。

$$d(\boldsymbol{x},\boldsymbol{y})=\sum_{i=1}^{n}|x_i-y_i| \tag{2-3}$$

其中，$d(\boldsymbol{x},\boldsymbol{y})$的取值范围是[0,1]，同欧氏距离一致，值越小，说明距离越近，相似度越大。

例 2-1 有四只股票：股票 A、股票 B、股票 C、股票 D，四只股票从 2024-1-1 至 2024-1-5 的收盘价见表 2-1，请基于曼哈顿距离计算股票之间的相似度。

计算股票 A 与股票 B 的曼哈顿距离：

$$d_{\text{Manhattan}}(A,B)=|10-9|+|12-11|+|13-13|+|14-15|+|16-17|=4$$

计算股票 C 与股票 D 的曼哈顿距离：

$$d_{\text{Manhattan}}(C,D)=|8-10|+|16-9|+|19-9|+|18-10|+|13-9|=31$$

股票 A 与股票 B 的相似度：$\text{Sim}(A,B)=\dfrac{1}{1+d(A,B)}=0.2$

股票 C 与股票 D 的相似度：$\text{Sim}(C,D)=\dfrac{1}{1+d(C,D)}=0.03125$

由相似度可得股票 A、B 相关性大，股票 C、D 相关性小。

表 2-1 股票收盘价数据

名 称	2024-1-1	2024-1-2	2024-1-3	2024-1-4	2024-1-5
股票 A	10	12	13	14	16
股票 B	9	11	13	15	17
股票 C	8	16	19	18	13
股票 D	10	9	9	10	9

2. 欧氏距离

假设 x、y 是 n 维空间的两个点，它们之间的欧氏距离(Euclid distance)是：

$$d(x,y)=\|x-y\|=\left(\sum_{i=1}^{n}(x_i-y_i)^2\right)^{1/2} \tag{2-4}$$

例 2-2 使用例 2-1 的数据，基于欧氏距离计算股票之间的相似度。

股票 A 与股票 B 的欧氏距离：$d(A,B)=\left(\sum_{i=1}^{5}(x_i-y_i)^2\right)^{1/2}=2.000$

股票 C 与股票 D 的欧氏距离：$d(C,D)=\left(\sum_{i=1}^{5}(x_i-y_i)^2\right)^{1/2}\approx 15.264$

股票 A 与股票 B 的相似度：$\text{Sim}(A,B)=\dfrac{1}{1+d(A,B)}\approx 0.333$

股票 C 与股票 D 的相似度：$\text{Sim}(C,D)=\dfrac{1}{1+d(C,D)}\approx 0.0615$

由计算得的相似度可知：股票 A、B 相关性较大，股票 C、D 相关性较小。

由于特征分量的量纲不一致，通常需要先对各分量进行标准化，使其与单位无关，请看例 2-3。

例 2-3 已知 6 人的身高和体重数据见表 2-2，使用欧氏距离计算 a 与 b、c 的体型差距。

表 2-2　身高体重案例数据

姓　名	身　高/cm	体　重/g	姓　名	身　高/cm	体　重/g
a	155	45 000	d	175	62 000
b	160	46 000	e	177	70 000
c	170	45 000	f	173	65 000

计算 a 和 b 身高体重的欧氏距离：

$$d(a,b)=\left(\sum_{i=1}^{2}(x_i-y_i)^2\right)^{1/2}=\sqrt{(155-160)^2+(45\,000-46\,000)^2}\approx 1\,000.01$$

计算 a 和 c 身高体重的欧氏距离：$d(a,c)=\left(\sum_{i=1}^{2}(x_i-y_i)^2\right)^{1/2}=\sqrt{(155-170)^2}=15$

由欧氏距离计算可得 a 与 c 的体型较为相近，但根据常识可知 a 与 b 的体型较为相似，和 c 的体型差距较大，得到这种结果是因为欧氏距离受特征分量的量纲影响较大，马氏距离力图解决这个问题。

3. 马氏距离

马氏距离(Mahalanobis distance)是旋转变换缩放之后的欧氏距离，可以看作欧氏距离的一种修正，修正了欧氏距离中各个维度尺度不一致且相关的问题。马氏距离定义如下：

$$d(x,y)=\sqrt{(x-y)^{\mathrm{T}}\boldsymbol{V}^{-1}(x-y)} \tag{2-5}$$

式中，$\boldsymbol{V}=\dfrac{1}{n-1}\sum_{i=0}^{n}(x_i-\overline{x})(y_i-\overline{y})$；$\boldsymbol{V}$ 是这个向量集的协方差矩阵的统计量。

例 2-4　针对例 2-3 中的数据(表 2-2)，计算其马氏距离，以此判断其相似性。

计算样本 a 与 b、c 的马氏距离，首先计算数据集中每个特征的均值和协方差矩阵：

身高的均值：$\mu_{身高}=\dfrac{175+180+168+178+182+185}{6}\approx 168.3$

体重的均值：$\mu_{体重}=\dfrac{45\,000+46\,000+45\,000+62\,000+70\,000+65\,000}{6}=55\,500$

得到平均值数据：$y=(168.3, 55\,500)$

身高方差：78.3

体重方差：130 700 000

身高体重协方差：83 000

协方差矩阵 $\boldsymbol{V}$：

$$\boldsymbol{V}=\begin{pmatrix}\sigma_{身高}^2 & \mathrm{cov}(身高,体重)\\ \mathrm{cov}(身高,体重) & \sigma_{体重}^2\end{pmatrix}$$

其中，$\sigma_{身高}^2$、$\sigma_{体重}^2$ 分别是身高、体重的方差，cov(身高，体重)是身高和体重之间的协方差，得到：

$$\boldsymbol{V}=\begin{pmatrix}78.3 & 83\,000\\ 83\,000 & 130\,700\,000\end{pmatrix}$$

协方差矩阵的逆：

$$\boldsymbol{V}^{-1}=\begin{pmatrix}0.039\,1 & -0.000\,024\,8\\ -0.000\,024\,8 & 0.000\,000\,023\,4\end{pmatrix}$$

计算样本 a 到 b 的马氏距离：

$$d(a,b)=\sqrt{\begin{pmatrix}155-160\\45\,000-46\,000\end{pmatrix}^{\mathrm{T}}\begin{pmatrix}0.039\,1 & -0.000\,024\,8\\-0.000\,024\,8 & 0.000\,000\,023\,4\end{pmatrix}\begin{pmatrix}155-160\\45\,000-46\,000\end{pmatrix}}$$

$$\approx 0.867\,8$$

计算得到样本 a 到样本 b 的马氏距离为 0.867 8。

计算样本 a 到样本 c 的马氏距离：

$$d(a,c)=\sqrt{\begin{pmatrix}155-160\\45\,000-46\,000\end{pmatrix}^{\mathrm{T}}\begin{pmatrix}0.039\,1 & -0.000\,024\,8\\-0.000\,024\,8 & 0.000\,000\,023\,4\end{pmatrix}\begin{pmatrix}155-160\\45\,000-46\,000\end{pmatrix}}$$

$$\approx 2.967\,0$$

计算得到样本 a 到样本 c 的马氏距离为 2.967 0。

由马氏距离计算结果可知 a 与 b 的体型较为相近，a 与 c 的体型差距较大。

例 2-5　将表 2-2 中的体重单位改为“千克(kg)”，见表 2-3，再次计算其马氏距离。

表 2-3　身高体重案例数据

姓　名	身　高/cm	体　重/kg	姓　名	身　高/cm	体　重/kg
a	155	45	d	175	62
b	160	46	e	177	70
c	170	45	f	173	65

体重单位为千克时计算样本 a 与 b、c 的马氏距离

身高的均值：$\mu_{身高}=\dfrac{155+160+170+175+177+173}{6}\approx 168.3$

体重的均值：$\mu_{体重}=\dfrac{45+46+45+62+70+65}{6}\approx 55.5$

得到平均值数据：$y=(168.3,55.5)$

身高方差：78.3

体重方差：130.7

身高体重协方差：83.0

协方差矩阵 $\mathbf{V}$：

$$\mathbf{V}=\begin{pmatrix}\sigma^2_{身高} & \mathrm{cov}(身高,体重)\\ \mathrm{cov}(身高,体重) & \sigma^2_{体重}\end{pmatrix}$$

其中，$\sigma^2_{身高}$、$\sigma^2_{体重}$ 分别是身高、体重的方差，cov(身高，体重)是身高和体重之间的协方差，得到：

$$\mathbf{V}=\begin{pmatrix}78.3 & 83.0\\83.0 & 130.7\end{pmatrix}$$

协方差矩阵的逆：

$$\mathbf{V}^{-1}=\begin{pmatrix}0.039\,1 & -0.024\,8\\-0.024\,8 & 0.023\,4\end{pmatrix}$$

计算样本 a 到 b 的马氏距离：

$$d(a,b)=\sqrt{\begin{pmatrix}155-160\\45-46\end{pmatrix}^{\mathrm{T}}\begin{pmatrix}0.0391 & -0.0248\\-0.0248 & 0.0234\end{pmatrix}\begin{pmatrix}155-160\\45-46\end{pmatrix}}\approx 0.8678$$

计算得到样本 a 到样本 b 的马氏距离为 0.8678。

计算样本 a 到 c 的马氏距离：

$$d(a,c)=\sqrt{\begin{pmatrix}155-170\\45-45\end{pmatrix}^{\mathrm{T}}\begin{pmatrix}0.0391 & -0.0248\\-0.0248 & 0.0234\end{pmatrix}\begin{pmatrix}155-170\\45-45\end{pmatrix}}\approx 2.9670$$

计算得到样本 a 到样本 c 的马氏距离为 2.9670。

从例 2-4 和例 2-5 可知，无论用千克或是用克作为体重单位计算，样本 a 与整个数据集的马氏距离结果是一样，马氏距离不受变量单位的影响。

马氏距离独立于分量量纲，度量两个服从同一分布并且协方差矩阵为 $\boldsymbol{C}$ 的随机变量 x 与 y 的差异程度；当 y 为类均值向量时，度量 x 与某一类的均值向量的差异程度，判别样本的归属。缺点是不同的特征不能差别对待，可能夸大弱特征。

马氏距离多用在异常点检测中，图 2-1(a)数据呈椭圆分布，中心点为 O，现在需要判断 A 点和 B 点哪个是离群点，哪个是正常点。若使用欧氏距离来检测异常点，如图 2-1(b)所示，则会错误地将点 A 视为异常点，因为单纯的欧氏距离无法反映块数据的分布，使用马氏距离检测异常点，如图 2-1(c)所示，会准确找出异常点 B，图 2-1(d)所示为数据旋转变换之后的数据分布。马氏距离等效于数据经过旋转变换后的欧氏距离。

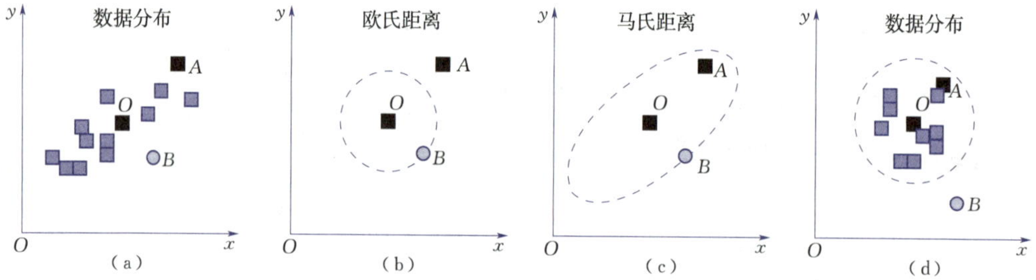

图 2-1　异常点检测

4. 切氏距离

切氏距离(Chebyshev distance)也称为棋盘距离/切比雪夫距离，起源于国际象棋中国王的走法，国王每次只能往周围的 8 格中走一步，那么从棋盘中 $A(x_1,y_1)$走到 $B(x_2,y_2)$最少需要走几步？在二维空间内，两个点之间的切比雪夫距离为它们横坐标之差的绝对值与纵坐标之差的绝对值的最大值。

设点 $A(x_1,y_1)$、$B(x_2,y_2)$，则 A、B 之间的切比雪夫距离用公式可以表示为：

$$d(A,B)=\max(|x_1-x_2|,|y_1-y_2|) \tag{2-6}$$

在一个 10×10 的棋盘上，点 $A(2,4)$，点 $B(6,9)$，可知在水平方向上，点 A 到点 B 需要移动 4 个，在垂直方向上，点 A 到点 B 需要移动 5 个单位，则点 A 与点 B 的切氏距离为 5，如图 2-2 所示。

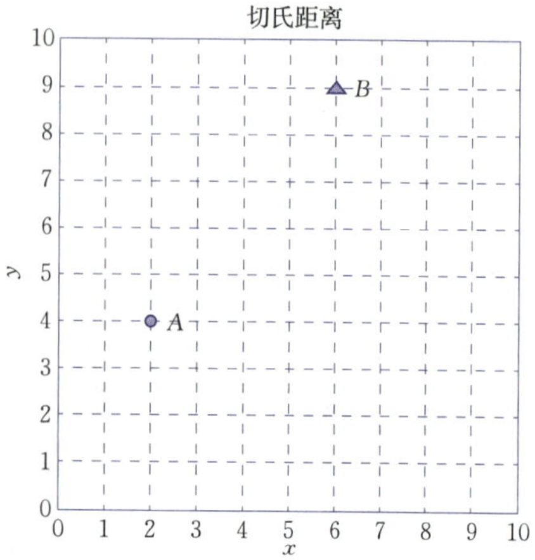

图 2-2　切氏距离

2.1.2 Hausdorff 距离

Hausdorff 距离(Hausdorff distance,HD)测量两个点集之间的距离,它将度量空间的非空紧凑子集的集合转换为本身的度量空间,是描述两组点集之间的相似程度的一种量度。

存在集合 X 和集合 Y,其中,$X=\{x_1,x_2,\cdots,x_n\}$,$Y=\{y_1,y_2,\cdots,y_n\}$,若 X 和 Y 不相交,遍历 X 集合上所有点 $x_1,x_2,\cdots,x_n$,这些点到 Y 存在一系列最短路径,$d_1,d_2,\cdots,d_n$,那么,$d(\max)=\max(d_1,d_2,\cdots,d_n)$就是集合 X 到集合 Y 的 Hausdorff 距离。

X、Y 之间的 Hausdorff 距离定义为:

$$H(X,Y)=\max(h(X,Y),h(Y,X)) \tag{2-7}$$

其中:

$h(X,Y)=\max\limits_{x_i\in X}\min\limits_{y_j\in Y}\|x_i-y_j\|$,为 X 到 Y 的有向 Hausdorff 距离;

$h(Y,X)=\max\limits_{y_j\in Y}\min\limits_{x_i\in X}\|y_i-x_j\|$,为 Y 到 X 的有向 Hausdorff 距离。

$\|\cdot\|$为某种定义在点集 x、y 上的距离范数,常用的是欧几里得范数。

例 2-6 假设有两个点集 X 和 Y,$X=\{(1,2),(3,4)\}$,$Y=\{(2,3),(5,5)\}$,我们希望计算它们之间的 Hausdorff 距离,假设使用欧几里得距离作为距离度量。

步骤 1:计算 X 到 Y 的 Hausdorff 距离。

对于 x_1,计算 $d(x_1,y_1)$,$d(x_1,y_2)$:

$$d(x_1,y_1)=\sqrt{(1-2)^2+(2-3)^2}=\sqrt{1+1}=\sqrt{2}$$

$$d(x_1,y_2)=\sqrt{(1-5)^2+(2-5)^2}=\sqrt{16+9}=5$$

保留最短的一个距离,即 $d(x_1,y_1)=\sqrt{2}$。

对于 x_2,计算 $d(x_2,y_1)$,$d(x_2,y_2)$:

$$d(x_2,y_1)=\sqrt{(3-2)^2+(4-3)^2}=\sqrt{1+1}=\sqrt{2}$$

$$d(x_2,y_2)=\sqrt{(3-5)^2+(4-5)^2}=\sqrt{4+1}=\sqrt{5}$$

保留最短的一个距离,即 $d(x_2,y_1)=\sqrt{2}$。

从 $d(x_1,y_1)=\sqrt{2}$ 和 $\mathrm{d}(x_2,y_1)=\sqrt{2}$ 中选择最大值,即 $h(X,Y)=\max\{\sqrt{2},\sqrt{2}\}=\sqrt{2}$。

步骤 2:计算 Y 到 X 的 Hausdorff 距离。

对于 y_1,计算 $d(y_1,x_1)$,$d(y_1,x_2)$:

$$d(y_1,x_1)=\sqrt{(2-1)^2+(3-2)^2}=\sqrt{1+1}=\sqrt{2}$$

$$d(y_1,x_2)=\sqrt{(2-3)^2+(3-4)^2}=\sqrt{1+1}=\sqrt{2}$$

保留最短的一个距离,即 $d(y_1,x_1)=\sqrt{2}$。

对于 y_2,计算 $d(y_2,x_1)$,$d(y_2,x_2)$:

$$d(y_2,x_1)=\sqrt{(5-1)^2+(5-2)^2}=\sqrt{16+9}=5$$

$$d(y_2,x_2)=\sqrt{(5-3)^2+(5-4)^2}=\sqrt{4+1}=\sqrt{5}$$

保留最短的一个距离,即 $d(y_2,x_2)=\sqrt{5}$。

从 $d(y_1,x_1)=\sqrt{2}$ 和 $d(y_2,x_1)=\sqrt{5}$ 中选择最大值,即 $h(Y,X)=\max(\sqrt{2},\sqrt{5})=\sqrt{5}$。

步骤 3: 计算 Hausdorff 距离。

$$H(X,Y)=\max\{h(X,Y),h(Y,X)\}=\max\{\sqrt{2},\sqrt{5}\}=\sqrt{5}$$

因此,点集 A 和 B 之间的 Hausdorff 距离为$\sqrt{5}$。

为获得准确的匹配结果,Sim 提出了改进的部分 Hausdorff 距离(LTS-HD),用距离序列的线性组合来定义:

$$h_{\text{LTS}}(X,Y)=\frac{1}{k}\sum_{i=1}^{k}\min\|x-y\|(i) \tag{2-8}$$

式中,$k=\lfloor f_1\times p\rfloor$,$p$ 为 X 内点的个数;f_1 为一个属于[0,1]的百分数。将点集 X 中所有点到点集 Y 的距离由小到大排序,对序号为 1 至 k 的 k 个距离求和并求平均。该匹配方法不仅能消除远离中心的错误匹配点的影响,而且对零均值高斯噪声的消除能力明显。LTS-HD 用于图像特征点集的匹配,力求在所有可能的变换空间中寻找图像特征点集之间的最优变换,以便通过使 LTS-HD 最小化来获得最优匹配结果。设 g 为变换空间 T(通常由旋转矩阵 $\boldsymbol{R}$、平移变换向量 $\boldsymbol{t}$、尺度 c 等变换组成)中的一个变换,则最优匹配变换 g_0 满足:

$$M_{g_0}(x,y)=\min_{g\in T}H(x,gy) \tag{2-9}$$

2.1.3 巴氏距离

巴氏距离(Bhattacharyya distance)是一种用于衡量两个概率分布之间相似性的距离度量,给定两个概率分布 P 和 Q,巴氏距离定义如下:

$$D_B(P,Q)=-\ln(\text{BC}(P,Q)) \tag{2-10}$$

式中,BC(P,Q)称为 Bhattacharyya 系数,其取值在 0~1 之间,越靠近 1 表示两个统计样本之间相似度越高。

巴氏系数定义如下:

$$\text{BC}(P,Q)=\sum_{i=1}^{n}\sqrt{P_i\cdot Q_i} \tag{2-11}$$

例 2-7 有两个班的体重(单位 kg)数据 $X=(65,55,70,75)$,$Y=(80,75,85,90)$,其分布的概率为 $P=(0.25,0.25,0.25,0.25)$,$Q=(0.25,0.25,0.25,0.25)$,计算其巴氏距离。

计算 X' 与 Y' 巴氏系数:

$$\begin{aligned}\text{BC}(P,Q)&=\sum_{i=1}^{n}\sqrt{P_i\cdot Q_i}\\&=\sqrt{(0.25\times 0.25)}+\sqrt{(0.25\times 0.25)}+\sqrt{(0.25\times 0.25)}+\sqrt{(0.25\times 0.25)}\\&=1\end{aligned}$$

计算巴氏距离:$D_B(P,Q)=-\ln(\text{BC}(P,Q))=-\ln(1)=0$

2.2 相似测度

这类测度是以两向量的方向是否相近作为考虑的基础,向量长度并不重要。

2.2.1 余弦相似度

向量之间的相似度可用它们的夹角余弦来度量，基于余弦相似度的计算方法把特征点作为 n 维坐标系中的一个点，通过连接这个点与坐标系的原点构成一条直线（向量），两个特征点之间的相似度值就是两条直线（向量）间夹角的余弦值。

两个向量 $\boldsymbol{X}$ 和 $\boldsymbol{Y}$，其中：$\boldsymbol{X}=\{x_1,x_2,\cdots,x_n\}$，$\boldsymbol{Y}=\{y_1,y_2,\cdots,y_n\}$，则 $\boldsymbol{X}$ 和 $\boldsymbol{Y}$ 的夹角余弦定义如下：

$$\cos(\boldsymbol{X},\boldsymbol{Y})=\frac{\boldsymbol{X}\cdot\boldsymbol{Y}}{\|\boldsymbol{X}\|\|\boldsymbol{Y}\|} \tag{2-12}$$

式中，$\boldsymbol{X}\cdot\boldsymbol{Y}$ 表示 $\boldsymbol{A}$ 和 $\boldsymbol{B}$ 的点积（内积）；$\|\boldsymbol{X}\|$ 表示向量的范数（长度或模），通常为欧几里得范数。

余弦值取值范围是[−1,1]，值越大，说明夹角越大，两点相距就越远，相似度就越小。

当对两个变量的属性进行数据中心化处理后，计算得到的余弦相似度与皮尔逊相似度相等，即皮尔逊相似度等同于数据中心化后的余弦相似度。图 2-3 展示了三维坐标系中欧氏距离和余弦相似度的区别。

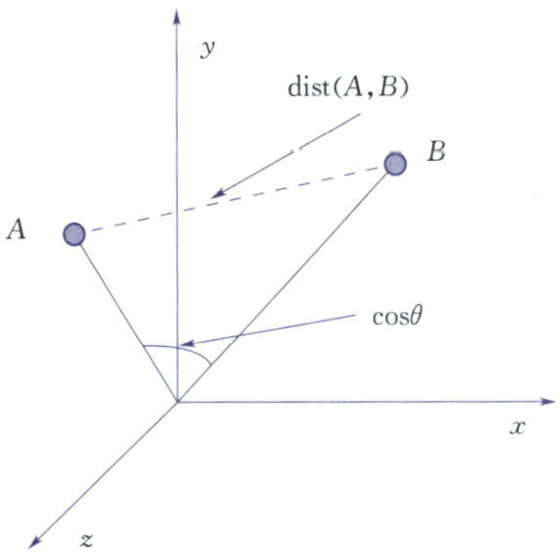

图 2-3 余弦角度示意图

例 2-8 假设有向量 $\boldsymbol{X}$ 为(2,2)，向量 $\boldsymbol{Y}$ 为(2,1)，计算其相似度。

首先，需要计算这两个向量的点积和模长。向量 $\boldsymbol{X}$、$\boldsymbol{Y}$ 的点积为：$\boldsymbol{X}'\boldsymbol{Y}=2\times2+2\times1=6$，

$\boldsymbol{X}$ 的模长为：$\|\boldsymbol{X}\|=\sqrt{(2\hat{}2+2\hat{}2)}=2\sqrt{2}$

$\boldsymbol{Y}$ 的模长为：$\|\boldsymbol{Y}\|=\sqrt{(2\hat{}2+1\hat{}1)}=\sqrt{5}$

其角度相似系数（夹角余弦）值为：$\cos(\boldsymbol{X},\boldsymbol{Y})=\dfrac{\boldsymbol{X}'\boldsymbol{Y}}{\|\boldsymbol{X}\|\cdot\|\boldsymbol{Y}\|}=\dfrac{3}{\sqrt{10}}$。

相比距离度量，余弦相似度更加注重两个向量在方向上的差异，而非距离或长度上。它对于坐标系的旋转和尺度的缩放是不变的，但对一般的线性变换和坐标系的平移不具有不变性。

2.2.2 皮尔逊相关系数

皮尔逊相关(Pearson correlation coefficient)也称积差相关（积矩相关），即相关分析中的相关系数 r，分别对 X 与 Y 基于自身总体标准化后计算余弦向量的标准夹角。是英国统计学家皮尔逊于 20 世纪提出的一种计算直线相关的方法。皮尔逊相关系数一般用来反映两个变量线性相关程度，它的取值在[−1,+1]之间。相关系数的绝对值越大，相关性越强。设有两个变量 X，Y，其中：$X=\{x_1,x_2,\cdots,x_n\}$，$Y=\{y_1,y_2,\cdots,y_n\}$，X 和 Y 的皮尔逊相关系数可以通过以下公式计算：

公式一：

$$\rho_{X,Y}=\frac{\operatorname{cov}(X,Y)}{\sigma_X\sigma_Y}=\frac{E((X-\mu_X)(Y-\mu_Y))}{\sigma_X\sigma_Y}=\frac{E(XY)-E(X)E(Y)}{\sqrt{E(X^2)-E^2(X)}\sqrt{E(Y^2)-E^2(Y)}} \tag{2-13}$$

公式二：

$$\rho_{X,Y}=\frac{N\sum XY-\sum X\sum Y}{\sqrt{N\sum X^2-(\sum X)^2}\sqrt{N\sum Y^2-(\sum Y)^2}} \tag{2-14}$$

公式三：

$$\rho_{X,Y}=\frac{\sum(X-\overline{X})(Y-\overline{Y})}{\sqrt{\sum(X-\overline{X})^2(Y-\overline{Y})^2}} \tag{2-15}$$

公式四：

$$\rho_{X,Y}=\frac{\sum XY-\frac{\sum X\sum Y}{N}}{\sqrt{\sum X^2-\frac{\left(\sum X\right)^2}{N}}\sqrt{\sum Y^2-\frac{\left(\sum Y\right)^2}{N}}} \tag{2-16}$$

以上列出四个公式等价，其中 E 是数学期望，cov 表示方差，N 表示变量取值的个数。

例2-9 假设有表 2-4 这样一个数据集，想要了解该股票的收盘价与所属行业的平均收益率、市盈率之间的关系。

表 2-4　股票数据集

日　期	股票收盘价	行业平均收益率	市盈率
2023-01-01	100	0.02	0.092
2023-01-02	105	0.03	0.039
2023-01-03	98	0.01	0.01
2023-01-04	110	0.04	0.02
2023-01-05	115	0.02	0.01
2023-01-06	120	0.03	0.07

计算股票收盘价和行业平均收益率之间的皮尔逊相关系数：

$$\rho_{X,Y}=\frac{\text{cov}(X,Y)}{\sigma_X\sigma_Y}=\frac{E[(X-\mu_X)(Y-\mu_X)]}{\sigma_X\sigma_Y}=0.51$$

计算结果为 0.51，表示股票收盘价和行业平均收益率之间存在一个正相关关系。

计算股票收盘价和市盈率之间的皮尔逊相关系数：

$$\rho_{X,Y}=\frac{\text{cov}(X,Y)}{\sigma_X\sigma_Y}=\frac{E[(X-\mu_X)(Y-\mu_X)]}{\sigma_X\sigma_Y}=-0.002\,05$$

计算结果为−0.002 05，趋于 0，但并不能断定收盘价与市盈率这两个变量是独立的(有可能是非线性相关)，继续计算收盘价与市盈率这两个变量之间的距离相关系数为 1.002，不能判定两变量是独立的。

当两个变量线性关系增强时，相关系数趋于 1 或−1。若一个变量增大，另一个变量随之增大，表明二者正相关，相关系数大于 0；若一个变量增大，另一个变量减小，则为负相关，相关系数小于 0。若相关系数等于 0，表明它们之间不存在线性相关关系。皮尔逊系数适用于：

(1)两个变量之间是线性关系，都是连续数据。

(2)两个变量的总体是正态分布，或接近正态的单峰分布。

(3)两个变量的观测值是成对的，每对观测值之间互相独立。

2.2.3　斯皮尔曼等级相关系数

斯皮尔曼等级相关系数(Spearman correlation)经常用希腊字母 ρ 表示其值，用来估计两个

变量 X、Y 之间的相关性，变量间的相关性可以用单调函数来描述。如果两个变量取值的两个集合中均不存在相同的两个元素，那么，当其中一个变量可以表示为另一个变量的单调函数时（即两个变量的变化趋势相同），ρ 的取值范围为{−1.0，1.0}，当一致时为 1.0，不一致时为 −1.0。

假设两个随机变量分别为 X、Y（也可以看作是两个集合），它们的元素个数均为 N，对 X、Y 进行排序（同为升序或降序），两个随机变量的第 i 个值分别用 x_i、y_i 表示：

$$X=\{x_1, x_2, \cdots, x_n\}, Y=\{y_1, y_2, \cdots, y_n\}$$

将集合 X、Y 中的元素对应相减得到一个排行差分集合 d，其中 $d_i=x_i-y_i$，$1\leqslant i\leqslant N$。随机变量 X、Y 之间的斯皮尔曼等级相关系数计算方式如下：

公式一：由排行差分集合 d 计算而得

$$\rho=1-\frac{6\sum_{i=1}^{n} d_i^2}{N(N^2-1)} \tag{2-17}$$

公式二：由排行集合 X、Y 计算而得（斯皮尔曼等级相关系数同时也被认为是经过排行的两个随机变量的皮尔逊相关系数，以下实际是计算 x、y 的皮尔逊相关系数）。

$$\rho=\frac{\sum_{i=1}^{n}(x_i-\overline{x})(y_i-\overline{y})}{\sqrt{\sum_{i=1}^{n}(x_i-\overline{x})^2\sum_{i=1}^{n}(y_i-\overline{y})^2}} \tag{2-18}$$

例 2-10　计算表 2-5 中元素排行，当变量的两个值相同时其排行是通过对它们的位置进行平均得到的。

根据式(2-17)计算变量和变量位置的斯皮尔曼相关系数：

$$\rho=1-\frac{6\sum_{i}^{n} d_i^2}{N(N^2-1)}=\frac{6\times(1+1+0.25+0.25)}{5\times(25-1)}=0.15$$

计算得变量与变量位置的斯皮尔曼相关系数为 0.15，相关性不强。

表 2-5　元素排行案例

变　量	元素的位置（依降序排列）	变量的排行
1	5	4
0.2	4	5
1.3	3	2.5
1.3	2	2.5
10	1	1

斯皮尔曼等级相关系数对数据条件的要求没有皮尔逊相关系数严格，只要两个变量的观测值是成对的等级评定资料，或者是由连续变量观测资料转化得到的等级资料，不论两个变量的整体分布形态、样本容量的大小如何，都可以用斯皮尔曼等级相关系数来进行研究。

2.2.4 肯德尔相关系数

肯德尔相关系数(Kendallrank)是以 Maurice Kendall 命名的,并经常用希腊字母 τ(tau)表示其值,用来测量两个随机变量相关性的统计值。肯德尔检验是一个无参假设检验,它使用相关系数去检验两个随机变量的统计依赖性。肯德尔相关系数的取值范围在 -1 到 1 之间,当 τ 为 1 时,表示两个随机变量拥有一致的等级相关性,当 τ 为 -1 时,表示两个随机变量拥有完全相反的等级相关性,当 τ 为 0 时,表示两个随机变量是相互独立的。

假设两个随机变量分别为 X、Y(也可以看作两个集合),它们的元素个数均为 N,两个随机变量取的第 i 个值分别用 x_i、y_i 表示:

$$X=\{x_1,x_2,\cdots,x_n\},Y=\{y_1,y_2,\cdots,y_n\}$$

X、Y 中的对应元素组成一个元素对集合 XY,其包含的元素为(x_i,y_i)。存在以下六种情况:

情况 1:$x_i>x_j$ 且 $y_i>y_j$; 情况 2:$x_i<x_j$ 且 $y_i<y_j$; 情况 3:$x_i>x_j$ 且 $y_i<y_j$;

情况 4:$x_i<x_j$ 且 $y_i>y_j$; 情况 5:$x_i=x_j$; 情况 6:$y_i=y_j$。

当集合 XY 中任意两个元素(x_i,y_i)与(x_j,y_j)的顺序相同时(也就是说当出现情况 1 或 2 时),这两个元素就被认为是一致的。当出现情况 3 或 4 时,这两个元素就被认为是不一致的。当出现情况 5 或 6 时,这两个元素既不是一致的也不是不一致的。

有三个公式计算肯德尔相关系数的值:

公式一:

$$\tau-a=\frac{C-D}{\frac{1}{2}N(N-1)} \tag{2-19}$$

式中,C 表示 XY 中拥有一致性的元素对数(两个元素为一对);D 表示 XY 中拥有不一致性的元素对数。这一公式仅适用于集合 X 与 Y 中不存在相同元素的情况(集合中各个元素唯一)。

公式二:

$$\tau-b=\frac{C-D}{\sqrt{(N_3-N_1)((N_3-N_2)}} \tag{2-20}$$

这一公式适用于集合 X 或 Y 中存在相同元素的情况(如果 X 或 Y 中均不存在相同的元素时,公式二便等同于公式一),其中 C、D 与公式一相同。

$$N_1=\sum_{i=1}^{s}\frac{1}{2}U_i(U_i-1) \tag{2-21}$$

$$N_2=\sum_{i=1}^{s}\frac{1}{2}V_i(V_i-1) \tag{2-22}$$

$$N_3=\frac{1}{2}N(N-1) \tag{2-23}$$

将 X 中的相同元素分别组合成小集合,s 表示集合 X 中拥有的小集合数(例如 X 包含元素 1 2 3 4 3 3 2,那么这里得到的 s 则为 2,因为只有 2、3 有相同的元素),U_i 表示第 i 个小集合所包含的元素数。N_2 在集合 Y 的基础上计算而得。

公式三:

$$\tau-c=\frac{C-D}{\frac{1}{2}N^2\frac{M-1}{M}} \tag{2-24}$$

这一公式中没有再考虑集合 X 或者 Y 中存在相同元素给最后的统计值带来的影响，仅适用于用表格表示的随机变量 X、Y 之间相关系数的计算。

例 2-11 为不同年龄的用户推送一条养生视频后回收了这些用户的播放完成度，如表 2-6 所示。

表 2-6 用户年龄与视频播放完成度关系

样本编号	年 龄	年龄序号	播放完成度	播放序号	一致对数	分歧对数
1	10	1	0.00	1	9	0
2	15	2	0.04	5	5	3
3	18	3	0.01	2	7	0
4	21	4	0.03	4	5	1
5	23	5	0.02	3	5	0
6	25	6	0.56	7	3	1
7	28	7	0.12	6	3	0
8	30	8	0.75	8	2	0
9	35	9	0.78	9	1	0
10	41	10	0.89	10	0	0

用肯德尔相关系数来分析用户年龄与该养生相关视频的播放情况是否相关。对于样本 3 和样本 4 它们的年龄序号是[3,4]，播放序号是[2,4]，虽然序号不同，但是变化趋势是相同的，因此它们是一致的；对于样本 2 和样本 3 它们的年龄序号是[2,3]，播放序号是[5,2]，它们的变化趋势是相反的，因此它们是分歧的，分别计算每个样本的一致对数和分歧对数。

计算得 $C=40$，$D=5$，由于用户年龄与播放完成度集合中不存在相同元素的情况，使用式(2-19)计算肯德尔相关系数的值：

$$\tau-a=\frac{C-D}{\frac{1}{2}N(N-1)}=\frac{40-5}{\frac{1}{2}\times 10(10-1)}=0.778$$

计算得肯德尔相关系数为 0.778，用户年龄与播放养生相关视频的时长呈现强相关性，基于这个分析可以尝试对更多年龄大一些的用户推送此视频。

2.2.5 Tanimoto 系数

Tanimoto 系数(Tanimoto coefficient)也称为广义 Jaccard 系数，是 Cosine 相似度的扩展，通常应用于 $\boldsymbol{X}$、$\boldsymbol{Y}$ 为布尔向量，即各分量只取 0 或 1 的时候，此时表示的是 x、y 的公共特征占 x、y 具有的所有特征的比例。其实质就是集合交集与并集的比值。也多用于计算文档数据的相似度，或两个集合之间的相似程度。

$$T(\boldsymbol{x},\boldsymbol{y})=\frac{|\boldsymbol{x}\cap\boldsymbol{y}|}{(|\boldsymbol{x}|+|\boldsymbol{y}|-|\boldsymbol{x}\cap\boldsymbol{y}|)}=\frac{\boldsymbol{x}\cdot\boldsymbol{y}}{\|\boldsymbol{x}\|^2+\|\boldsymbol{y}\|^2-\boldsymbol{x}\cdot\boldsymbol{y}} \tag{2-25}$$

其中 $\boldsymbol{x}\cdot\boldsymbol{y}$ 表示两个向量的内积，$\|\boldsymbol{x}\|^2$ 和 $\|\boldsymbol{y}\|^2$ 分别是向量的平方和。$T(\boldsymbol{x},\boldsymbol{y})$ 的取值范围是[0,1]，越接近 1 说明越相似。

例 2-12 有两个文档 **A** 和 **B**，文档 **A** 的关键词集合为{apple，banana，orange，pear}，文档 **B** 的关键词集合为{apple，banana，grape，watermelon}。它们分别表示两篇文章的关键词集合，使

用 Tanimoto 系数来进行计算这两篇文章之间的相似度。

计算两个集合的交集，即{apple，banana}，交集的元素个数为 2。

计算两个集合的并集，即{apple，banana，orange，pear，grape，watermelon}，并集的元素个数为 6。

最后，使用 Tanimoto 系数的公式计算相似度：

$$T(\boldsymbol{A},\boldsymbol{B})=\frac{|\boldsymbol{A}\cap\boldsymbol{B}|}{(|\boldsymbol{A}|+|\boldsymbol{B}|-|\boldsymbol{A}\cap\boldsymbol{B}|)}=\frac{2}{6}=0.33$$

根据 Tanimoto 系数的计算结果，文档 $\boldsymbol{A}$ 和文档 $\boldsymbol{B}$ 的相似度为 0.33，表示它们之间的相似度较低。

2.2.6 Jaccard 系数

Jaccard 系数主要用于计算符号度量或布尔值度量的个体间的相似度，因为个体的特征属性都是由符号度量或者布尔值标识，所以无法衡量差异具体值的大小，只能获得“是否相同”这个结果，所以 Jaccard 系数只关心个体间共同具有的特征是否一致这个问题。如果比较 X 与 Y 的 Jaccard 相似系数，只考虑 X 与 Y 中相同元素的个数，公式如下：

$$\text{Jaccard}(X,Y)=\frac{|X\cap Y|}{|X\cup Y|} \tag{2-26}$$

Jaccard(X,Y)的取值范围介于[0,1]之间，如果两个个体间的特征完全相同，交集等于并集，值为 1；如果没有任何关联，交集为空，值为 0。

例 2-13 假设有两个集合，分别表示两个人的兴趣爱好：$A=\{$篮球，游泳，读书$\}$，$B=\{$读书，跑步，绘画$\}$，现在想要计算这两个人的兴趣爱好的 Jaccard 相似系数。

首先，找出两个集合的交集和并集：

$A\cap B=\{$读书$\}$，$A\cup B=\{$篮球，游泳，读书，跑步，绘画$\}$。

然后，计算 Jaccard 相似系数：$J(A,B)=\frac{|A\cap B|}{|A\cup B|}=\frac{1}{5}=0.2$

意味着这两个人的兴趣爱好的 Jaccard 相似系数为 0.2，说明它们在兴趣爱好上的相似性相对较低。

2.2.7 Dice 系数

Dice 系数是基于集合的相似性测度，主要用于处理二值特征向量，尤其在文本挖掘、图像分析和生物信息学等领域。Dice 系数是一种用于度量两个集合相似性的方法，在给定两个二值特征向量 $\boldsymbol{X}$ 和 $\boldsymbol{Y}$ 的情况下，通常表示为 $m(\boldsymbol{X},\boldsymbol{Y})$。Dice 系数的计算方式如下：

$$m(\boldsymbol{X},\boldsymbol{Y})=\frac{2a}{2a+b+c}=\frac{2\boldsymbol{X}'\boldsymbol{Y}}{\boldsymbol{X}'\boldsymbol{X}+\boldsymbol{Y}'\boldsymbol{Y}} \tag{2-27}$$

分子、分母无(0-0)匹配，对(1-1)匹配加权。

式中，a 表示(1-1)匹配的特征数目；b 表示(0-1)匹配的特征数目；c 表示(1-0)匹配的特征数目；$\boldsymbol{X}'$表示向量 $\boldsymbol{X}$ 的转置；$\boldsymbol{Y}'$表示向量 $\boldsymbol{Y}$ 的转置。

Dice 系数的取值范围在 0 到 1 之间，其中 0 表示两个集合无共同特征，1 表示两个集合完全相同。Dice 系数相对于简单匹配系数更加关注(1-1)匹配，它的分子部分包含了两个集合相同的元素数目。

例 2-14　有两个二值特征向量 $\boldsymbol{X}$ 和 $\boldsymbol{Y}$，其中，$\boldsymbol{X}=[1,0,1,1,0]$，$\boldsymbol{Y}=[1,0,0,1,1]$，计算 Dice 系数。

使用下面的表格来表示两个向量的匹配情况：

	1	0	1	1	0
X	√		√	√	
Y	√			√	√

通过观察表格，可以得到：$a=2$[表示(1-1)匹配的特征数目]，$b=1$[表示(0-1)匹配的特征数目]，$c=1$[表示(1-0)匹配的特征数目]。

使用 Dice 系数的公式计算相似性：$m(\boldsymbol{X},\boldsymbol{Y})=\dfrac{2\times2}{2\times2+1+1}=\dfrac{2}{3}$

这两个向量的 Dice 系数为 $\dfrac{2}{3}$，表示它们之间的相似性比较高。

2.3　匹配测度

2.3.1　RAO 测度

RAO 测度用于衡量两个向量 $\boldsymbol{X}$ 和 $\boldsymbol{Y}$ 之间的相似性，常用于比较两个集合的二元特征匹配情况。

$$S(\boldsymbol{X},\boldsymbol{Y})=\frac{a}{a+b+c+e}=\frac{\boldsymbol{X}'\boldsymbol{Y}}{n} \tag{2-28}$$

式中，a 表示两个向量 $\boldsymbol{X}$ 和 $\boldsymbol{Y}$ 中(1-1)匹配的特征数目，即 $\boldsymbol{X}$ 与 $\boldsymbol{Y}$ 都有的元素个数；b 表示 $\boldsymbol{X}$ 有而 $\boldsymbol{Y}$ 没有的元素个数，即(0-1)匹配的特征数目；c 表示 $\boldsymbol{Y}$ 有而 $\boldsymbol{X}$ 没有的元素个数，即(1-0)匹配的特征数目；e 等于 $\boldsymbol{X}$ 与 $\boldsymbol{Y}$ 都没有的元素个数，即(0-0)匹配的特征数目；n 表示向量的维数。

RAO 测度的取值范围在 0 到 1 之间，越接近 1 表示两个集合越相似，RAO 测度的优势之一是它对于不同类别的误差给予了相等的权重。

例 2-15　假设有两个向量：$\boldsymbol{X}=\{1,0,1,1,0\}$，$\boldsymbol{Y}=\{1,1,0,1,0\}$，这里的 1 表示存在，0 表示不存在，使用 RAO 测度来计算这两个向量之间的相似性。

首先，需要计算一些值：

a：$\boldsymbol{X}$ 和 $\boldsymbol{Y}$ 中(1-1)匹配的特征数目，即 $\boldsymbol{X}$ 与 $\boldsymbol{Y}$ 都有的元素个数。在这个例子中，$a=2$(索引 0 和 3 的元素匹配)。

b：$\boldsymbol{X}$ 有而 $\boldsymbol{Y}$ 没有的元素个数，即(0-1)匹配的特征数目。在这个例子中，$b=1$(索引 1 的元素只在 $\boldsymbol{X}$ 中存在)。

c：$\boldsymbol{Y}$ 有而 $\boldsymbol{X}$ 没有的元素个数，即(1-0)匹配的特征数目。在这个例子中，$c=1$(没有这样的元素)。

e：$\boldsymbol{X}$ 与 $\boldsymbol{Y}$ 都没有的元素个数，即(0-0)匹配的特征数目。在这个例子中，$e=1$(索引 4 的元素在两个集合中都是 0)。

n：向量的维数，即集合中元素的个数。在这个例子中，$n=5$。

现在我们可以使用 RAO 测度的公式来计算相似性：

$$\mathrm{RAO}(\boldsymbol{X},\boldsymbol{Y})=\frac{a}{a+b+c+e}=\frac{2}{2+1+1+1}=\frac{2}{5}=0.4$$

因此，向量 $\boldsymbol{X}$ 和 $\boldsymbol{Y}$ 之间的 RAO 测度为 0.4，表示它们的相似性较高。在这个例子中，大约 40%的特征在两个集合中是匹配的。

2.3.2 简单匹配系数

简单匹配系数(simple matching coefficient)是一种用于度量两个二值向量相似性的方法，考虑了所有匹配的特征数目，包括相同的特征和不同的特征，通常表示为 $\mathrm{smc}(\boldsymbol{X},\boldsymbol{Y})$。在给定两个二值特征向量 $\boldsymbol{X}$ 和 $\boldsymbol{Y}$ 的情况下，$\mathrm{smc}(\boldsymbol{X},\boldsymbol{Y})$的计算方式如下：

$$\mathrm{smc}(\boldsymbol{X},\boldsymbol{Y})=\frac{a+e}{n} \tag{2-29}$$

式中，a 表示(1-1)匹配的特征数目；e 表示(0-0)匹配的特征数目；n 是标准化因子，即 $n=\|\boldsymbol{x}\|$(向量 $\boldsymbol{X}$ 中 1 的个数)。

简单匹配系数的取值范围在 0 到 1 之间，0 表示两个向量无共同特征，1 表示两个向量完全相同。

例 2-16 假设有两个学生的二值特征向量，表示是否喜欢某门课程。特征向量中的每个元素代表一个学生，元素的取值为 1 表示喜欢，取值为 0 表示不喜欢，计算这两个学生之间的简单匹配系数(SMC)。

设学生 A 的特征向量为 $\boldsymbol{X}=[1,0,1,1]$，学生 B 的特征向量为 $\boldsymbol{Y}=[1,1,0,1]$。

计算得到：$a=2$(有两个位置同时为 1，即(1-1)匹配的特征数目)，$e=0$(有一个位置同时为 0，即(0-0)匹配的特征数目)，$n=3$(学生 A 的特征向量中有三个 1)。

将这些值代入计算公式：$\mathrm{SMC}(\boldsymbol{X},\boldsymbol{Y})=\frac{2}{3}$

这表示学生 A 和 B 之间的简单匹配系数为$\frac{2}{3}$，即它们的喜好大部分相同。

2.3.3 Kulzinsky 系数

在给定两个二值特征向量 $\boldsymbol{X}$ 和 $\boldsymbol{Y}$ 的情况下，Kulzinsky 系数的计算方式如下：

$$m(\boldsymbol{X},\boldsymbol{Y})=\frac{a}{b+c}=\frac{\boldsymbol{X}'\boldsymbol{Y}}{\boldsymbol{X}'\boldsymbol{X}+\boldsymbol{Y}'\boldsymbol{Y}-2\boldsymbol{X}'\boldsymbol{Y}} \tag{2-30}$$

式中，a 表示(1-1)匹配的特征数目；b 表示(0-1)匹配的特征数；c 表示(1-0)匹配的特征数。

Kulzinsky 系数的分子部分仅考虑了(1-1)匹配的特征数目，而分母部分则考虑了(0-1)和(1-0)匹配的特征数目。

例 2-17 $\boldsymbol{X}$、$\boldsymbol{Y}$ 为两个不同个体在五个特点遗传变异点位上的突变状态。每个位点用“1”表示存在突变，用“0”表示无突变。以下是具体数据：$\boldsymbol{X}=[1,0,1,0,1]$，$\boldsymbol{Y}=[1,1,0,1,0]$

使用 Kulzinsky 系数，评估个体 $\boldsymbol{X}$ 和个体 $\boldsymbol{Y}$ 在这五个遗传变异位点上的突变状态相似度。

$$m(\boldsymbol{X},\boldsymbol{Y})=\frac{a}{b+c}=\frac{\boldsymbol{X}'\boldsymbol{Y}}{\boldsymbol{X}'\boldsymbol{X}+\boldsymbol{Y}'\boldsymbol{Y}-2\boldsymbol{X}'\boldsymbol{Y}}=\frac{a}{b+c}=\frac{1}{4}=0.25$$

个体 $\boldsymbol{X}$ 和个体 $\boldsymbol{Y}$ 在这五个遗传变异位点上的突变状态相似度为 0.25。

小　结

本章介绍了相似度计算的基本概念和常用方法。首先，详细介绍了距离测度，包括曼哈顿距离、欧氏距离、马氏距离和切氏距离，通过量化对象之间的距离来衡量相似度。接着介绍了相似测度，如余弦相似度、皮尔逊相关系数、斯皮尔曼等级相关系数和肯德尔相关系数，通过比较对象之间的方向或趋势来衡量它们的相似度。最后讨论了匹配测度，如 RAO 测度、简单匹配系数和 Kulzinsky 系数，这些方法主要用于处理二值特征向量的相似性比较。

习　题

1. 简述马氏距离与欧氏距离的区别，以及马氏距离的优势。

2. 已知向量 $\boldsymbol{X}=(1,2,3)$，$\boldsymbol{Y}=(3,2,1)$，计算它们的余弦相似度。

3. 假设有两个集合 $A=\{1,0,1,0\}$，$B=\{0,1,1,0\}$，计算它们的 Jaccard 系数和 Dice 系数。

4. 简述肯德尔距离的定义，它主要用于衡量什么对象之间的相似程度？

5. 在计算文本相似度时，Tanimoto 系数和 Jaccard 系数有哪些相同点和不同点？

6. 说明肯德尔相关系数中元素对的一致性和不一致性是如何判断的，并解释其在分析变量相关性中的作用。

7. 已知股票 A 在 5 个交易日的收盘价分别为[12,13,15,14,16]，股票 B 的收盘价为[11,14,16,13,15]，使用曼哈顿距离计算这两只股票收盘价的相似度。

8. 使用 Python 结合 pandas 库，读取包含多只股票收盘价的 CSV 文件，计算每两只股票之间的曼哈顿距离、欧氏距离和余弦相似度，并将结果保存到新的 CSV 文件中。假设 CSV 文件格式为第一行为表头，包含股票名称，后续行为日期和对应股票收盘价。

第 3 章

性能度量

机器学习模型评估是机器学习领域中的一个重要研究方向，其意义在于提高模型的预测精度和泛化能力，为模型优化和改进提供依据，并帮助我们更好地理解模型的内部机制和性能。机器学习模型评估主要包括如何选择合适的评估指标、如何确定评估的实验设计、如何利用评估结果对模型进行优化等。本章介绍常用评估指标，包括准确率、精确率、召回率、F1 分数、ROC-AUC 面积等，这些指标可用于二分类、多分类和回归等不同机器学习模型训练性能评估。相似度有两种基本类别：客观相似度和主观相似度。本章关注客观相似度，客观相似度衡量两对象客观上的相近程度，是对象的多维特征之间的某种函数关系，可分为距离测度、相似测度、匹配测度。本章介绍常用的相似度计算方法。

学习目标

- 理解性能度量和评价方法的基本概念。
- 掌握分类的性能度量。
- 掌握回归的性能度量。

3.1 分类的性能度量

为服务于不同要求，有各种性能度量或者评价方法。

3.1.1 准确率

以二分类问题为例，假设只有两类样本，即正例（positive）和负例（negative），通常以关注的类为正类，其他的类为负类。例如，垃圾短信识别可以视为二分类问题（见图 3-1），图中一共有 30 个短信，其中有 21 个正常短信，9 个垃圾短信，某人从中识别出了垃圾短信，如图 3-2(a)所示，剩下的就被认为是正常短信，如图 3-2(b)所示。

从图 3-2 中可见，被识别出的垃圾短信集合中有正常短信，正常短信集合中也可能会有垃圾短信，这说明识别垃圾短信的结果可能没有达到 100%准确，这体现了表达准确率的重要性。

图 3-1　混有正常短信和垃圾短信的短信集合

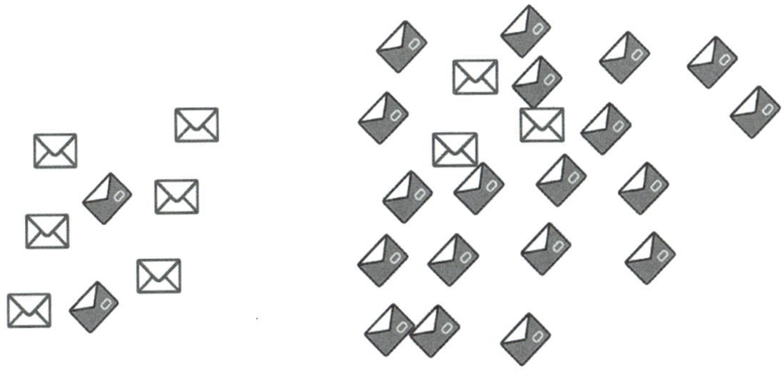

（a）被识别出的垃圾短信　　　（b）被认为的正常短信

视频

性能度量1

图 3-2　垃圾短信识别

由于任务的侧重点是识别出垃圾短信进而删除它们，因此，垃圾短信一般就是被关注的类，可以定义为正类。通常会有 4 种可能性（见表 3-1），正类表示实际类别是垃圾短信的样本，有 P 个。此时，假设模型从中正确地判断出了 TP 个，错误地判断了 FN 个，实际类别是非垃圾短信的样本总共有 N 个，假设模型从中错误的判断了 FP 个，正确的判断了 TN 个。

表 3-1　垃圾信息的分类情况

实际类别	预测类别		
	正　例	负　例	总　计
正例	TP（真正例）	FN（假反例）	P（实际为正）
负例	FP（假正例）	TN（真反例）	N（实际为负）

注意：T 和 F 表示预测结果是对还是错，P 和 N 表示正类还是负类。

由此，分类的准确率（accuracy）定义为分类器正确分类的样本数与总样本数之比。

$$\text{accuracy}=\frac{\text{TP}+\text{TN}}{P+N} \tag{3-1}$$

例3-1　在图 3-1 和图 3-2 中，测试集包含 30 个样本，其中有 9 个是垃圾短信（正例 P），21 个是非垃圾短信（负例 N）。假设分类器正确地将 6 个垃圾短信判断为垃圾短信（TP），但错误地将 3 个垃圾短信判断为非垃圾短信（FP）。同时，分类器正确地将 19 个非垃圾短信判断为非垃圾短信（TN），但错误地将 2 个非垃圾短信判断为垃圾短信（FN）。

根据上述数据，可以计算分类器的准确率：$\text{accrucy}=\frac{\text{TP}+\text{TN}}{P+N}=\frac{6+19}{9+21}=0.833$

因此，该垃圾短信分类器的准确率为 83.3%。

若类别的比例在样本中严重失调，准确率可能难以衡量真正关注的正类的分类效果，请看案例 3-2。

例3-2　图 3-3 所示的短信集合，测试集包含 31 个样本，其中有 2 个是垃圾短信（正例 P），29 个是非垃圾短信（负例 N）。分类器判别出的垃圾短信集合如图 3-4（a）所示，剩下的短信被认为是正常短信，如图 3-4（b）所示。

假设分类器正确地将 1 个垃圾短信判断为垃圾短信（TP），但错误地将 1 个垃圾短信判断为非垃圾短信（FP）。同时，分类器正确地将 25 个非垃圾短信判断为非垃圾短信（TN），但错误地将 4 个非垃圾短信判断为垃圾短信（FN）。

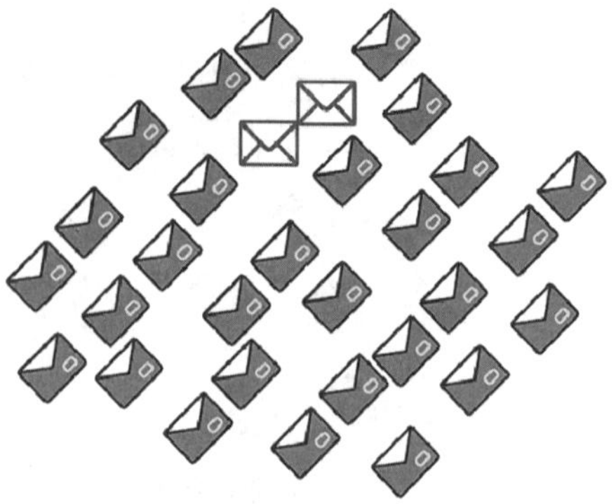

图 3-3　混有正常短信和垃圾短信的短信集合 2

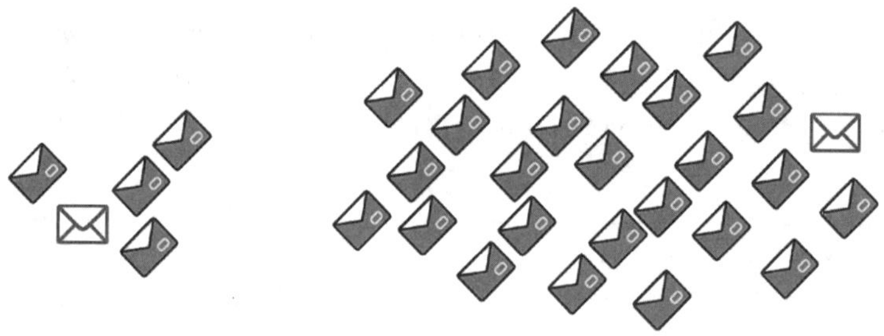

（a）分类器识别出的垃圾短信　　（b）分类器认为的正常短信

图 3-4　垃圾邮件识别

根据上述数据，可以计算分类器的准确率(accuracy)：

$$\text{accrucy}=\frac{\text{TP}+\text{TN}}{P+N}=\frac{1+25}{2+28}=0.867$$

因此，该垃圾短信分类器的准确率为 86.7%。

看起来，例 3-2 的准确率更高，然而，无论是例 3-1 还是例 3-2，没有将用户最关心的真正的垃圾短信全部识别出来，且例 3-2 仅仅识别出了一半的垃圾短信，例 3-1 却识别出了三分之一的垃圾短信，可见，仅仅用准确率来衡量似乎不够。

与准确率不同，精确率和召回率重点关注正类的分类结果，是二类分类问题的评价指标。

精确率定义为模型判断的正例中真正正例的比重：

$$\text{precision}=\frac{\text{TP}}{\text{TP}+\text{FP}} \tag{3-2}$$

在垃圾短信分类器中，是指预测出的垃圾短信中真正垃圾短信的比例，可以直观地理解精确率为被正确判定的正例的比例。

召回率反映了总正例中被模型正确判断为正例的比例：

$$\text{recall}=\frac{\text{TP}}{P} \tag{3-3}$$

在垃圾短信分类器中，指所有垃圾短信被分类器正确找出来的比例。

例 3-3　分别用例 3-1 和例 3-2 中的垃圾邮件数据，计算精确率和召回率。

在例 3-1 中：

精确率为：

$$\text{precision}=\frac{TP}{TP+FP}=\frac{6}{6+2}=0.75$$

召回率为：

$$\text{recall}=\frac{TP}{TP+FN}=\frac{6}{6+3}=0.667$$

在例 3-2 中：

精确率为：

$$\text{precision}=\frac{TP}{TP+FP}=\frac{1}{1+4}=0.2$$

召回率为：

$$\text{recall}=\frac{TP}{TP+FN}=\frac{1}{1+1}=0.5$$

可见，例 3-1 的精确率和召回率更高。

3.1.2　分类性能度量——*P-R* 曲线

从精确率和召回率的定义可知，精确率和召回率这两个指标通常很难做到都很高，例如：渔民们撒网打鱼时，如果网比较大，则打上的鱼通常会很多，但同时也可能会打上来一些其他的东西，比如石头等，使得精确率下降。

图 3-5 描述了精确率和召回率的关系。如图 3-5 所示，如果想办法提高了召回率，精确率有可能会受到影响，从而下降。该条曲线称为 *P-R* 曲线，要绘制 *P-R* 曲线需要一系列的精确率(precision)和召回率(recall)的值，这些值是通过阈值来形成的，对每个测试样本，分类器通常都会给出分值，即 score 值，表示该样本在多大概率上属于正例。绘制 *P-R* 曲线的步骤为：

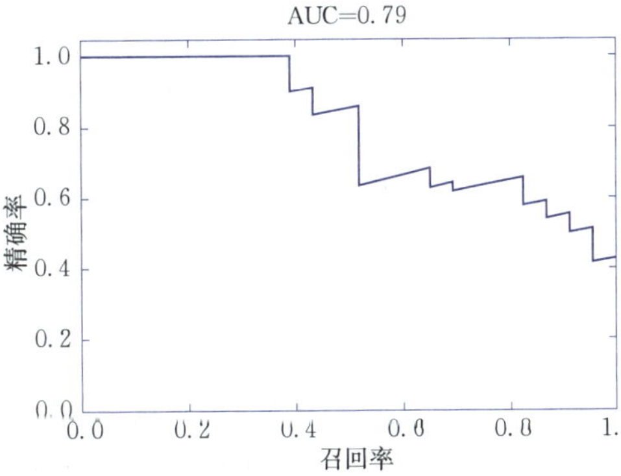

图 3-5　精确率与召回率的关系

步骤 1： 从高到低将 score 值排序并依次作为阈值 threshold。

步骤 2： 对于每个阈值，score 值大于或等于 threshold 的测试样本被认为是正例，其他为负例，从而形成一组预测数据。

步骤 3： 将预测的结果和真实的结果进行比较得到表中的数值，进而可以计算出 *P-R* 曲线的上面的一组值，从而形成 *P-R* 曲线的一个点，阈值不同点的位置一般也不同，多个类似的点连起来就成了曲线。

视频

性能度量2

例 3-4　假设存在一个二分类问题，其中有 10 个样本，每个样本有一个 score 值和一个真实的标签(负类 0 或正类 1)，数据集见表 3-2。

表 3-2　样本的 score 值和真实标签

score	真实标签	score	真实标签	score	真实标签
0.9	1	0.5	0	0.2	0
0.8	1	0.4	0	0.1	0
0.7	0	0.3	1	0.05	1
0.6	1				

现在按照步骤进行 P-R 曲线的绘制：

步骤 1：从高到低将 score 值排序并依次作为阈值 threshold，排序后的阈值列表如下：

[0.9,0.8,0.7,0.6,0.5,0.4,0.3,0.2,0.1,0.05]

步骤 2：对于每个阈值，根据阈值将样本分为正例和负例。以阈值 0.9 为例，大于等于 0.9 的样本被认为是正类(标签 1)，小于 0.9 的样本被认为是负类(标签 0)。根据阈值得到表 3-3 的预测结果。

表 3-3 预测结果

score	真实标签	预测标签	score	真实标签	预测标签
0.9	1	1	0.4	0	0
0.8	1	0	0.3	1	0
0.7	0	0	0.2	0	0
0.6	1	0	0.1	0	0
0.5	0	0	0.05	1	0

计算得到每个阈值下的召回率和精确率为：

阈值：0.90；召回率：0.200 0；精确率：1.000 0

阈值：0.80；召回率：0.400 0；精确率：1.000 0

阈值：0.70；召回率：0.400 0；精确率：0.666 7

阈值：0.60；召回率：0.600 0；精确率：0.750 0

阈值：0.50；召回率：0.600 0；精确率：0.600 0

阈值：0.40；召回率：0.600 0；精确率：0.500 0

阈值：0.30；召回率：0.800 0；精确率：0.571 4

阈值：0.20；召回率：0.800 0；精确率：0.500 0

阈值：0.10；召回率：0.800 0；精确率：0.444 4

阈值：0.05；召回率：1.000 0；精确率：0.500 0

步骤 3：计算每个阈值下的召回率和精确率，可以得到 P-R 曲线的所有点，曲线如图 3-6 所示。

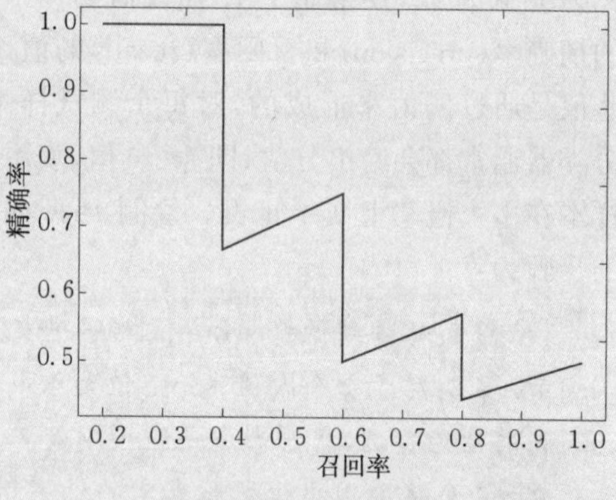

图 3-6 ***P-R*** 曲线

指标 area 的含义是 P-R 曲线下面的面积，它有助于弥补 P-R 曲线的单点值的局限性，可以反映全局的性能，area(area under curve，AUC)的定义为

$$\text{area}=\int_0^1 p(r)\mathrm{d}r \tag{3-4}$$

3.1.3 分类性能度量——F 值(F_β-score)

F 值是精确率和召回率的调和平均，定义为式(3-5)。

$$F_\beta-\text{score}=\frac{(1+\beta^2)\times\text{precision}\times\text{recall}}{(\beta^2\times\text{precision}+\text{recall})} \tag{3-5}$$

式中，β 是权重，用于表示精确率和召回率中更加侧重于哪个指标，一般大于 0，当 $\beta=1$ 时，表示精确率和召回率同样重要。退化为 F_1：

$$F_1-\text{score}=\frac{2\times \text{precision}\times \text{recall}}{\text{precision}+\text{recall}} \tag{3-6}$$

F_1 比较常用，表示二者同等重要。

例 3-4 中 threshold 为 0.5：

$$F_1=\frac{2\times \text{precision}\times \text{recall}}{\text{precision}+\text{recall}}=\frac{2\times 0.6\times 0.6}{0.6+0.6}=0.6$$

3.1.4　分类性能度量——ROC 及 ROC-AUC

ROC(receiver operating characteristic curve)是另外一种分类的评价指标，称为受试者工作特征曲线。在二战时，雷达兵观察雷达显示器以判断是否有敌机来袭，但飞鸟如果出现在雷达的扫描区域时屏幕上也会出现类似的信号，如果凡是有信号就确定是敌机来袭会增加误报的风险，如果凡是有信号都认为是飞鸟，又会增加漏报的风险。ROC 曲线可用于评价每个雷达兵的预报情况。

$$\text{假正例率：fp rate}=\frac{\text{FP}\infty}{N} \tag{3-7}$$

$$\text{真正例率：tp rate}=\frac{\text{TP}}{P} \tag{3-8}$$

ROC 曲线如图 3-7 所示，横轴表示假的正例率 fp rate，或称之为误诊率、虚惊概率，如将飞鸟误报为敌机的概率，纵轴表示真的正例率 tp rate，即命中概率，表示来的是敌机且正确预报的概率。ROC 曲线描绘了分类器在 tp rate 和 fp rate 间的权衡。与 P-R 曲线的绘制类似，要得到 ROC 曲线也需要一系列的值，不过此时横轴和纵轴的定义有所不同而已。

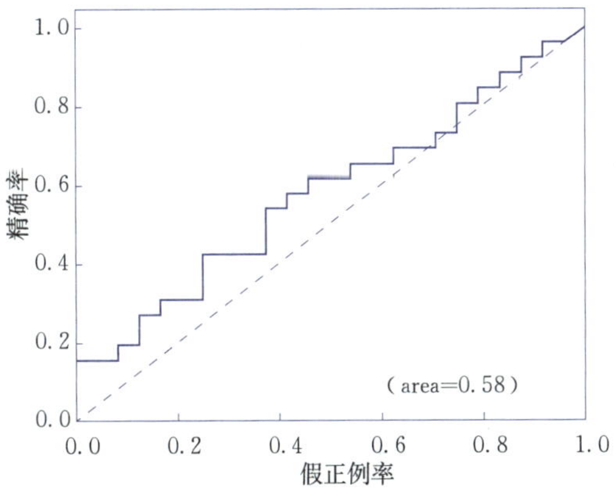

图 3-7　假正例率与真正例率的 ROC 曲线

例 3-5　假设有一个雷达检测敌军的数据集见表 3-4。使用 ROC 曲线来评价雷达的预报情况。

表 3-4　雷达检测敌军数据集

序　号	信号强度	实际情况	序　号	信号强度	实际情况	序　号	信号强度	实际情况
1	0.9	敌机	8	0.52	飞鸟	15	0.36	飞鸟
2	0.8	敌机	9	0.51	敌机	16	0.35	飞鸟
3	0.7	飞鸟	10	0.505	飞鸟	17	0.34	敌机
4	0.6	敌机	11	0.4	敌机	18	0.33	飞鸟
5	0.55	敌机	12	0.39	飞鸟	19	0.30	敌机
6	0.54	敌机	13	0.38	敌机	20	0.10	飞鸟
7	0.53	飞鸟	14	0.37	飞鸟			

现在按照步骤进行 ROC 曲线的绘制：

步骤 1：从高到低将“信号强度”值排序并依次作为阈值 threshold。

步骤 2：“信号强度”值大于或等于 threshold 的样本是正例，其他为负例，从而形成一组预测数据。

步骤 3：将预测的结果和真实的结果进行比较，计算得到每个阈值下的假正例率和真正例率值，形成 ROC 曲线的一个点，绘制出的 ROC 曲线如图 3-8 所示。

ROC-AUC 定义为 ROC 曲线下面的面积，如图 3-9 所示，该指标提供了分类器的一个整体数值，可以理解为在相同的误报概率及横轴的情况下，其累计的命中概率及总额有多少。通常其取值越大，分类器越好，其取值范围通常在 0～1 之间。

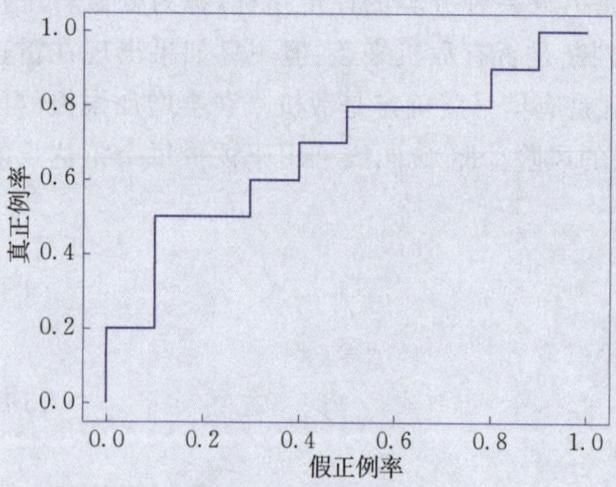

图 3-8　ROC 曲线

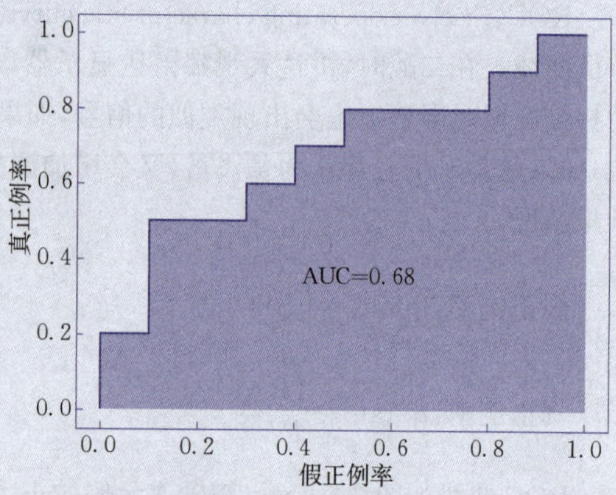

图 3-9　ROC-AUC 曲线

3.2　回归的性能度量

分类的输出通常为若干确定的类别标签之一，而回归通常输出一个实数数值，回归问题也需要有相应的评价或者度量方法。常用的度量回归问题的方法包括平均绝对误差（mean absolute error，MAE）、均方误差（mean squared error，MSE）、均方根误差（root mean squared error，RMSE）、logistic 回归损失[Log loss，又称交叉熵损失（cross-entropy loss）]、R 方值、确定系数（r2_score）等。

3.2.1　平均绝对误差

平均绝对误差（MAE）是绝对误差损失（absolute error loss）的期望值。如果 $\hat{y}_i$ 是第 i 个样本的预测值，y_i 是相应的真实值，在 n_{samples} 个测试样本上的平均绝对误差的定义如下：

$$\text{MAE}(y,\hat{y})=\frac{1}{n_{\text{samples}}}\sum_{i=0}^{n_{\text{samples}}-1}|y_i-\hat{y}_i| \tag{3-9}$$

例 3-6　用回归模型来预测房屋价格，有一组真实价格和对应的模型预测价格，见表 3-5。

表 3-5　房价预测数据集

房屋编号	真实房价/万元	预测房价/万元	房屋编号	真实房价/万元	预测房价/万元
1	200	220	4	180	210
2	250	230	5	350	320
3	300	280			

计算该回归模型的平均绝对误差：

$$\mathrm{MAE}(y,\hat{y})=(|200-220|+|250-230|+\cdots+|350-320|)\div 5=24$$

在这个例子中，MAE 为 24，表示模型的平均预测误差为 24，即模型的平均预测值与真实值之间的差异为 24，越接近于 0 的 MAE 值表示模型的预测越准确。

3.2.2　均方误差

均方误差（MSE）对应于平方误差损失（squared error loss）的期望值。如果 $\hat{y}_i$ 是第 i 个样本的预测值，y_i 是相应的真实值，在 n_{samples} 上的均方差的定义如下：

$$\mathrm{MSE}(y,\hat{y})=\frac{1}{n_{\text{samples}}}\sum_{i=0}^{n_{\text{samples}}-1}|y_i-\hat{y}_i|^2 \tag{3-10}$$

均方根差（RMSE）是 MSE 的平方根。

例 3-7　假设模型预测某日下雨的概率为 p，p 通常是在 0～1 之间的实数数值，因为此时只是预测某一天是否下雨（见表 3-6）。

(1)预测下雨的概率为 100%，且真实情况是下雨，此时 MSE=0，均方差最小，预测模型很完美。

(2)预测下雨的概率为 100%，但真实情况是没下雨。此时 MSE=1，均方差最大，预测模型糟糕。

(3)预测下雨的概率比较大，如为 70%，且真实情况是下雨了，则 MSE=0.09，误差相对较小。

(4)如果预测下雨的概率为 30%，且真实情况是下雨了，则 MSE=0.49，此时的误差相对较大。

综合以上情况可见，MSE 的值越小，则预测模型的性能越好。

表 3-6　某日下雨概率

预测概率 p	ground truth（1 表示下雨，0 表示没有下雨）	MSE	模型性能
1.0	1	$(1.0-1.0)^2=0$	完美
1.0	0	$(1.0-0)^2=1$	糟糕

续上表

预测概率 p	ground truth (1 表示下雨,0 表示没有下雨)	MSE	模型性能
0.7	1	$(0.7-1.8)^2=0.09$	误差较小
0.3	1	$(0.3-1.0)^2=0.49$	误差较大

其中,ground truth(地面真实值或基准真实值)是一个跨学科术语,核心含义是作为基准的真实数据或标签,用于验证模型、算法或测量结果的准确性。

3.2.3 均方根误差

均方根误差(RMSE)常用于评估预测模型(如回归模型)的性能。数值越小,说明模型的预测值与真实观测值之间的平均差异越小,即模型的预测精度越高。在 n_{samples} 上的均方根误差的定义如下:

$$\text{RMSE}(y,\hat{y})=\sqrt{\frac{1}{n_{\text{samples}}}\sum_{i=0}^{n_{\text{samples}}-1}|y_i-\hat{y}_i|^2} \tag{3-11}$$

3.2.4 R 方值

R 方值(R^2)又称为判定系数或决定系数(coefficient of determination),是衡量线性回归模型拟合优度的指标,表示模型解释的因变量变异性的比例,或者说模型预测值与实际观测值之间相关程度的平方。R^2 值介于 0 到 1 之间,值越大说明模型对数据的拟合越好,对因变量变异性的解释能力越强。

$$R^2=1-\frac{\sum_{i=1}^{n}(\hat{y}_i-y_i)^2}{\sum_{i=1}^{n}(y_i-\bar{y})^2} \tag{3-12}$$

例3-8 某城市研究团队收集了过去一年内每月的广告投入(单位"万元",记为 X)和相应月份的产品销售额(单位"万元",记为 Y)数据,见表 3-7。他们建立了一个简单的线性回归模型来预测销售额,现在,想用 RMSE 和 R^2 来评估该模型的预测性能。

表 3-7 销售额预测 单位:万元

月份	广告投入(X)	销售额(Y)	预测销售额($\hat{Y}$)	月份	广告投入(X)	销售额(Y)	预测销售额($\hat{Y}$)
1	10	79	75	7	12	67	76
2	15	88	90	8	10	68	64
3	18	91	98	9	8	63	52
4	25	104	114	10	6	59	46
5	20	90	92	11	10	67	70
6	16	83	81	12	9	64	66

$$R^2=1-\frac{\sum_{i=1}^{n}(\hat{y}_i-y_i)^2}{\sum_{i=1}^{n}(y_i-\bar{y})^2}$$

$$=1-\frac{16+4+49+100+4+4+81+16+121+169+9+4}{2224.92}=0.741$$

计算得该销售额预测模型的 R^2 值为 0.741。

3.2.5 logistic 回归损失

logistic 回归损失常用于评价逻辑回归 LR 和神经网络等模型，这些内容后面会介绍，这里先看看如何用 logistic 回归来评价二类分类问题。

假设某样本的真实标签为 y（取值为 0 或 1），概率估计为 $p=\mathrm{pr}(y=1)$，每个样本的 log loss 是对分类器给定真实标签的负 log 似然估计（negative log-likelihood）：

$$L_{\log}(y,p)=-\log(\mathrm{pr}(y|p))=-(y\log(p)+(1-y)\log(1-p)) \tag{3-13}$$

在二分类任务中，logistic 回归损失 Logloss 定义为：

$$L=\frac{1}{N}\sum_{i}^{n}L_i=\frac{1}{N}\sum_{i}^{n}[-(y\log(p)+(1-y)\log(1-p))] \tag{3-14}$$

其中 log 的底数为 e。

例 3-9 有 4 个测试样本，y_true 是这 4 个样本的真实标签列表，y_pred 是这 4 个样本的预测值，y_pred 的列表中每个样本元素有两个数值，分别表示该样本属于不同类标签的预测概率，加起来应该为 1。比如第 1 个样本的两个元素 0.9 和 0.1，表示有 90% 的概率属于标签 0，属于标签 1 的概率为 0.1。y_true=[0,0,1,1]，y_pred=[[0.9,0.1],[0.8,0.2],[0.3,0.7],[0.01,0.99]]，计算该模型的 Logloss。

根据式(3-13)依次计算每个样本的 Log loss，对于第一个样本，$y=0,p=0.1$，则：

$$L_1=-\log(\mathrm{pr}(y|p))=-(y\log(p)+(1-y)\log(1-p))=-(1\times\log0.9)$$

对于第二个样本，$y=0,p=0.2$，则：

$$L_2=-\log(\mathrm{pr}(y|p))=-(y\log(p)+(1-y)\log(1-p))=-(1\times\log0.8)$$

对于第三个样本，$y=1,p=0.7$，则：

$$L_3=-\log(\mathrm{pr}(y|p))=-(y\log(p)+(1-y)\log(1-p))=-(1\times\log0.7)$$

对于第四个样本，$y=1,p=0.99$，则：

$$L_4=-\log(\mathrm{pr}(y|p))=-(y\log(p)+(1-y)\log(1-p))=-(1\times\log0.99)$$

$$L=\frac{1}{N}\sum_{i}L_i=-\frac{1}{4}(\log0.9+\log0.8+\log0.7+\log0.99)=0.1738$$

计算得该二分类模型的 Logloss 为 0.1738。

对于多类问题（multiclass problem），可将样本的真实标签（true label）编码成 1-of-K（K 为类别总数）的二元指示矩阵 $\boldsymbol{Y}$。转换举例：假设 $K=3$，即三个类，Y_true 可以转换为二元指示矩阵 $\mathrm{Y\_true_B}$。

$$Y\_true=[1,2,3] \text{转换为} Y\_true_B=[[1,0,0],[0,1,0],[0,0,1]]$$

假设模型对测试样本的概率估计结果为 P，则在测试集（假设测试样本总数为 N）上的交叉熵损失为

$$L_{\log}(Y,P)=-\frac{1}{N}\sum_{i=0}^{N-1}\sum_{j=0}^{K-1}y_{i,j}\log p_{i,j} \tag{3-15}$$

式中，$y_{i,j}$ 表示第 i 个样本的第 j 个标签的真实值，每个样本只有其中一个标签值为 1，其余均为 0；$p_{i,j}$ 表示模型对该样本的预测值。

例3-10 有 6 个测试样本，4 个类别，Y_pred 表示模型对测试样本的估计结果矩阵。计算 Logloss。

Y_true=[2,0,3,1,2,3]

Y_true$_B$=[[0,0,1,0],[1,0,0,0],[0,0,0,1],[0,1,0,0],[0,0,1,0],[0,0,0,1]]

Y_pred=[[0.2,0.3,0.4,0.1],[0.1,0.2,0.5,0.2],[0.3,0.2,0.1,0.4],[0.4,0.1,0.2,0.3],[0.1,0.4,0.3,0.2],[0.2,0.3,0.1,0.4]]

$$\sum_{j=1}^{k-1}y_{0,j}\log p_{0,j}=1\times\log 0.4=-0.916 \qquad \sum_{j=1}^{k-1}y_{1,j}\log p_{1,j}=1\times\log 0.1=-2.303$$

$$\sum_{j=1}^{k-1}y_{2,j}\log p_{2,j}=1\times\log 0.4=-0.916 \qquad \sum_{j=1}^{k-1}y_{3,j}\log p_{3,j}=1\times\log 0.1=-2.303$$

$$\sum_{j=1}^{k-1}y_{4,j}\log p_{4,j}=1\times\log 0.3=-1.204 \qquad \sum_{j=1}^{k-1}y_{5,j}\log p_{5,j}=1\times\log 0.4=-0.916$$

将上述计算结果求平均值，得到 Logloss 为：

$$L_{\log}(Y,P)=-\frac{1}{N}\sum_{i=1}^{N-1}\sum_{j=1}^{K-1}y_{i,j}\log p_{i,j}=1.416$$

小　结

对于分类问题，常见的性能度量指标包括准确率、精确率、召回率以及 F1 分数等，这些指标有助于衡量模型在处理正类和负类样本时的表现。精确率和召回率的权衡通过 P-R 曲线来表现，而 F1 值则是二者的调和平均值。ROC 曲线和 AUC 值为分类模型提供了整体的性能评估，帮助读者在不同模型之间做出合理选择。对于回归问题，常用的评估方法包括均方误差（MSE）、平均绝对误差（MAE）和均方根误差（RMSE）。这些指标用于衡量预测值与真实值之间的差异，而 R^2 值则反映了模型对数据的拟合优度。

习　题

1. 请解释什么是“机器学习模型评估”。
2. 如果一个分类模型的精确率高，但召回率低，意味着什么？
3. 在分类任务中，什么是“精确率”和“召回率”？它们分别表示什么？

4. 给定一个分类模型的结果：真正例(TP)=50，假正例(FP)=10，假反例(FN)=5，真反例(TN)=100，请计算该模型的准确率。

5. 在分类问题中，类别不平衡时，哪个指标更适用？请简要说明原因。

6. 描述网络爬虫如何工作并获取数据的过程。

7. 对于以下回归问题，计算均方误差(MSE)：真实值为[2,3,5,7]，预测值为[2.5,3.5,4.5,6.5]。

第4章

数据收集

数据收集是机器学习过程中至关重要的一步，它直接影响到后续的分析和建模效果。高质量的训练数据集和测试数据集对于模型的准确性至关重要。在数据收集阶段，首先需要明确收集目标、考虑数据的来源与质量，以及数据的表示方式和存储方式。不同的数据源（如 API 接口、网络爬虫、传感器等）有不同的数据收集方法，这些方法的选择直接关系到数据的完整性和准确性。因此，制订合理的收集计划并做好质量控制，是成功完成数据处理的前提。本章主要介绍数据收集的有关技术思想。

学习目标

- 理解数据收集的基本原则和方法。
- 掌握不同数据源的收集方式。
- 学习数据质量分析和异常值检测。
- 掌握数据集拆分和模型验证方法。

4.1 数据收集常见方法

在正式收集数据之前，需要考虑以下问题：首先，需要明确工作目标，基于对业务的深刻理解考虑实现这些目标需要哪些数据，尽可能考虑对因变量有影响的所有自变量；第二，考虑如何获取数据，获取数据的难度是否在可承受范围内？获取的数据是否全面、是否准确？第三，数据分属于哪些属性，属性的维度是多少？第四，收集到的数据如何表示？数据结构如何设计？最后，还要考虑收集到的数据如何存储。

4.1.1 问题定义

在进行问题定义的时候，主要考虑以下几个方面：

(1)目标：明确通过数据分析实现的目标是什么。

(2)范围：明确需要分析的数据的范围是什么。

(3)问题：明确希望回答的问题或需要解决的挑战是什么。

(4)数据：明确需要使用哪些数据来解决问题。

针对不同的目标、范围和问题，需要选择收集相应的数据。问题的定义与业务紧密相关，通常需要分析人员对业务有深入了解，具备良好的数据思维，同时，很可能在经过系列调研和分析后，会修改最初的问题定义。

4.1.2　针对不同数据源的数据收集

根据数据源不同，采用的数据收集方式也可能不同，比较典型的方式有以下几种：

1. 对接现有的专业数据集

有一些公开数据集面向社会公开发布，这些数据集经过处理，通常以结构化形式存储和管理。例如，政府机构公开的统计数据集、学术机构公开的科研数据集等。数据交易平台也是一种重要的数据提供者，和其他商品交易一样，数据作为产品在这里交易，卖家通常会收集和整理数据，作为数据产品来销售。例如，某些网站提供企业客户所需的市场调研数据，某些网站提供个人用户所需的消费者行为数据等，这些数据销售必须在法律法规许可的前提下才能进行。专业数据库由于有专人负责，一般比较干净，缺失值和异常值较少。以上数据的主要获取方式有：

(1)API 接口：是一种常见的获取数据方式，许多网站提供 API 接口，通过发送请求到指定 URL，即可获取该网站提供的数据。例如，天气预报网站提供的 API 接口可以获取全球各地的天气信息，新闻网站提供的 API 接口可以获取各种新闻信息等。

(2)RSS 订阅：是一种常见的信息订阅小程序，通过订阅 RSS 源，可以获取该源发布的最新信息。例如，博客网站提供的 RSS 源可以让用户及时了解博客更新情况，新闻网站提供的 RSS 源可以让用户及时了解最新新闻等。

2. 用爬虫爬取网络公开数据

社交媒体是一个庞大的信息资源库，通过搜索和筛选功能，可以获取用户发布的各种信息，如图片、视频、文本等，平台可以在法律许可范围内有偿提供这些数据，用户也可能利用网络爬虫收集散落在网络上的公开信息。网络爬虫(spider)也称网络蜘蛛，其实是一种模拟人类浏览行为，自动访问互联网并提取数据。因其在互联网上搜索和抓取信息的行为类似于蜘蛛在蛛网上的爬行，故得名“网络爬虫”。

3. 导入文件数据与共享其他系统的数据

一个系统共享其他系统的数据，有几种常见的共享方式。

(1)数据导入：一个系统如果希望使用外部离线数据(通常是干净的结构化数据)，会在系统中开发一个“数据导入”功能，离线读取外部数据文件。如图 4-1 所示，系统 A 产生的数据被保存在数据文件中，当系统 B 需要该数据时，会向 A 的团队提出申请，A 的团队如果同意，就会导出该数据文件，发给 B 的团队，B 的团队在自己的系统中写好“数据导入”程序，去读取该数据文件，从而获得数据，获得的数据会保存在 B 的系统中。

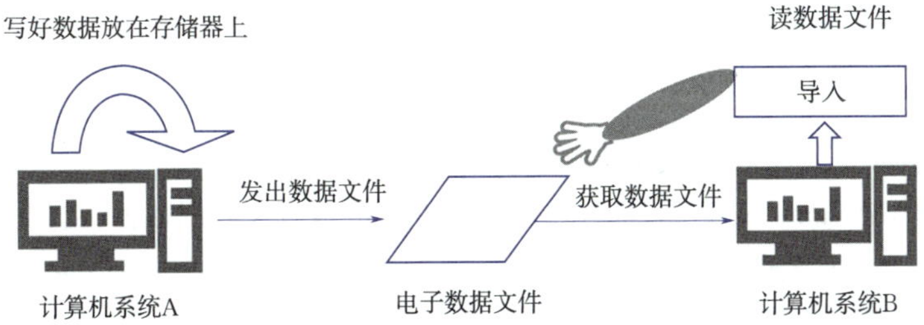

图 4-1　读取外部文件示意

(2)数据接口:如果需要在线共享现有系统中的数据,比较有效的办法就是开发称为“数据接口”的程序,研究者们希望通过这个接口去实时获取现有系统的数据。如图 4-2 所示,计算机系统 A 在运行过程中产生的数据可以被实时传输给计算机系统 B,计算机系统 B 有一个专门接收这些数据的“接口”,通过这种方式,计算机系统 B 可以实时共享计算机系统 A 允许它共享的数据。

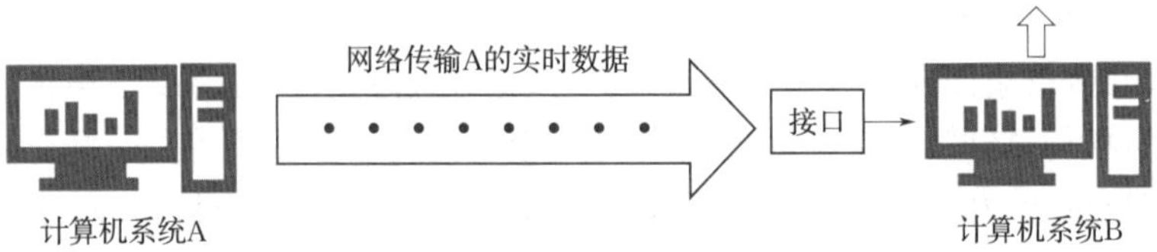

图 4-2　实时接收其他系统的数据

4. 基于区块链的数据共享

图 4-3 所示为物流中心的货物分拣,每件物品上面都贴有二维码,二维码中含有地址信息,传送带周边安装有扫描设备,每台扫描设备负责识别出一个特定地址的货品,当扫描到目标货品时,就接收该货品到自己的传送带上,以此实现分拣。把货品当作数据,扫描设备当作程序,通过类似的方法,是否能实现数据在不同程序间的传输和共享呢?

图 4-3　物流中心货物分拣

区块链技术是一种分布式数据库技术,可以构建一个去中心化的数据共享平台,用户(程序)发布的数据被打包成区块(见图 4-4),区块中包含了数据以及发布者信息、接收者信息、验证码等,只有授权的用户才能访问和使用数据,保证数据的安全性和不可篡改性,区块链中数据的存储和传输都是经过加密的,各参与方可以通过智能合约实现数据的安全交换和共享,这样的平台建立了一个可信、透明和公正的环境,提高了数据交换的效率和安全性。

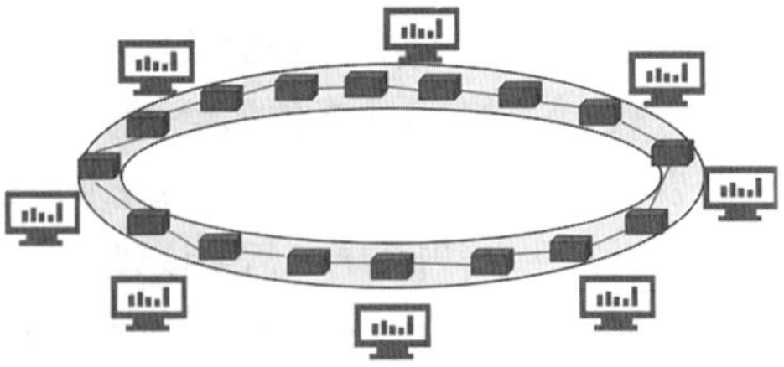

图 4-4　区块链数据共享示意

5. 利用微信公众号、小程序等收集数据

微信公众号、小程序直接与用户对接,通过分析用户行为来收集数据,例如:投放广告,实时统计广告的阅读量、转发量、发言量、点赞量等。

6. 传感器采集数据和 RFID 采集数据

随着物联网的普及,这一类数据采集方式不仅大量存在于工业生产、各类控制中,离现实生活也不远,例如:智能农场中的传感器(见图 4-5)实时采集田间地头的温度、湿度、苗情数据,以便实现实时高效管理。小区门口的人脸识别系统(见图 4-6),每天都在采集进出小区的人脸信息,以及无接触付费、无接触采样、扫描条码采集数据等都是日常生活中可见的数据采集方式。

图 4-5　智能农场中的数据采集

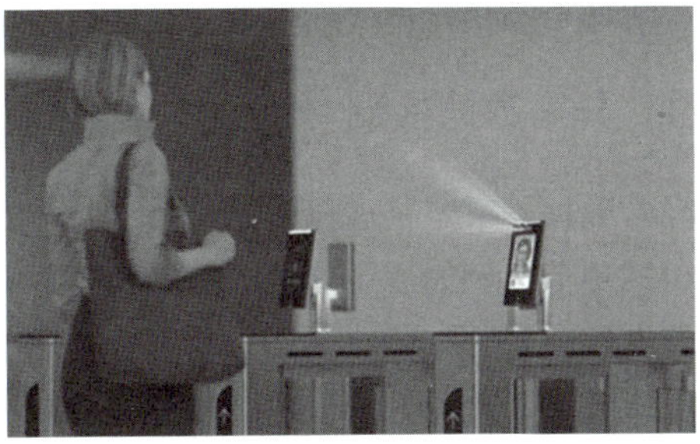

图 4-6　门禁系统中的人脸识别与数据采集

各类物联网前端设备采集到的实时数据通过有线或者无线网络传输到计算机系统进行数据处理,计算机系统也可以向前端设备发送指令(见图 4-7)。例如:旋转摄像机镜头便于采集更多的环境数据;前端的温度采集器和湿度采集器采集到的数据传送给系统,便于系统经过数据分析后给前端设备发送指令。随着电子设备的升级,很多前端设备本身具备简单的数据处理能力,例如湿度低于某个规定的阈值时触发喷雾器自动加湿。

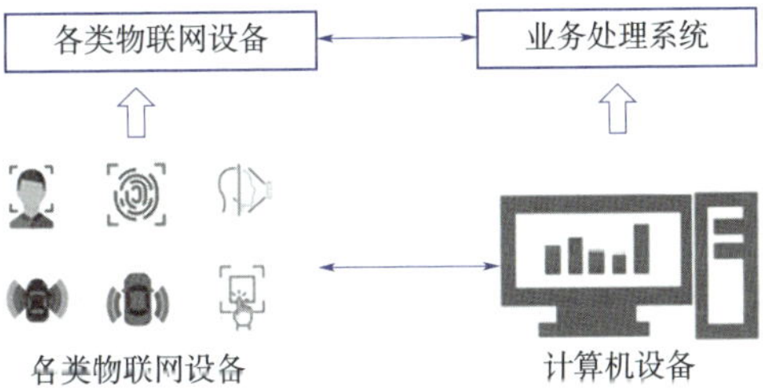

图 4-7　基于物联网的数据采集

7. 输入数据

人工输入数据常常关联着传统的人工数据采集方式:调查法和观察法。调查法一般分为普查和抽样调查两大类,有问卷调查、查阅资料、实地考察、试验。观察法是通过开会、深入现场、参加生产和经营、实地采样、进行现场观察并准确记录(包括测绘、录音、录像、拍照、笔录等)调研情况,通过这些方式获得的数据需要人工输入,也有可能采用扫描输入,如图 4-8 所示。

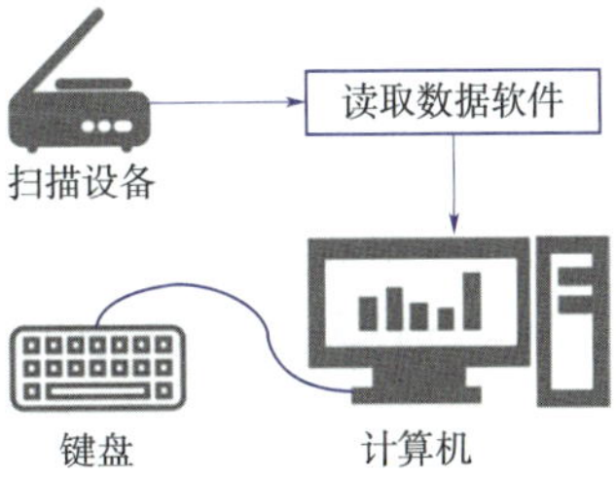

图 4-8　输入数据示例

8. 系统自身生成的数据

无需多言,系统自身产生的数据当然是重要的、直接的、更为精准的数据。例如,学分制管理系统每天都在被用户使用的过程中产生大量数据,系统利用这些数据进行进一步的分析处理。

4.2　数据采集质量分析

在收集数据后进行数据质量分析,首先,检查数据中是否有异常数据,并了解异常数据所占的比例。其次,看看数据是否均衡,确定样本权重。第三,对数据进行质量检验,例如:标准性、唯一性、有效性、正确性、一致性、缺失值、异常值、重复值等。第四，通过统计分析考察数据的分布特点，包括 max、min、mean、std 等统计值，以及探索性数据分析(exploratory data analysis，EDA)，从而判断数据的集中趋势、离中趋势、分布形状等。本章会使用到一些机器学习算法，机器学习算法思想在第六章介绍。

4.2.1 异常数据检测

异常数据不一定是虚假数据，检查数据中是否有异常数据、了解异常数据所占的比例是必不可少的环节。例如炒股的战绩是一赚二平七亏(10%的投资者赚钱，20%的投资者平手，70%的投资者亏损)。在这种背景下，发现某股民 A 在一年之内没有亏损记录，且将 100 万元资金通过炒股变成了 3 000 万元，这些极小概率事件不足以作为分析事物普遍规律的样本(见图 4-9)，是希望检测出的，当分析股民盈利行为时，有可能将 A 视作异常数据。

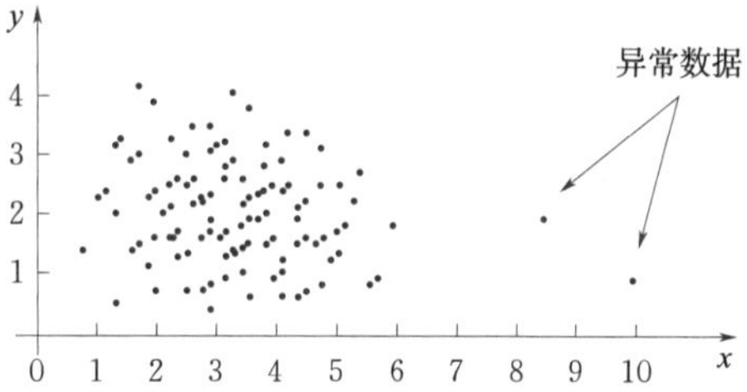

图 4-9 异常数据示意

1. 简单统计法

该方法基于数据的分布特征，将超出一定范围的数据点视为异常值。其中，常用的统计指标包括均值、中位数、标准差、四分位数等。

对于数据集 $X=\{x_1,x_2,\cdots,x_i,\cdots x_n\}$，均值由公式(4-1)计算得到。

$$\bar{x}=\frac{\sum_{i=1}^{n}x_i}{n} \tag{4-1}$$

方差(σ^2)用来度量随机变量和其数学期望(即均值)之间的偏离程度，即衡量随机变量或一组数据的离散程度。样本方差是每个样本值(x_i)与全体样本值的平均数(μ)之差的平方值的平均数。

$$\sigma^2=\frac{\sum_{i=0}^{n-1}(x_i-\mu)^2}{n} \tag{4-2}$$

标准差是总体各单位标准值与其平均数离差平方的算术平均数的算术平方根，记作 σ。标准差是一组数据平均值分散程度的一种度量，一个较大的标准差，代表大部分数值和其平均值之间差异较大；一个较小的标准差，代表这些数值较接近平均值。

$$\sigma=\sqrt{\frac{1}{N}\sum_{i=1}^{N}(x_i-\mu)^2} \tag{4-3}$$

例 4-1 某小学四年级 2 班共有 50 名同学，收集到他们的身高数据如下：

1.36	1.30	1.31	1.36	1.46	1.49	1.48	1.41	1.39	1.26	1.02	1.57
1.47	1.53	1.71	1.81	1.07	1.34	1.49	1.42	1.39	1.27	1.68	1.41
1.46	1.54	1.57	1.41	1.58	1.51	1.40	1.49	1.36	1.29	1.63	1.47
1.47	1.34	1.47	1.47	1.51	1.50	1.43	1.46	1.39	1.49	1.43	1.49
1.49	1.53										

1) 使用均值检测异常值

如果某个数据点与均值的差异超过了一定数量的标准差，就可以将其视为异常值。一般来说，超过 3 个标准差的数据点可以被视为异常值。使用均值检测异常值的流程为：

步骤 1：按照式(4-1)计算数据的均值，得到 1.44。

步骤 2：计算每个数据点与均值的差值 $x_i-\overline{x}$。

每个数据点与均值的差值为：

[−0.08，−0.14，−0.13，−0.08，0.02，0.05，0.04，−0.03，−0.05，−0.18，−0.42，0.13，0.03，0.09，0.27，0.37，−0.37，−0.1，0.05，−0.02，−0.05，−0.17，0.24，−0.03，0.02，0.1，0.13，−0.03，0.14，0.07，−0.04，0.05，−0.08，−0.15，0.19，0.03，0.03，−0.1，0.03，0.03，0.07，0.06，−0.01，0.02，−0.05，0.05，−0.01，0.05，0.05，0.09]

步骤 3：计算数据标准差，将差值除以标准差得到标准差倍数，找出超过 3 个标准差的数据点。

按照式(4-3)计算标准，结果为 0.13。

标准差倍数：

[−0.62，−1.07，−0.99，−0.62，0.12，0.35，0.27，−0.25，−0.4，−1.37，−3.15，0.94，0.2，0.64，1.98，2.73，−2.78，−0.77，0.35，−0.18，−0.4，−1.29，1.76，−0.25，0.12，0.72，0.94，−0.25，1.01，0.49，−0.32，0.35，−0.62，−1.14，1.39，0.2，0.2，−0.77，0.2，0.2，0.49，0.42，−0.1，0.12，−0.4，0.35，−0.1，0.35，0.35，0.64]

这里设置的阈值为 3 个标准差，找出超过这个阈值的异常值为 1.02。

2）用中位数检测异常值

当使用中位数检测异常值时，计算每个数据点与中位数的差值，如果差值超过了一定的阈值，就可以将其视为异常值。将数据按从小到大的顺序排序为：$x_{(1)}$，…，$x_{(n)}$，则其中位数计算公式(4-4)和式(4-5)。

当 n 为奇数时：

$$m_{0.5}=\frac{x_{(n+1)}}{2} \tag{4-4}$$

当 n 为偶数时：

$$m_{0.5}=\frac{x_{(n/2)}+x_{(n/2+1)}}{2} \tag{4-5}$$

针对例 4-1 中的数据集，用中位数进行异常值检测的流程为：

步骤 1：计算数据的中位数。

$$m_{0.5}=\frac{x_{(25)}+x_{(26)}}{2}=\frac{1.46+1.47}{2}=1.465$$

步骤 2：计算每个数据点与中位数的差值 $x_i-m_{0.5}$。

[−0.105，−0.165，−0.155，−0.105，−0.005，0.025，0.015，−0.055，−0.075，−0.205，−0.445，0.105，0.005，0.065，0.245，0.345，−0.395，−0.125，0.025，−0.045，−0.075，−0.195，0.215，−0.055，−0.005，0.075，0.105，−0.055，0.115，0.045，−0.065，0.025，−0.105，−0.175，0.165，0.005，0.005，−0.125，0.005，0.005，0.045，0.035，−0.035，−0.005，−0.075，0.025，−0.035，0.025，0.025，0.065]

步骤 3：判断差值的绝对值是否超过了阈值，如果超过则将该数据点视为异常值。这里设阈值为 0.4，找出对应的异常数据点为 1.02。

3）使用标准差检测异常值

当使用标准差检测异常值时，如果某个数据点的标准化得分 Z 超过预设的阈值(通常为 3)，就可以将其视为异常值。流程为：

步骤 1：计算所有样本数据的标准差 $\sigma=0.13$。

步骤 2：对于每一个数据样本，计算它与均值之间的差值 $x_i-\overline{x}$。

[−0.08，−0.14，−0.13，−0.08，0.02，0.05，0.04，−0.03，−0.05，−0.18，−0.42，0.13，0.03，0.09，0.27，0.37，−0.37，−0.1，0.05，−0.02，−0.05，−0.17，0.24，−0.03，0.02，0.1，0.13，−0.03，0.14，0.07，−0.04，0.05，−0.08，−0.15，0.19，0.03，0.03，−0.1，0.03，0.03，0.07，0.06，−0.01，0.02，−0.05，0.05，−0.01，0.05，0.05，0.09]

步骤 3：将这些差值除以各自的标准差，得到标准化得分 Z：

[−0.62，−1.07，−0.99，−0.62，0.12，0.35，0.27，−0.25，−0.4，−1.37，−3.15，0.94，0.2，0.64，1.98，2.73，−2.78，−0.77，0.35，−0.18，−0.4，−1.29，1.76，−0.25，0.12，0.72，0.94，−0.25，1.01，0.49，−0.32，0.35，−0.62，−1.14，1.39，0.2，0.2，−0.77，0.2，0.2，0.49，0.42，−0.1，0.12，−0.4，0.35，−0.1，0.35，0.35，0.64]

步骤 4：检查 Z 值的绝对值是否超过预设的阈值(通常为 3)如果超过了，则认为该样本数据是一个异常值。找出对应的异常数据点为 1.02。

4）使用四分位检测异常值

当使用四分位检测异常值时，如果某个数据点超出四分位数上限或四分位数下限，就可将其视为异常值。处理流程为：

步骤 1：计算所有样本数据的四分数位和四分位间距。

首先将一组数据由小到大排列，最小的数值称为下边缘，最大的数值称为上边缘。

位于 1/4 位置的数为下四分位数，记为 Q_1，$Q_1=1.39$

位于 1/2 位置的数为上二分位数，记为 Q_2，$Q_2=1.465$

位于 3/4 位置的数为上四分位数，记为 Q_3，$Q_3=1.4975$

四分位间距 IQR：是上四分位数 Q_3 与下四分位数 Q_1 之差，其间包含了全部观察值的一半。

$$\text{IQR}=Q_3-Q_1=0.1075$$

步骤 2：计算最大估计值(四分位数上限)，最小估计值(四分位数下限)：

最大估计值 $=Q_3+k(Q_3-Q_1)$；最小估计值 $=Q_1-k(Q_3-Q_1)$；k 为常数(通常取 1.5 或 3)。

当 $k=1.5$ 时，代表中度异常值，最大估计值为 1.658 75，最小估计值为 1.228 75。

当 $k=3$ 时，代表极度异常值，最大估计值为 1.82，最小估计值为 1.067 5。

步骤 3：计算所有样本数据是否超出四分位数上限或四分位数下限，超出上下限的数据视为异常值。

当 $k=1.5$ 时，异常数据点为[1.02，1.71，1.81，1.07，1.68]。

当 $k=3$ 时，异常数据点为[1.02]。

2. 箱线图法

箱线图法是一种基于四分位数的异常值识别方法，该方法将数据分为四分位数，利用箱线图来展示数据的分布情况。在箱线图中，箱体代表数据的中间 50%范围，上下边缘分别代表上四分位数和下四分位数，箱体外(数据超出箱线图的上下界)的点被视为异常值。箱线图可以直观地看出数据是否具有对称性、分布的分散程度等信息，特别可以用于对多个样本的比较。箱线图的绘制步骤如下：

步骤 1:画数轴。

步骤 2:画矩形盒两端边的位置分别对应数据的上下四分位数矩形盒:端边的位置分别对应数据的上下四分位数(Q_1 和 Q_3)。在矩形盒内部中位数位置画一条线段为中位线。

步骤 3:在 $Q_3+1.5$IQR(四分位距)和 $Q_1-1.5$IQR 处画两条与中位线一样的线段,这两条线段为异常值截断点,称其为内限;在 Q_3+3IQR 和 Q_1-3IQR 处画两条线段,称其为外限。处于内限以外位置的点表示的数据都是异常值,其中在内限与外限之间的异常值为温和的异常值(mild outliers),在外限以外的为极端的异常值(extreme outliers)。

步骤 4:从矩形盒两端边向外各画一条线段直到不是异常值的最远点 表示该批数据正常值的分布区间点,表示该批数据正常值的分布区间。

步骤 5:根据例 4-1 的身高数据画出的箱线图如图 4-10 所示,用"●"标出温和的异常值,用"★"标出极端的异常值。

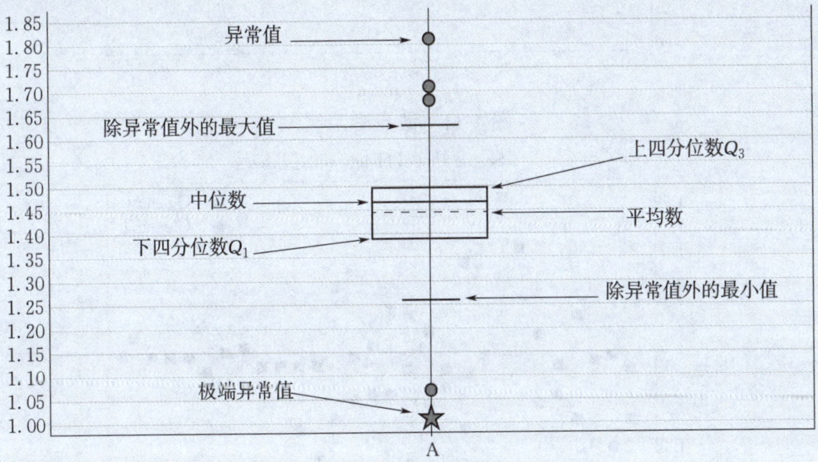

图 4-10　箱线图示例

该箱线图中以 $k=1.5$ 来检测异常值,箱线图矩形盒的上下边分别对应上四分位数 Q_3 与下四分位数 Q_1,箱中实线代表数据集的中位数,箱中虚线代表数据集的均值,箱线图顶端与末端线条分别对应除异常值外的最大值与最小值,实心圈代表异常值。由此箱线图可知身高数据集的异常数据点为[1.02,1.71,1.81,1.07,1.68](扫描二维码可见彩色图片,下同)。

3. 基于聚类的方法

聚类是一种无监督学习方法,它将一个数据集分割成不同的类或簇,目的是使同一个簇内的数据对象具有较高的相似度,而不同簇中的数据对象具有较大的差异性,该方法将异常值视为单独的簇,通过比较簇的大小和密度来识别异常值。

例 4-1 身高数据的散点图如图 4-11 所示,进行 K-means 聚类并检测异常值流程如下:

步骤 1:指定聚类的个数,这里选择分为两簇,其中的数据点分别用实心圆形和实心正方形表示,如图 4-12 所示。

步骤 2:获取 Cluster0 和 Cluster1 的簇中心,分别计算每簇簇内样本点与簇中心的距离,计算判断异常的阈值,本例的阈值(threshold)为 threshold=mean+3 * std,其中,mean 为距离均值,std 为距离标准差,将与簇中心的距离超过阈值的样本点标记为异常值(标记为 1),否则标记为正常值(标记为 0)

步骤 3:所有簇的数据标记完成后,合并两簇数据,显示标记结果如图 4-13 所示,从图 4-13

中可看出身高数据集中,异常数据点为[1.02]与[1.81]。

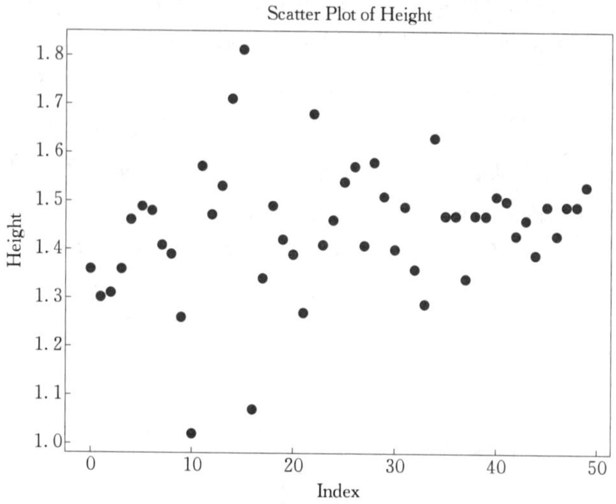

图 4-11　散点图示例

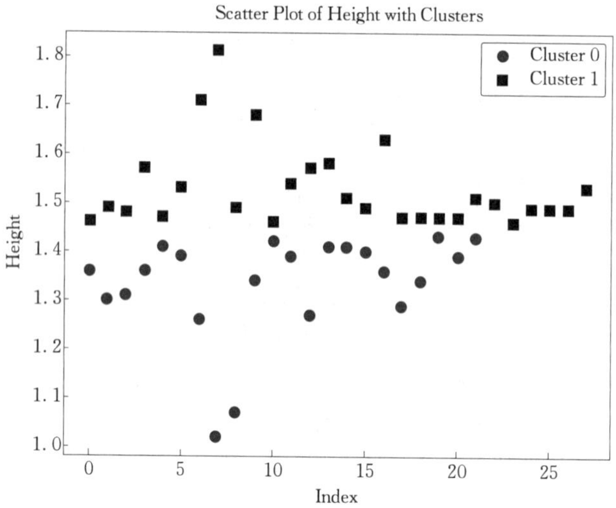

图 4-12　首次分为两簇的效果

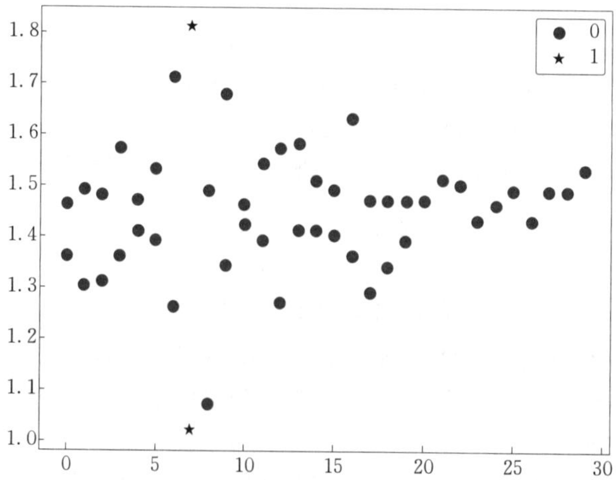

图 4-13　识别出异常值

4. 基于分布的方法

基于分布的方法假设数据点符合某种特定的分布，如正态分布、指数分布、对数正态分布等。该方法可以通过比较观察值和理论分布之间的差异来识别异常值。通常假设身高符合正态分布，针对例 4-1 的分布情况如图 4-14 所示。

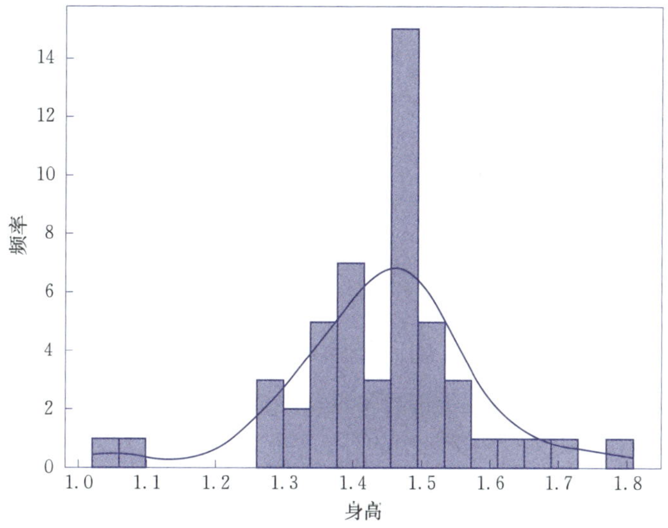

图 4-14　例 4-1 中身高数据的分布

如果数据符合正态分布，可以使用基于正态分布的统计方法来检测异常值。如图 4-14 所示，身高数据的分布符合正态分布，可以考虑使用上述的均值检测异常值、标准差检测异常值等方法。

5. 基于机器学习的方法

基于决策树、支持向量机、神经网络等机器学习的方法训练模型来识别异常值，可以自动识别数据中的异常值，并将其作为独立的类别进行分类。以基于决策树的孤立森林算法为例展示异常值检测效果。从统计来说，相对聚集的点需要分割的次数较多，比较孤立的点需要分割的次数少，孤立森林利用分割次数来度量一个点是聚集的还是孤立的。算法中评分 scores 是用来衡量异常程度的指标，它表示数据点与其他数据点之间的孤立程度，即数据点在树中的分离程度，异常评分越低表示数据越异常。

在构建孤立森林模型时，设置了异常点的比例，在本例中比例被设为 0.1。异常值检测结果如图 4-15 所示，其中 anomaly 为 1 表示正常，anomaly 为 −1 表示异常。

	Height	scores	anomaly
0	1.36	0.137022	1
1	1.30	0.077749	1
2	1.31	0.064013	1
3	1.36	0.137022	1
4	1.46	0.182377	1
5	1.49	0.212434	1
6	1.48	0.190700	1
7	1.41	0.173361	1
8	1.39	0.158761	1
9	1.26	0.004482	1
10	1.02	-0.166402	-1
11	1.57	0.103399	1
12	1.47	0.204298	1
13	1.53	0.141470	1
14	1.71	-0.029892	-1
15	1.81	-0.142538	-1
16	1.07	-0.130963	-1
17	1.34	0.105891	1
18	1.49	0.212434	1

图 4-15　基于孤立森林模型的分类示例

将结果可视化，如图 4-16 所示，实心圆形为正常值，实心三角形为异常值，从图中可知异常值为[1.02,1.07,1.68,1.71,1.81]。

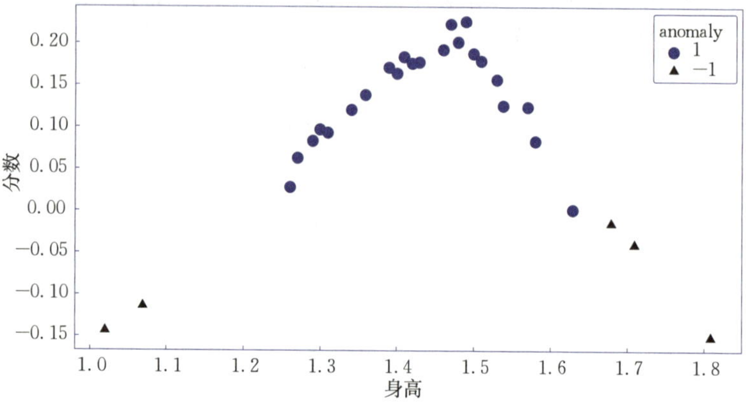

图 4-16　基于孤立森林模型的分类示例

考查当前点周围密度，可以发现局部异常点。在金融交易中，异常检测的目标是使用基于密度的异常点检测算法来识别金融交易中的异常情况，如洗钱行为，即多个账户之间的频繁转账，以掩盖资金流动的来源；异常交易模式，即客户在短时间内进行大额交易或频繁取款；欺诈性交易，即交易金额明显不符合客户的正常消费模式。通常使用 DBSCAN(density-based spatial clustering of applications with noise)密度聚类算法来进行异常点检测。

例 4-2　有表 4-1 所示的数据，希望发现其中的异常点。

表 4-1　金融交易检测案例数据集示例

交易时间	交易金额	客户 ID	交易类型
2023 年 1 月 1 日	565.54	95	转账
2023 年 1 月 1 日	1 123.82	95	存款
……	……	……	……
2023 年 1 月 1 日	754.23	12	购物

算法运行结果如图 4-17 所示，1003 在短时间内密集交易 100 笔。

```
异常数据及其原因:
        交易时间                 交易金额  客户ID  交易类型    异常原因
1000  2023-01-01 21:16:00  15.940190    18     转账     异常交易模式
1001  2023-01-01 03:35:00  14.044437    80     转账     异常交易模式
1003  2023-01-01 00:13:00   2.353202   100     购物      洗钱行为
```

图 4-17　金融交易案例的异常点检测结果

4.2.2　数据均衡性评估与处理

在数据集中，如果两种样本的数量相差特别悬殊，会导致建模特别注重数量多的样本，而忽视数量少的样本，这就是数据不均衡问题。在现实生活中，很多数据集都存在着类别不平衡的问题，即某些类别的样本数量远远多于其他类别的样本数量。例如：在分析城市人口收入情况时，如果高收入样本远远多于低收入样本，将导致虚假的高收入结论。

均衡性分析是通过不同统计指标和分析方法来评估数据是否均匀分布，评估数据各部分之间的差异性以及如何改善数据的均衡性。均衡性分析的结果能够更好地理解研究对象或数据的性质和特征，为相关的决策和应用提供依据和支持。数据均衡算法是解决数据不平衡问题的重要手段，可以提高分类准确率，主要思想是通过对数据集进行重采样，使得各个类别的样本数量相等或接近相等。如图 4-18 所示，原始数据集中 A 类数据远远多于 B 类数据，以这样的原始数据集作为样本，势必造成处理结果受 A 的影响较大，因此，需要均衡 A 和 B 的样本。数据均衡算法主要分为三类：过采样、欠采样、组合采样。

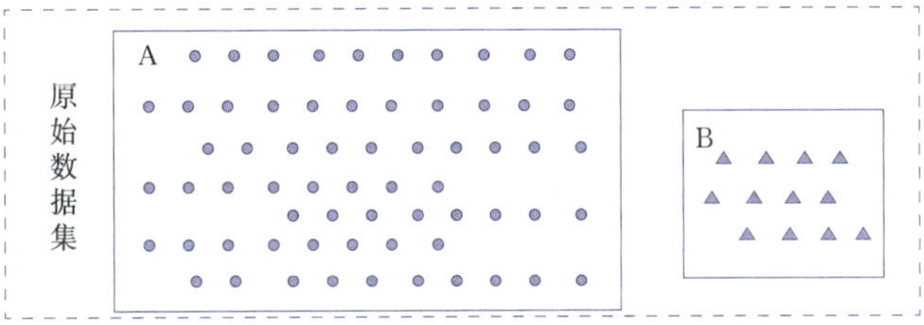

图 4-18　不均衡数据集示例

1. 过采样

过采样也被称为上采样，指对少数类样本进行复制或合成新的样本，使得少数类的样本数量与多数类的样本数量相等或接近相等(见图 4-19)，优点是可以保留所有的少数类样本信息、提高分类准确率，但缺点是可能会导致过拟合问题。

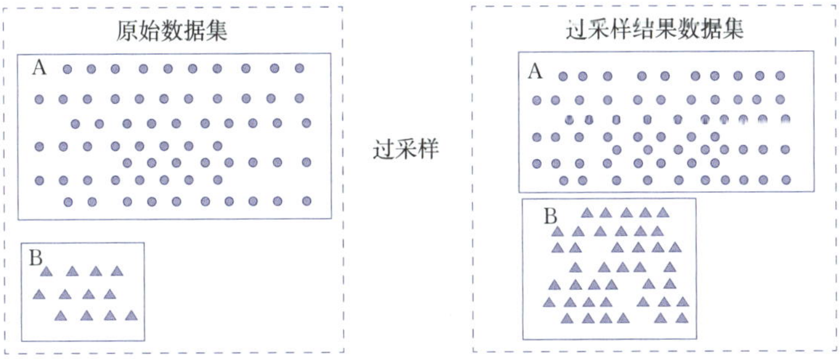

图 4-19　过采样示例

1) SMOTE 及其衍生算法

SMOTE(synthetic minority over-sampling technique，合成少数类过采样技术)算法是一种基于随机过采样的方法，它通过在少数类样本之间进行插值来生成新的样本，基本思想是对少数类样本进行分析，并根据少数类样本人工合成新样本添加到数据集中以平衡数据集。SMOTE 利用 K 最近邻域算法创建合成数据。图 4-20 所示中分布着两种样本点，圆型表示数量多的样本，三角形表示数量少的样本，所以选择三角形这一类样本进行扩充。

对于 x_1 和 x_2，如果 $\lambda \in [0,1]$，则 $\lambda x_1 + (1-\lambda) x_2$ 一定在 x_1 和 x_2 的连线上。可以随机认定一个三角形样本点为中心，搜索离它距离最近的 K 个同类样本点，如图 4-21 所示，随机选择一个被搜索到的样本点，用最开始认定的作为搜索中心的样本点和后来被随机选中的样本点生成一个新的样本。

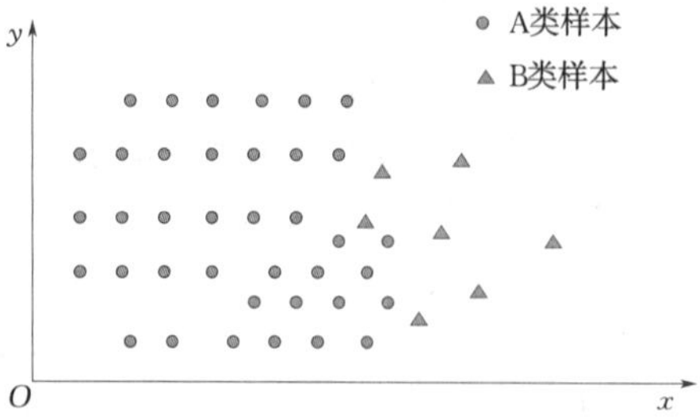

图 4-20　原始的不均衡样本示意

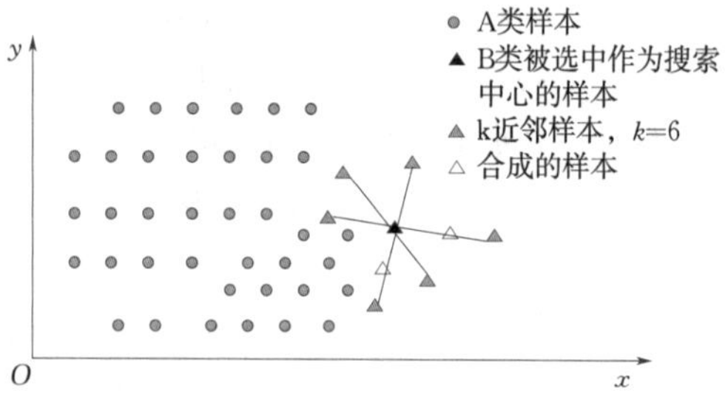

图 4-21　SMOTE 算法合成样本示意

SMOTE 过采样方法通过对少数类样本进行插值来生成合成样本。其主要步骤如下：

输入：原始不平衡数据集。

输出：过采样处理后的数据集。

(1)对于每一个少数类样本，计算其与所有其他少数类样本之间的距离，并找到其 K 个最近邻居。

(2)从这 K 个最近邻居中随机选择一个样本，并计算该样本与当前样本的差异。

(3)根据差异比例，生成一个新的合成样本，该样本位于两个样本之间的连线上。

(4)重复上述步骤，生成指定数量的合成样本。

SMOTE 随机选取少数类样本用以合成新样本，而不考虑周边样本的情况，这样容易带来两个问题：第一，如果选取的少数类样本周围也都是少数类样本，则新合成的样本不会提供太多有用信息。第二，如果选取的少数类样本周围都是多数类样本，这类的样本可能是噪声，则新合成的样本会与周围的多数类样本产生大部分重叠，致使分类困难。

2）ADASYN

SMOTE 算法不能很好地处理类别之间的分布差异性，ADASYN（adaptive synthetic sampling，自适应合成采样）在 SMOTE 算法的基础上进行了改进，使其可以自适应地生成新的样本，不仅可以减少原始不平衡数据分布带来的学习偏差，还可以自适应地将决策边界转移到难以学习的样本上。

ADASYN 算法的核心思想是基于这样的假设：如果一个点 x 距离某个较多出现的类别的近点比它距离其所在类别的近点更近，那么生成一个与点 x 相似的样本会有利于提高数据的平衡度。在图 4-22 中，x 和 z 属于 B 类样本，y 属于 A 类样本，显然，x 离 y 更近，此时，可生成一个与点 x 相似的样本。ADASYN 的优势在于它能够根据数据的分布情况动态地调整过采样程度，更灵活地处理不同密度和形状的少数类别分布。

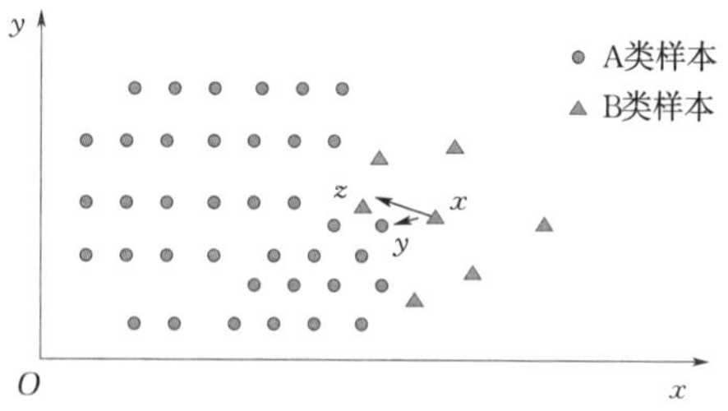

图 4-22　ADASYN 算法示意

工作流程如下：

(1)计算每个少数类别样本的密度：使用近邻方法（如 k 近邻）计算每个少数类别样本周围样本的密度，其中 k 是用户指定的参数。

(2)计算每个少数类别样本的样本生成比例：计算每个少数类别样本需要生成的合成样本的数量，生成比例与密度成正比；即该样本的 k 近邻中多数类样本的数量除以少数类样本自身的数量。

(3)为每个少数类别样本生成合成样本:对每个少数类别样本,根据计算得到的生成比例,生成一定数量的合成样本。合成样本的特征通常是原始样本特征与其近邻样本特征的差的加权和。

(4)将合成样本添加到原始数据集中:将生成的合成样本与原始数据集合并,形成新的平衡数据集。

2. 欠采样

欠采样是指从多数类中随机选择一部分样本,使得多数类的样本数量与少数类的样本数量相等或接近相等(见图4-23)。欠采样的优点是可以减少计算量、缩短训练时间,但缺点是可能会丢失一些重要信息,导致分类结果不准确,下面介绍几种常用欠采样算法。

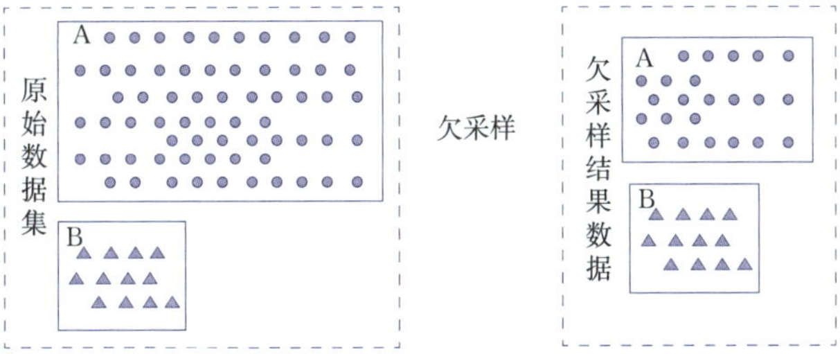

图4-23 欠采样示例

欠采样的主要算法有如下几种:

1)随机欠采样

随机欠采样(random under sampler)是十分快捷的方式,从多数类样本中随机选取一些剔除掉,但随机欠采样会损失大量的数据,可能被剔除的样本可能包含着一些重要信息,导致后续建模模型质量并不是很好,目前较少使用。

2)基于聚类的欠采样

通过生成聚类中心来进行欠采样(cluster centroids),使用 K-means 聚类簇心代替一个多数类的聚类,从而对多数类进行欠采样。通过带有 N 个聚类的 K-means 算法拟合到多数类,并以 N 个聚类质心的坐标作为新的多数样本,从而保留 N 个多数样本。如图4-24所示,通过聚类分析得到了5个簇,将这5个簇的簇心作为样本,其他的样本被忽视。意思就是"物以类聚,人以群分",在每个群体里面选择一个代表作为样本。

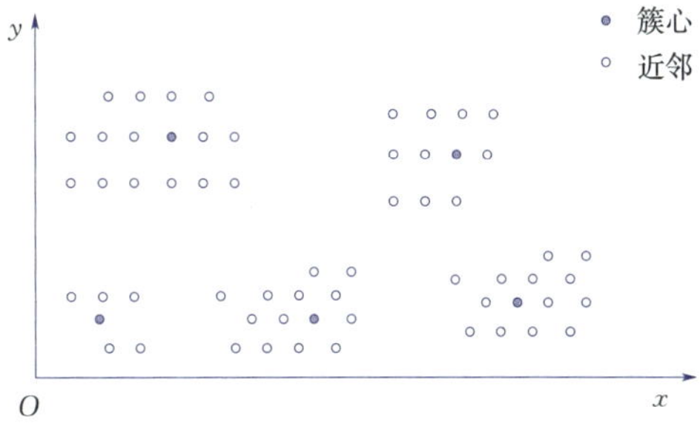

图4-24 ClusterCentroids算法示意

3)浓缩最近邻

浓缩最近邻算法(condensed nearest neighbor rule, CNN)是一种用于不平衡分类的欠采样算法,旨在减少数据集中占多数的类的样本数量,从而改善分类模型的性能。该算法通过选择那些对分类决策影响较大的样本,同时尽量保留少数类样本,以达到平衡数据集的目的具体的实现步骤如下:

输入:不平衡的原始数据集。

输出:欠采样处理后的数据集。

步骤 1:集合 C 初始化为所有的少数类样本,集合 S 为空,用于存放待处理的多数类样本。

步骤 2:随机选择一个多数类样本 x 加入集合 C,将剩余的多数类样本放入集合 S。

步骤 3:使用集合 C 训练一个 1-NN 的分类器,对集合 S 中的所有样本应用 1-NN 分类器进行分类。

步骤 4:将集合 S 中被误分类的样本加入集合 C。

重复步骤 3、4,直到没有样本再加入到集合 C。

CNN 算法通过保留所有少数类别样本和一部分多数类别样本的方式,来构建一个新的平衡数据集。

例 4-3 如图 4-25 所示,原始数据集中 A 类样本有 20 个,B 类样本有 500 个,使用 CNN 进行下采样后,生成一个了具有较少样本数量的新数据集。

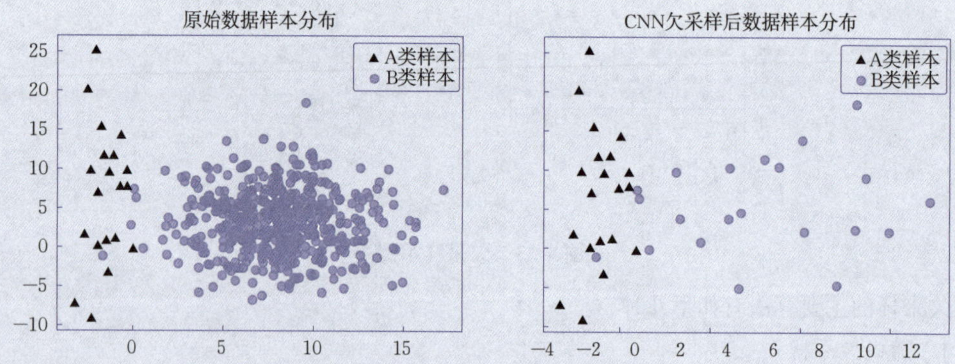

图 4-25　CNN 算法示意

3. 组合采样

不论是过采样还是欠采样,都会与原数据集存在一定的误差,过采样会导致很多样本的数据特征与原样本数据重叠,导致难以分类清楚。数据清洗技术恰好可以处理重叠样本,所以可以将二者结合起来形成一个组合采样(见图 4-26),先过采样再进行数据清洗。

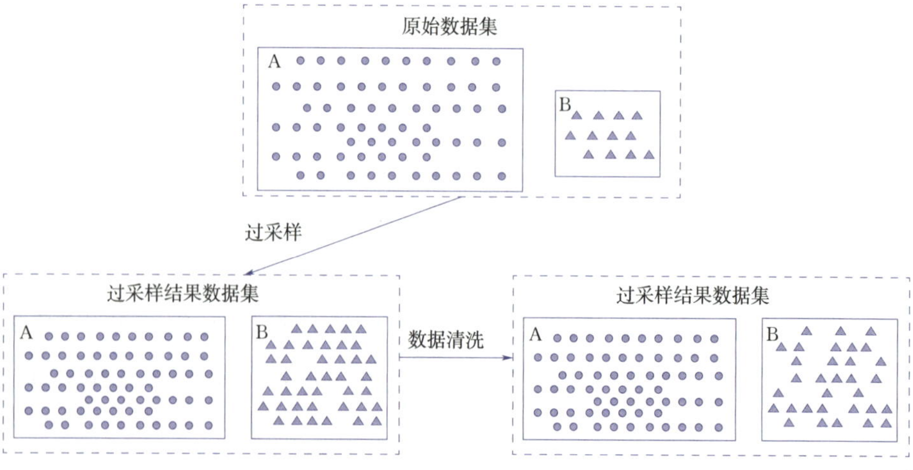

图 4-26　组合采样

4.2.3　数据质量检验

研究者们普遍认为，数据的可用性可以从数据的一致性、准确性、完整性、时效性及实体同一性五个方面进行考查，其具体含义如下：

(1)数据的一致性：指数据信息系统中各相关数据信息之间相容、不产生矛盾。

(2)数据的准确性：指数据信息系统中每个数据表示现实物体的精准程度。

(3)数据的完整性：指数据集合包含的数据完全满足对数据进行各项操作的要求。

(4)数据的时效性：是指在不同需求场景下数据的及时性和有效性。对应用系统而言，往往对数据时效性要求较高，过时的数据即使分析出来了也不会对实际应用产生有价值的影响。

(5)实体的同一性：指同一实体在各种数据源中的描述统一。

4.3　数据分布

基本统计分析往往是从频数分析开始的，频数分析主要对数据进行四分位数、百分位数、中位数、均值、标准差、方差、峰度、偏度等统计量进行分析，以此来了解取值分布情况，通过频数分布表、分布图来描述不同变量的统计，对原始数据进行初步认识。在数据的预处理部分，利用频数分析和交叉频数分析离散型变量，可以检验异常值。由于四分位数、百分位数、中位数、均值、标准差、方差等在前面“异常值检测”部分已有介绍，这里不再重复。

1. 峰度

峰度又称峰态系数，表示概率密度分布曲线在平均值处峰值高低的特征数。峰度反映了峰部的尖度，样本的峰度是和正态分布相比较而言的统计量。如图 4-27 所示，在相同的标准差下，峰度系数越大，分布就有更多的极端值，那么其余值必然要更加集中在众数周围，其分布必然就更加陡峭。

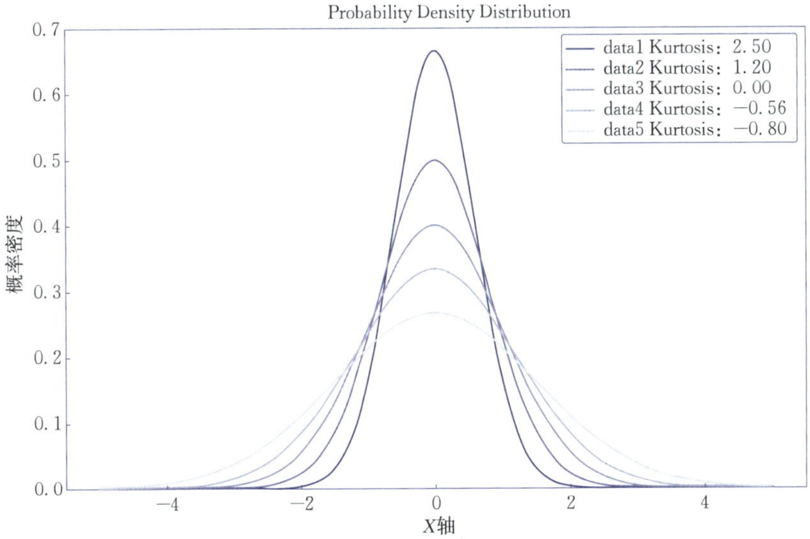

图片

图4-27

图 4-27　峰度示意

2. 偏度

偏度也称为偏态、偏态系数，是统计数据分布偏斜方向和程度的度量，是统计数据分布非对称程度的数字特征。表征概率分布密度曲线相对于平均值不对称程度的特征数。直观看来，就是密度函数曲线尾部的相对长度。如图 4-28 所示，该数据分布的右尾比左尾长（即大部分数据集中在均值左侧，右侧有较长的尾部），偏度为正值，该分布为正偏度或右偏。

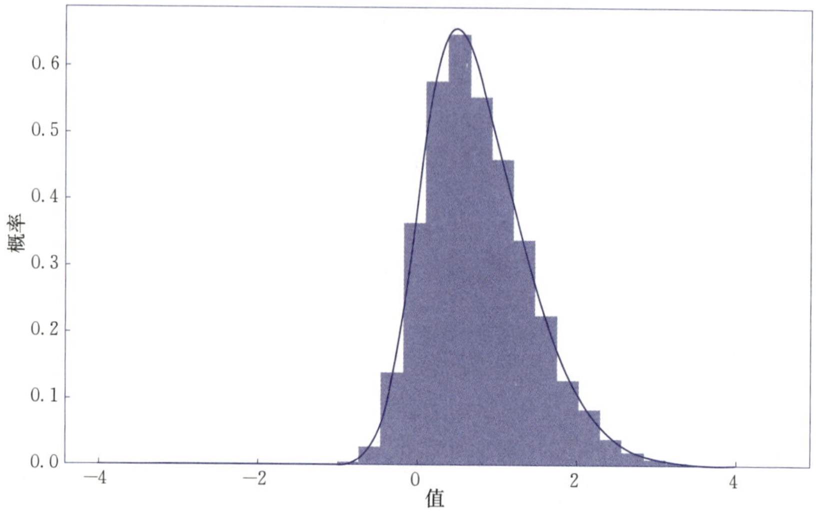

图 4-28 偏度示例

数据的集中趋势分析用来反映数据的一般水平，常用的指标有平均值、中位数和众数等。一般地，一组数据中出现次数最多的那个数被称为这组数据的众数，一组数据可能不止一个众数，也可能没有众数。如果几个数据出现的次数相同，并且比其他数据出现的次数多，则这几个数都是众数，当所有的数据出现的次数都相等时，该组数据无众数。

平均数是反映个体的平均水平，从个体的平均水平能估计总体状况。中位数仅与数据的排列位置有关，某些数据的变动对中位数没有影响，中位数可能出现在所给的数据中，也可能不在所给数据中，当一组数据中个别数据变动较大时，可用它来描述其集中趋势；众数反映各数据出现的次数，其大小只与这组数据中的部分数据有关，当一组数据中有不少数据多次重复出现时，其众数往往更能反映问题。

用图形的形式来表达数据，比用文字表达更清晰、更简明。有多种统计图形，常见的有折线图、柱状图、饼图等。如图 4-29 至图 4-32 所示，数据可以用不同的图形来描述，具体使用哪个图形，需要根据数据特征、数据处理的目的以及个人喜好来决定。

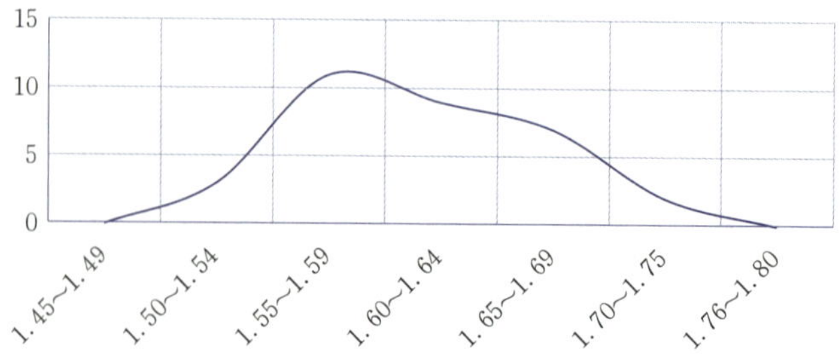

图 4-29 数据的图形显示（折线图）

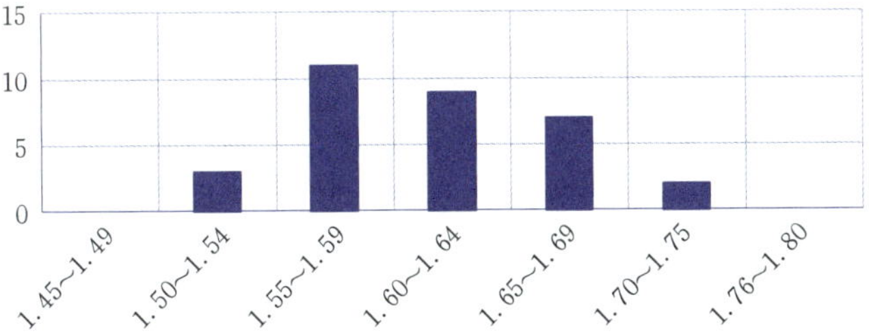

图 4-30　数据的显示(柱状图)

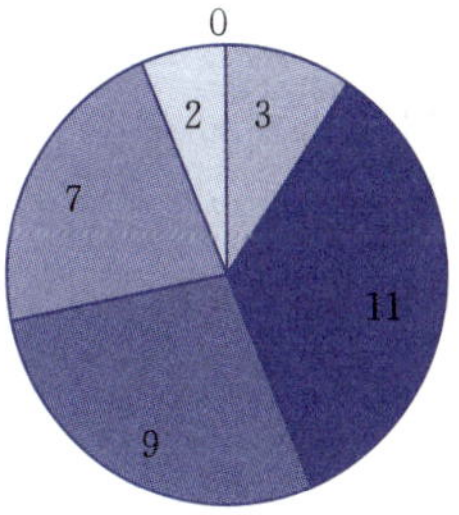

图 4-31　数据的显示(饼图)

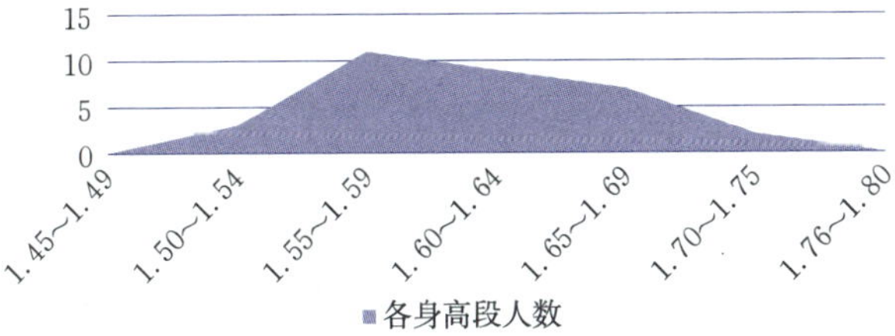

图 4-32　数据的图形显示(面积图)

4.4　训练集和测试集的拆分

通常需要通过分析历史数据找出其中的规律(即训练模型),从而预测未来数据,如此,便需要大量的历史数据作为训练集,从中找出数据规律,但是,这个规律是否准确,依然需要历史数据作为测试集对模型的预测效果进行检验,当在历史数据上测试,得到的预测结果与实际发生的历史数据吻合时,认为模型训练结果比较好。这就意味着要将收集到的历史数据进行分割或者组合,从中得到训练集和测试集。训练集和测试集应尽量避免重合,否则,难以得到真实的测试结论。

数据集中样本的类别标签多数是人工预先标注好的,也有的类别是通过自动或者不自动的手段获取的,对样本进行类别标注的目的是用于确认算法或者评价算法的性能。

数据集通常表示为$\{(x_1,y_1),(x_2,y_2),\cdots,(x_m,y_m)\}$,其中,$x_i$ 为样本特征,由于样本一般为多个特征,因而有 $x_i=\{x_i^1,x_i^2,\cdots,x_i^n\}^{\mathrm{T}}$,而 y_i 表示样本特征 i 的类别标签。

在实际业务处理中,数据集由若干样本组成,其中每个样本 i 表示为由输入特征 x_i 和输出的类别标签 y_i 组成,x_i 的样本特征有时也被称为解释变量。由于样本一般有多个特征,因此 x_i 通常表示为向量,而 y_i 则表示其类别的标签。常见的数据集分割方法有留出法、K 折交叉验证、数据集的分层抽样策略等。

1. 留出法

留出法将数据随机分为两组,一组作为训练集,另外一组作为测试集(见图 4-33)。利用训练集训练模型,利用测试集评估模型。优点是处理比较简单,不足之处是在测试集上的预测性能的高低与数据集的拆分情况有很大关系,性能评价结果不够稳定,难以准确评价模型的性能。

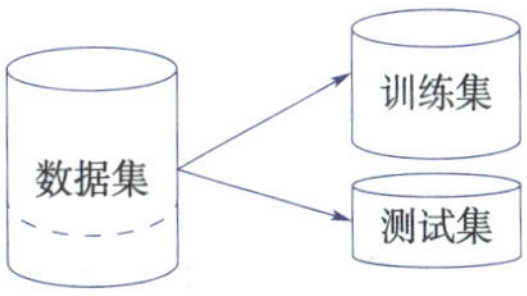

图 4-33　留出法分割数据集示例

2. K 折交叉验证

K 折交叉验证首先将数据集分成 K 份，取其中 K-1 份做训练集训练模型，用剩下的一份做测试集，重复这个过程，但保证每次取到的测试集不同，这样就训练出 K 个模型，将对应这 K 模型的 K 次评价性能均值作为最后评价结果，K 折交叉验证有助于提高评估结果的稳定性。

例4-4 将收集到的数据等分为 6 份，$K=6$，记为 s_1,s_2,s_3,s_4,s_5,s_6。K 折交叉验证的过程为：

第一轮：将 s_1,s_2,s_3,s_4,s_5 作为训练集，s_6 作为测试集，模型训练结果为 R_1。
第二轮：将 s_1,s_2,s_3,s_4,s_6 作为训练集，s_5 作为测试集，模型训练结果为 R_2。
第三轮：将 s_1,s_2,s_3,s_5,s_6 作为训练集，s_4 作为测试集，模型训练结果为 R_3。
第四轮：将 s_1,s_2,s_4,s_5,s_6 作为训练集，s_3 作为测试集，模型训练结果为 R_4。
第五轮：将 s_1,s_3,s_4,s_5,s_6 作为训练集，s_2 作为测试集，模型训练结果为 R_5。
第六轮：将 s_2,s_3,s_4,s_5,s_6 作为训练集，s_1 作为测试集，模型训练结果为 R_6。
分别对 R_1 到 R_6 进行性能评估，取平均值就得到模型的最终性能。

3. 数据集的分层抽样策略

分层抽样策略也是将数据集划分为 K 份，但其特点在于：划分在 K 份中的每一份类，各个类别数据的比例和原始数据集中各个类别的比例相同，即：按照数据类别，从各类别中等比例抽取数据。在图 4-34 中每一份数据内，实心圆表示的数据和空心圆表示的数据的比例与原始数据集中的比例是相同的。

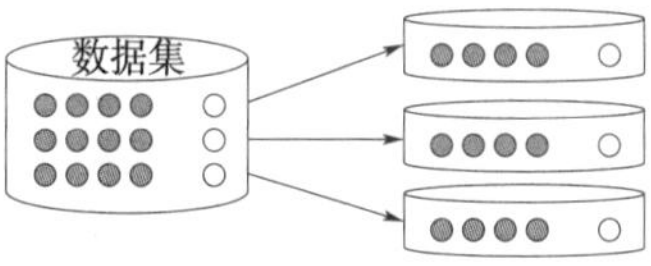

图 4-34 数据分层抽样示例

4. 用网格搜索来调整超参数

模型参数的最终取值是通过训练得到的，训练过程中模型参数的取值是需要通过迭代来反复调整的，但超参数是需要在模型开始训练之前设置其值的变量，而不是通过训练得到的参数数据，如：深度学习中的学习速率就是超参数。超参数对模型的性能有直接影响，需要对超参数进行优化，给模型选择一种最优的超参数。

用网格搜索来调整超参数是 K 折交叉验证的一种应用，目标是找到性能最好的超参数，往往需要与数据集拆分策略配合，常见的是与 K 折交叉验证相结合。如图 4-35 所示，假设模型中有两个超参数 A 和 B，A 的可能取值为 $\{a_1,a_2,a_3\}$，B 的可能取值为 $\{0,0.25,0.5,0.75,1.0\}$。如果使用网格搜索，就要尝试各种可能的 (A,B)，找到能使模型取得最高性能的 (A,B)。总共有 $3\times5=15$ 种可能的取值组合。所以网格搜索的目的就是逐个评价每一种超参数取值对的组合对模型性能的影响，并找出其中能使模型性能最高的 (A,B) 的取值对。处理的基本步骤如图 4-36 所示。

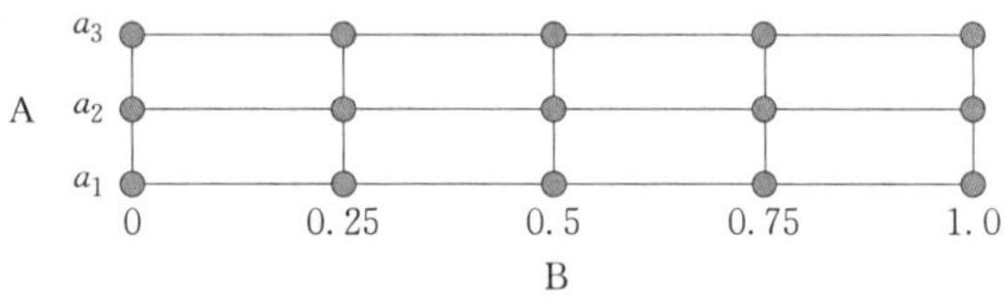

图 4-35 网格搜索示例

输入： 原始数据集。
输出： 超参数组合。
步骤 1： 确定评价指标，比如说评价分类性能时可以采用准确率等。
步骤 2： 对于超参数取值的每种组合，在训练集上进行训练，并进行性能评估。
步骤 3： 比较哪一种超参数取值组合的性能最好，从而得到最优超参数的取值组合。

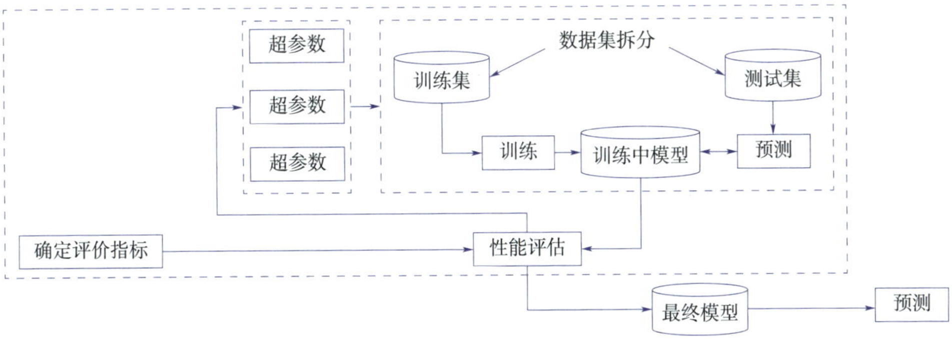

图 4-36　超参数的调整

小　结

本章详细介绍了常见的数据收集方法，如通过 API 接口获取公开数据、利用网络爬虫抓取数据、以及通过传感器和物联网设备实时采集数据。这些方法各具特色，适用于不同类型的数据需求和应用场景。数据质量分析是数据收集后不可忽视的一步。通过对异常数据的检测和对数据均衡性的评估，可以有效提高数据集的质量，确保后续分析和建模过程中的准确性和可靠性。数据质量控制是确保数据有效性和可靠性的关键环节。

习　题

1. 简述数据收集的前提条件包括哪些内容。
2. 简述通过公开数据集获取数据的方法有哪些。
3. 如何通过均值和标准差检测数据中的异常值。
4. 描述 K 折交叉验证，并解释其如何提高模型评估的准确性。
5. 给定数据集[3,5,7,9,11]，计算该数据集的均值和标准差。
6. 描述网络爬虫如何工作并获取数据的过程。
7. 给定数据集[3,5,7,9,11]，计算该数据集的均值和标准差。
8. 描述网络爬虫如何工作并获取数据的过程。

第5章 特征工程

特征工程是数据科学和机器学习中至关重要的一部分，涉及对原始数据进行处理，以提取出对模型训练有价值的特征。特征不仅是数据的表示形式，而且能直接影响模型的性能。通过有效的特征工程，可以显著提升模型的准确性和泛化能力。本章将介绍特征工程的基本概念、任务及其应用，包括数据预处理、特征选择和特征降维等内容。特征工程能够将复杂、杂乱的原始数据转化为适用于机器学习模型的格式，从而帮助模型更好地学习并进行预测。

学习目标

- 理解特征工程的概念及其在机器学习中的重要性。
- 掌握数据预处理、特征选择、特征降维的基本原理和方法。
- 掌握特征工程的实际应用，能够在实际项目中独立进行数据处理和特征提取。

特征可以表达更多与问题上下文有关的内容，是一个对于问题建模有意义的属性。特征本身是属性，但是并不是所有的属性都可以作为特征，对当前学习任务"有用的"属性才称为"相关特征"(relevant feature)，"没什么用的"属性称为"无关特征"(irrelevant feature)。特征工程需要根据数据的特点和问题的需求选择合适的方法对原始数据进行处理，并将数据转换成机器学习算法能够理解的形式，进而提取出代表性的特征，以便于模型更好地学习和预测。特征工程是机器学习中重要的一环，直接影响到模型的性能。

5.1 特征工程的任务

特征工程被认为是比较复杂和费时的重要工作环节，主要工作内容如下：

1. 数据预处理

对数据的整体性有一个宏观的了解之后，进入数据预处理环节，实质性地对原始数据进行各种处理，以便获得干净的、完备的、适合于模型训练的特征数据。主要包括：

(1)数据预处理：主要目标是获得干净的数据，即数据的清洗工作，例如，缺失值、异常值、错误值、数据格式、采样度等问题的处理。

(2)数据转换：主要目标是获得适合比较的数据。对于单个特征进行归一化、离散化、哑编码、时间序列等的转换，便于输入模型展开训练。

2. 特征选择

通常特征被分配一个重要性得分(权值),按照这个得分排序,具有较高得分的特征被认为是“有用的”特征,并被选出来包含在训练集中,剩余的就可以被忽略。从给定的特征集合中选择出相关特征子集的过程,称为“特征选择”(feature selection)。

3. 特征降维

数据维度较高意味着模型训练的复杂度增大,通常要进行必要的降维,然后再进行特征选择处理。另外,可能还需要对现有数据产生衍生数据,从而产生更高的业务价值。

4. 特征监控

经过以上处理的数据就可以用于模型训练了,但特征工程的事情还没有结束,需要进行特征有效性分析,通过重新设置权重来完成各特征的重要性更新,持续性地进行特征监控,防止特征质量下降,影响模型效果。特征监控依然需要满足特征选择的要求,本章不详述。

5.2　数据预处理

数据预处理对采集到的数据进行加工整理,从大量的可能杂乱无章的或难以理解的数据中抽取并推导出对解决问题有价值的数据,形成适合数据分析的样式,保证数据的一致性和有效性。原始数据可能存在各种问题,例如:异常样本(就像水稻中的杂草)、存在缺失值、不同的属性不属于同一量纲无法直接比较、信息冗余、定性数据不适用于模型等,必须处理这些问题,为后续模型训练铺平道路。

5.2.1　数据清洗

数据清洗是将数据中缺失的值补充完整、消除噪声数据、识别或删除离群点并解决不一致性,数据清洗包括异常数据处理、缺失值处理和噪声数据处理。

1. 异常数据处理

异常数据是指与其他数据显著不同的数据点,通常就被认为是异常数据并被视为噪音,噪声可能导致模型出现偏差,降低预测的准确性。异常数据处理通常有以下几种方法:

(1)删除有异常数据的记录。

(2)视为缺失值:按照缺失值的处理方法进行处理。

(3)不处理:当作正常值。

2. 缺失值处理

缺失值会给后续的数据挖掘带来负面影响,例如:使系统丢失大量的有用信息;使系统中所表现出的不确定性更加显著,系统中蕴涵的确定性成分更难把握;包含空值的数据会使数据挖掘过程陷入混乱,导致不可靠的输出等。

1)缺失值产生的原因

缺失值的处理需要先了解缺失值产生的原因,归纳起来原因主要有以下几种:

(1)完全随机丢失(missing completely at random,MCAR)。数据的缺失是完全随机的,不依赖于任何不完全变量或完全变量,不影响样本的无偏性,简单来说就是数据丢失的概率与其假设值以及其他变量值都完全无关。

(2)随机丢失(missing at random,MAR)。随机丢失意味着数据丢失的概率与丢失的数据本身无关，而仅与一部分已观测到的数据有关，也就是说数据的丢失不是完全随机的，该类数据的缺失依赖于其他完全变量。

(3)非随机丢失(missing not at random，MNAR)。数据的缺失与变量自身的取值有关，包括两种情况：只取决于其假设值，例如高收入人群通常不希望在调查中透露他们的收入，或者确实只取决于其他变量值，例如，有些女性通常不想透露她们的年龄，在这里年龄变量是受性别变量影响的变量。

2）缺失值处理方法

根据缺失值产生的不同原因采用不同的处理方法，缺失值的处理主要有以下几种：

(1)删除。如果对象有多个属性缺失值且含缺失值的对象数量比较小，对整体数据集的影响不大，可删除存在缺失值的样本，反之，当含缺失值的对象量所占比例较大，以及当含缺失值的对象是非随机分布时，删除可能导致数据发生偏离，从而产生错误的结论。

(2)用固定的默认值代替。默认值大多数与业务有关，根据具体的业务情形来设置默认值。例如：统计大学老师的信息时，对于“是否获得教师资格证”的缺失值，使用默认值“是”。

(3)平均值或众数代替。例如，某合唱团需要购买演出服，团员的身高和体重相差不大，订购演出服前需要统计演出服的型号，团员们通过试穿来确定演出服型号，但有两位团员正好出差，因此，团长就按照平均型号为她们订购了。

(4)最近邻补插。用附近其他样本数据代替，或前后数据平均值代替。例如每小时一次的天气预报，如果中间有一个缺失值，可使用前一个小时的预测值，或者后面一个小时的预测值，或者前后一个小时预测值的平均值。

(5)热卡填充(hot deck imputation，或就近补齐)。在完整数据中找到一个与它最相似的对象，然后用这个相似对象的值来进行填充。

例5-1 假设有一个数据集，其中包含一些人的年龄和收入信息。然而由于某些原因，人员C的年龄信息缺失了，数据集如表5-1所示。

表5-1 人员收入数据集示例

姓名	年龄	收入/元	姓名	年龄	收入/元
A	25	5 000	D	35	7 000
B	30	6 500	E	40	8 000
C	NAN	5 500			

在数据集中，人员C的年龄信息缺失，可以使用热卡填充方法来填充这个缺失值。首先需要找到与人员C最相似的对象，本例使用差值作为相似性度量。计算人员C与其他人之间的差值：

与人员A的差值：|5 500−5 000|=500；

与人员B的差值：|5 500−6 500|=1 000；

与人员C的差值：|5 500−7 000|=1 500；

与人员D的差值：|5 500−8 000|=2 500。

根据差值计算得到人员C与人员A的差值最小，因此选择人员A作为最相似的对象，并将其年龄25岁填充到人员C的年龄缺失值中。

(6)回归方法与插值法。当数据经过回归分析找到了规律后，其缺失值可以根据该回归模型计算得到。

例5-2 假设想要预测一个城市的汽车数量，收集了2010—2023年的数据，但是缺失了2020年的数据，为了解决这个问题，可以使用回归方法来建立一个汽车数量预测模型，使用已有的汽车数据，将年度作为自变量，汽车数量作为因变量，拟合一个回归模型，通过这个回归模型，可以找到年度与汽车数量之间的关系，如图5-1所示。

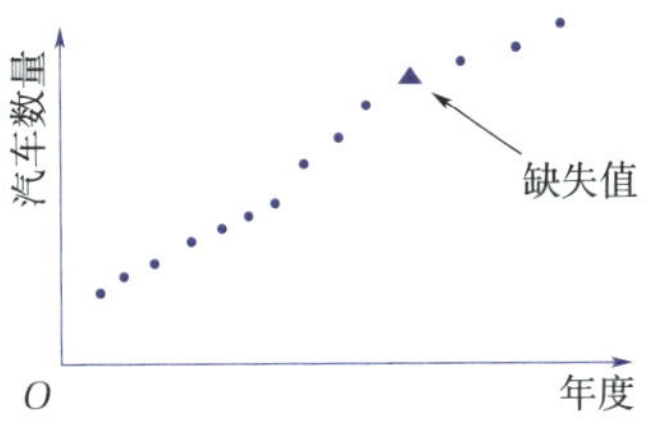

图5-1 基于回归的缺失值处理案例

一旦建立了回归模型，就可以使用该模型来预测缺失值。注意：回归方法找到已经存在的特征（年度）与结果（汽车数量）之间的关系，并据此预测。如果关系不存在，回归方法则无法预测缺失值。

类似地，插值法是一种基于已知数据点的数值方法，通过已知数据点之间的关系来估计缺失值。一种常用的插值方法是线性插值，假设数据点之间的关系是线性的，根据已知数据点的特征值，可以建立一个线性回归模型，再将已知的特征值代入回归模型，计算出缺失特征对应的预测值。

(7)k近邻法。“物以类聚，人以群分”，k近邻算法（KNN）的思路是缺失值的真实值与它近邻的数据值的关联度更大，由此，可以使用近邻值来估计缺失值。

例5-3 假设有一份学生的数据集，包括学生的年龄、性别、学习时间和对应的成绩，由于某些原因，部分学生的学习时间数据缺失。使用KNN算法来填充这些缺失值的具体步骤如下：

步骤1：收集已知的学生数据，包括年龄、性别、学习时间和对应的成绩。

步骤2：将已知的学生数据分为两部分：有学习时间数据的样本和缺失学习时间数据的样本。

步骤3：选择一个合适的k值，计算缺失样本与其他样本之间的距离，并选择最近的k个样本。

步骤4：对于这k个最近邻样本，可以使用学习时间的平均值或加权平均值来填充缺失值，可以根据距离远近给予距离较近的样本更高的权重。

重复步骤3和步骤4，直到所有缺失学习时间数据的样本都被填充。

(8)随机森林法。使用已知数据作为训练集来训练随机森林模型，然后用此模型来预测缺失值。

例5-4 假设有一份销售数据集，包括产品的特征（如价格、广告费用、促销活动等），以及对应的销售量，由于某些原因，部分产品的广告费用数据缺失。使用随机森林算法来填充这些缺失值的具体步骤如下：

步骤1：收集已知的销售数据，包括产品的特征和对应的销售量。

步骤2：将已知的销售数据分为两部分：有广告费用数据的样本和缺失广告费用数据的样本。

步骤3：对于缺失广告费用数据的样本，使用随机森林算法来预测广告费用。首先选择一些特征作为自变量，如价格、促销活动等，再使用有广告费用数据的样本来训练随机森林模型。

步骤4：使用训练好的随机森林模型，将缺失广告费用数据的样本作为输入，预测出对应的广告费。

步骤 5:将预测的广告费用填充到缺失值的位置。

重复步骤 3 至步骤 5,直到所有缺失广告费用数据的样本都被填充。

(9)C4.5 方法。通过寻找属性间的关系来对遗失值填充,它寻找属性之间具有最大相关性的两个属性,其中没有遗失值的一个称为代理属性,另一个称为原始属性,用代理属性决定原始属性中的遗失值。这种基于规则归纳的方法只能处理基数较小的名词型属性。

例 5-5 假设有一个医疗数据集,用于预测患者是否患有糖尿病,数据集见表 5-2。

表 5-2 医疗数据集示例

年 龄	性 别	BMI(体质指数)	血 压/mmHg	糖尿病家族史	是否吸烟
30	女	18	110/70	否	否
45	男	24	140/100	是	是
25	女	NaN	130/95	否	否
31	男	21	120/80	否	是
18	女	25	130/90	是	否
……					

在这个数据集中,有些患者的 BMI 信息是缺失的。使用 C4.5 方法来处理这些缺失值。

步骤 1:确定代理属性,即找到与 BMI 最相关的其他属性。这里有年龄、性别、血压、糖尿病家族史和是否吸烟五个属性。通过计算这五个属性与 BMI 的相关性,"糖尿病家族史"与"BMI"存在最大相关性(例如,有糖尿病家族史的人可能更容易超重),因此可以将"糖尿病家族史"作为"BMI"的代理属性。

步骤 2:用代理属性决定原始属性的遗失值

对于第 3 行数据,该个体没有糖尿病家族史,参考整个数据集中所有没有糖尿病家族史患者的 BMI 均值,将其填入到缺失值位置。BMI 均值(无糖尿病家族史)=20,将 20 填入第 3 行数据的 BMI 缺失值中。

(10)使用 fancyimpute 包中的其他方法。fancyimpute 包中提供了系列方法可以用来填充缺失值。

例 5-6 假设有一家电子产品公司的销售数据,包括产品的价格、广告费用、销售数量和对应的销售额,由于某些原因,部分产品的广告费用数据缺失。具体步骤如下:

步骤 1:收集已知的销售数据,包括产品的价格、广告费用、销售数量和对应的销售额。

步骤 2:将已知的销售数据分为两部分:有广告费用数据的样本和缺失广告费用数据的样本。

步骤 3:对于缺失广告费用数据的样本,使用 fancyimpute 包中的其他方法来预测广告费用。例如,可以使用 MatrixFactorization 方法,通过矩阵分解来估计缺失值,也可以使用 IterativeSVD 方法,通过迭代的方式逐步估计缺失值。

步骤 4:将预测的广告费用填充到缺失值的位置。

重复步骤 3 和步骤 4,直到所有缺失广告费用数据的样本都被填充。

(11)缺失值数据作为特殊的一类。缺失值也可被视为特殊的数值,可以选择不填充缺失值,而是将缺失值作为数据的一部分进行分析。

例5-7 有一份用户购买行为数据集,包括用户 ID、购买时间、购买金额和购买地点,由于某些原因,部分购买地点数据缺失。将缺失值作为数据的一部分进行分析,具体步骤如下:

步骤 1:收集已知的用户购买行为数据,包括用户 ID、购买时间、购买金额和对应的购买地点。

步骤 2:将已知的购买行为数据分为两部分:有购买地点数据的样本和缺失购买地点数据的样本。

步骤 3:对于缺失购买地点数据的样本,可选择不填充缺失值,将缺失值作为一个独立的类别。

步骤 4:分析缺失购买地点数据的样本与有购买地点数据的样本之间的差异,探索是否存在特定的模式或趋势。根据分析结果,可以考虑进一步调整数据收集过程,以减少购买地点数据的缺失情况。

(12)不处理缺失值。不处理缺失值是直接在包含空值的数据上进行数据挖掘的方法。

3. 噪声数据处理

人们在听乐曲的时候是不希望听到噪声的,这里的噪声是指本不属于乐曲的声音,而不是乐曲本身的间断或者异常变质。噪声影响了人们对乐曲的正常欣赏,人们当然希望能听到去掉噪声的乐曲。

在数据集中,也可能存在类似的噪声数据,噪声数据是指数据中存在着错误或异常(偏离期望值)的数据,该数据或数据项对数据分析目标无效,噪声数据几乎充斥着整个数据集,对数据分析造成了干扰。

处理噪声数据的常用方法有分箱、聚类、计算机和人工检查结合和回归。

本节重点介绍分箱方法,所谓“分箱”,实际上就是按照属性值划分的子区间,如果一个属性值处于某个子区间范围内,就称把该属性值放进这个子区间所代表的“箱子”内。考查每个箱子数据,然后采用某种方法对各个箱子进行数据处理。在采用分箱技术时,需要确定的两个主要问题:如何分箱,以及如何对每个箱子中的数据进行平滑处理。

分箱的方法有:

(1)等深分箱法(统一权重法):将数据集按记录行数分箱,每箱具有相同的记录数,每箱记录数称为箱子的深度。例如:假设权重为 4,则一个区间 4 个数据。

(2)等宽分箱法(统一区间法):使数据集在整个属性值的区间上平均分布,即每个箱的区间范围是一个常量,称为箱子宽度。例如:设置区间范围为 40,则每个区间最大值－最小值为 40。

(3)用户自定义法:用户可以根据需要自定义区间,当用户明确希望观察某些区间范围内的数据分布时,使用这种方法可以方便地帮助用户达到目的。

例5-8 夏令营 A 班的同学,来自初二的学生,共计 32 名,他们身高的数据如下(单位:m):

1.56 1.50 1.61 1.66 1.56 1.59 1.58 1.61 1.59 1.66 1.62 1.57
1.57 1.63 1.61 1.61 1.67 1.64 1.59 1.62 1.59 1.57 1.68 1.71
1.66 1.54 1.57 1.61 1.68 1.51 1.70 1.69

按照等深分箱法进行分箱，设权重为5，则结果为：

箱1:1.56　1.50　1.61　1.66　1.56

箱2:1.59　1.58　1.61　1.59　1.66

箱3:1.62　1.57　1.57　1.63　1.61

箱4:1.61　1.67　1.64　1.59　1.62

箱5:1.59　1.57　1.68　1.71　1.66

箱6:1.54　1.57　1.61　1.68　1.51

箱7:1.70　1.69

按照等宽分箱法进行分箱，设定区间范围(箱子宽度)为0.1米，分箱后的结果为：

箱1:1.56　1.50　1.56　1.59　1.58　1.59　1.57　1.57　1.59　1.59　1.57　1.54　1.57　1.51

箱2:1.61　1.66　1.61　1.66　1.62　1.63　1.61　1.61　1.67　1.64　1.62　1.68　1.66　1.61　1.68　1.69

箱3:1.71　1.70

用户自定义分箱，分为身高≤1.65、1.65＜身高≤1.70、身高＞1.70，分箱后的结果为：

箱1:1.56　1.50　1.56　1.59　1.58　1.59　1.57　1.57　1.59　1.59　1.57　1.54　1.57　1.51　1.61　1.61　1.62　1.63　1.61　1.61　1.64　1.62　1.61

箱2:1.66　1.66　1.67　1.68　1.66　1.68　1.69

箱3:1.71　1.70

分箱后的平滑处理方法有：

(1)按平均值平滑：对同一箱中的数据求平均值，并用平均值代替该箱子所有数据。

(2)按边界值平滑：用距离较小的边界值代替箱中每一个数据。

(3)按中值平滑：取箱子中的中值，代替箱子中所有数据。

4. 重复数据处理

重复数据也是常见现象，有些重复是错误，有些重复却是必要的，根据需求判断是否需要去重操作。

(1)需要去重：假设有一个销售数据表格，其中记录了每个客户的购买记录。由于某些原因，可能会出现重复记录，即同一个客户的一次购买记录出现了多次。在这种情况下需要对数据进行去重操作，以确保每个客户的一次购买记录只出现一次。

(2)不需要去重：假设需要统计学生的身高，但并不关心这些身高数据是哪些学生的，此时，会出现大量重复的数据。在100位样本学生中出现了16个身高1.65 m的情况，由此收集到了16个重复的1.65 m，此时不需要进行去重操作。

5. 数据格式处理

数据很可能来自于不同途径的数据源，数据格式有可能不统一。数据格式处理包括数字类型的转换、数字单位的调整、时间格式的处理。

(1)数字类型的转换：假设有一个销售数据表格，其中的订单号被保存为字符串类型，为了让订单号顺序增长，当新的订单到来时，会将上一个订单号转换为数值型，加1，再转换为字符串型，作为新订单的订单号。订单上的日期属性，有些人错误地定义为了字符串型，需要转换为日期型。

(2)数字单位的调整:假设有一个数据表格,其中记录了不同地区的人口数量。但是,不同地区的人口数量可能以不同的单位表示,有的以万人为单位,有的以千人为单位。为了统一数据格式,需要将所有人口数量转换为同一单位,例如将所有人口数量转换为以万人为单位。

(3)时间格式的处理:假设有一个日志文件,其中记录了用户的登录时间,不同的日志记录可能使用了不同的时间格式,有的使用"yyyy-mm-dd hh:mm:ss"格式,有的使用"mm/dd/yyyy hh:mm"格式。为了方便分析和比较,需要将所有的时间格式统一为同一种格式。

5.2.2　数据集成

数据集成是将多文件或多数据库的异构数据进行合并,然后存放在一个统一的数据库中存储。数据集成有利于打破数据壁垒,建立数据中心,统一为不同的应用系统提供数据服务,提升数据价值。贵州省的大数据中心提供了很好的案例,贵州省成立了"贵州省大数据发展管理局",建立了大数据中心,将多个应用系统涉及的数据汇聚到大数据中心进行数据集成,经过处理后的干净、规范的数据为多个应用系统服务。数据集成需要考虑以下问题:

(1)数据源的选择:在数据集成之前,需要确定哪些数据源是需要集成的。例如,假设进行市场调研,则需要整合多个渠道的销售数据,包括线上销售数据、线下门店销售数据和分销商销售数据。

(2)数据格式的统一:不同数据源往往使用不同的数据格式和结构,需要进行数据格式的统一。例如,某个数据源使用"yyyy-mm-dd"格式表示日期,而另一个数据源使用"mm/dd/yyyy"格式表示日期,需要将它们统一为相同的日期格式。

(3)数据质量的检查:在进行数据集成之前,需要对数据进行质量检查,确保数据的准确性和完整性。例如,检查数据中是否存在缺失值、异常值或重复值。

(4)数据冲突的处理:在不同数据源中可能存在相同实体的不同信息,例如同一个客户在不同数据源中的联系方式不一致。需要进行数据冲突的处理,主要有实体识别处理和冗余属性处理。其中,实体识别包括:同名异义(数据源 A 某个数据特征的名称和数据源 B 某个数据特征的名称一样,但表达的内容不一样)、异名同义(数据源 A 某个数据特征的名称和数据源 B 某个特征的名称不一样,但表示的内容一样)、单位不统一(不同的数据源记录的单位不一样,如身高,可能是米,可能是英尺)。

冗余属性包括同一属性多次出现(如两个数据源都记录了每天的最高温、最低温,数据集成时就会出现两次)、同一属性命名不一致导致数据重复。

(5)数据一致性的维护:在数据集成后,需要定期进行数据一致性的维护。例如,如果某个数据源的数据发生了更新或变更,需要及时更新整合后的数据。

某公司线上销售数据使用 Excel 表格存储,包括订单号、产品名称和销售额;线下门店销售数据使用数据库存储,包括订单号、产品名称和销售数量;分销商销售数据使用 API 接口获取,包括订单号、产品名称和销售地区。数据集成时需选择三个数据源,并进行数据格式的统一、数据质量的检查、数据冲突的处理和数据一致性的维护。

5.2.3　数据变换

数据变换将数据转换成适用于数据挖掘的形式,以下介绍几种常见的处理方法。

1. 缩放

某些特征比其他特征具有较大的跨度值。例如,可能需要将一条公路的造价(单位:元)与其长度(单位:千米)作关联处理,再如某些模型(像岭回归)要求必须将特征值缩放到相同的范围值内。通过缩放可以避免某些属性比其他属性获得大小非常悬殊的权重值。常见的缩放有标准化、最大最小值缩放(归一化)、Box-Cox 变换、对数变换等数学变换操作。

1)标准化

标准化的前提是属性值服从正态分布,标准化后,转换成标准正态分布。标准化是依照特征矩阵的列处理数据,将样本的特征值转换到同一量纲下。主要方法有:

(1)z-score 标准化:即零-均值标准化,$y=(x-\mu)/\sigma$。经过处理后的数据均值为 0,标准差为 1。

例5-9 假如小红语文考了 60 分,英语考了 90 分,请问小红语文和英语哪个考得好?如果直接比分数,当然是英语好。但是一种可能情况是,两门课的难度不一样,也许语文更难,大家都不及格,只有小红及格了;而英语很简单,大家都是 100 分,只有小红 90 分。这样看来,好像小红的语文要考得更好一些。那么如何使用 z-score 进行比较呢?

假设有班级语文数据集 Data1 和班级英语成绩数据集 Data2。

Data1=[51,52,47,44,56,57,43,50,40,60]

Data2=[100,98,95,92,88,96,99,91,98,90]

对 Data1 进行 z-score 标准化(保留三位小数):$\mu_1=50$,$\sigma_1=6.197$。

Z-score Data1=[0.161,0.323,-0.484,-0.968,0.968,1.129,-1.129,0.000,-1.614,1.614]

对 Data2 进行 z-score 标准化(保留三位小数):$\mu_2=94.7$,$\sigma_2=3.98$。

Z-score Data2=[1.333,0.829,0.075,-0.679,-1.685,0.327,1.081,-0.930,0.829,-1.182]

根据 z-score 标准化后的 Data1 和 Data2 数据可知小红的这次考试语文比英语考得好。

(2)StandardScaler 标准化。StandardScaler 标准化和 z-score 在概念上完全一致,只是在不同上下文中可能采用不同的名称。

2)归一化

标准化是依照特征矩阵的列处理数据,通过求 z-score 的方法,将样本的特征值转换到同一量纲下。归一化是依照特征矩阵的行处理数据,其目的在于样本向量在点乘运算或其他核函数计算相似性时,拥有统一的标准,也就是说都转化为"单位向量"。

归一化常用的方法有 min-max 归一化:$y=(x-\min)/(\max-\min)$。

例5-10 使用例 5-9 的数据进行 min-max 归一化。

根据 min-max 归一化公式对 Data1 进行归一化:

Normalized Data1:[0.55,0.6,0.35,0.2,0.8,0.85,0.15,0.5,0.0,1.0]

根据 min-max 归一化公式对 Data2 进行归一化(保留三位小数):

Normalized Data2:[1.0,0.833,0.583,0.333,0.0,0.667,0.917,0.250,0.833,0.167]

根据 min-max 归一化后的 Data1 和 Data2 数据可知小红的这次考试语文比英语考得好。

3)Box-Cox 变换

Box-Cox 变换是 Box 和 Cox 在 1964 年提出的一种广义幂变换方法,用于连续变量不满足正态分布的情况。Box-Cox 变换可以减小不可观测的误差和预测变量的相关性。Box-Cox 变换的主要特点是引入一个参数,通过数据本身估计该参数进而确定应采取的数据变换形式,Box-Cox 变换可以明显地改善数据的正态性、对称性和方差相等性,对许多实际数据都是行之有效的。

$$y(\lambda)=\begin{cases}\dfrac{y^{\lambda}-1}{\lambda}, & \lambda\neq 0\\ \ln y, & \lambda=0\end{cases} \tag{5-1}$$

式中，$y(\lambda)$为经 Box-Cox 变换后得到的新变量；y 为原始连续因变量；λ 为变换参数。以上变换要求原始变量 y 取值为正，若取值为负时，可先对所有原始数据同加一个常数 a，使其$(y+a)$为正值，然后再进行以上的变换。对不同的 λ 所作的变换不同。参数 λ 的估计有两种方法：①最大似然估计；②Bayes 方法。通过求解 λ 值，就可以确定具体采用哪种变换形式。需要注意的是，Box-Cox 变换的参数 λ 需要通过对原始数据进行多次尝试和检验来确定。通常采用最大似然法或交叉验证法来选择最佳的 λ 值。

例5-11 假设有一组数据 y，$y=[1,2,3,4,5]$，现在对这组数据进行 Box-Cox 变换。

数据 x 中的值都为正，故直接对原始数据 y 进行变换，采用最大似然法求得：

$$\lambda=0.69\,029\,658\,638\,779\,05$$

λ 值大于 0，根据式 6-5，对 y 进行 Box-Cox 变换得到变换后的数据为：

$$y(\lambda)=[0, 0.888\,915\,32, 1.643\,916\,67, 2.323\,282\,59, 2.951\,430\,46]$$

假设有一组符合指数分布的数据集，其直方图如图 5-2 所示，使用 Box-Cox 变换对数据集进行变换，变换结果如图 5-3 所示，从图中可以看出，该分布已经有了很明显的正态分布的特征。

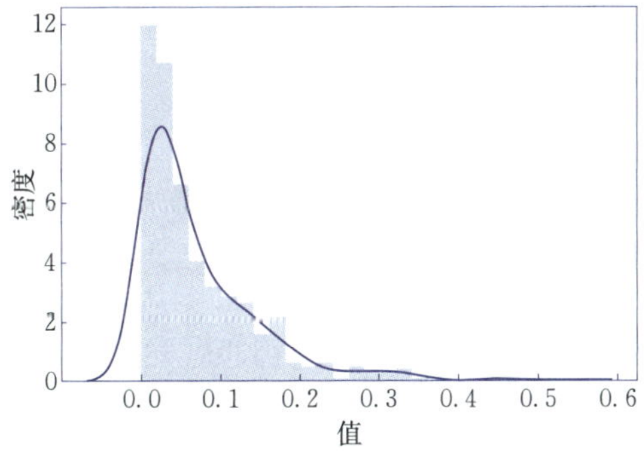

图 5-2 指数分布数据集直方图

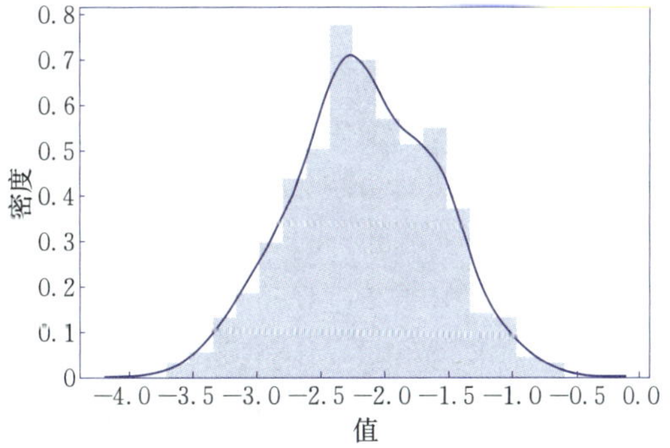

图 5-3 Box-Cox 变换后数据集直方图

4）对数变换等数学变换操作

对数变换等数学变换操作包括开方、平方、取对数、差分运算等，如果数据较大，可取对数或开方压缩数据；如果数据较小，可平方扩大数据。时间序列经常使用对数变换或差分运算将非平稳序列转换为平稳序列，通过变换也增加或者降低了该数据项对整体数据处理的影响力。

$$y=\log_a x \tag{5-2}$$

对数变换通常选择自然对数（以 e 为底），也可以选择常用对数（以 10 为底）。

对数变换是一种常见的特征工程方法，用于处理数值型特征，尤其是那些具有偏斜分布或者存在极端值（即所谓的“长尾”分布）的特征。这种转换通过应用对数函数（如自然对数、常用对数等）来压缩特征值的动态范围，使得原本分布不均匀的数据变得更加均衡，同时能够凸显低值部分的细节。

例5-12 在某个房价预测问题中有一个名为“property_size”的特征，表示房产的面积（单位：平方米）。房产面积原始数据为：

property_size:[120,75,86,150,95,100,70,80,90,110,130,130,74,87,152,97,106,78,85,99,110,130,120,75,86,150,95,50,60,70,80,90,100,120,130,150,200,300,400,500,750,

100,710,80,450,660,310,90,110,130,5000]。

经分析发现,该特征的分布非常偏斜,大部分房产面积集中在较小范围内,极少数豪宅的面积却远超平均值,形成了一条长长的尾巴(见图 5-4),这样的分布可能会导致模型在训练时过于关注这些异常值,从而对整体预测性能产生不利影响。为此,可以考虑对"property_size"特征进行对数变换。

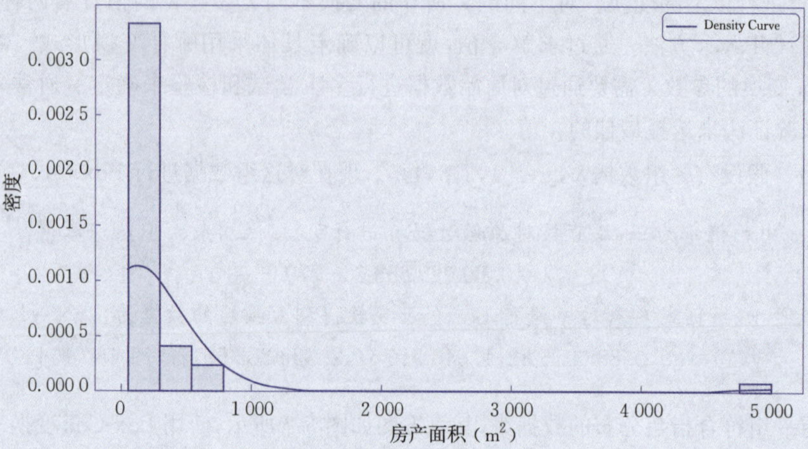

图 5-4 原始数据分布

根据式 5-2 对房产面积原始数据进行对数变换,对数变换后的数据为:

[4.787492, 4.317488, 4.454347, 5.010635, 4.553877, 4.605170, 4.248495, 4.382027, 4.499810, 4.700480, 4.867534, 4.867534, 4.304065, 4.465908, 5.023881, 4.574711, 4.663439, 4.356709, 4.442651, 4.595120, 4.700480, 4.867534, 4.787492, 4.317488, 4.454347, 5.010635, 4.553877, 3.912023, 4.094345, 4.248495, 4.382027, 4.499810, 4.605170, 4.787492, 4.867534, 5.010635, 5.298317, 5.703782, 5.991465, 6.214608, 6.620073, 4.605170, 6.565265, 4.382027, 6.109248, 6.492240, 5.736572, 4.499810, 4.700480,4.867534,8.517193]

对房产面积数据集进行对数变换的效果如图 5-5 所示。

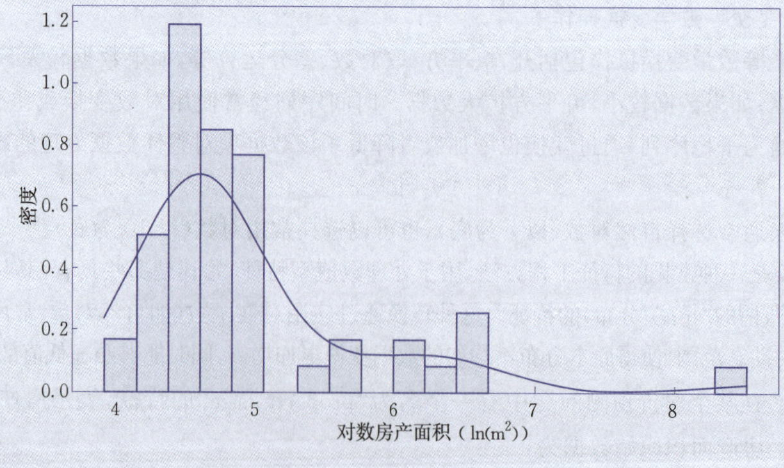

图 5-5 对数变化后数据分布

2. 对定量特征二值化

特征的二值化处理是将数值型数据输出为布尔类型，其核心在于设定一个阈值，大于阈值的赋值为 1，小于等于阈值的赋值为 0。对于某些定量特征，其包含的有效信息为区间划分，例如学生考试成绩，假若只关心“及格”或“未及格”，那么需要将定量的考分转换成“1”和“0”表示达标和未达标。

3. 离散化

有时候将一定范围内的数值划分成确定的块，能使算法减少噪声的干扰。例如，针对考试成绩，通常将少于 60 分的成绩定为“不及格”，将 61～80 分的成绩定为“中等”等，这样的分区操作被看作是对数值变量的离散化。下面介绍常用的离散化方法。

1）等宽离散（等距分组）：离散点选取等距点。

例 5-13 假设有 100 个人的年龄数据，数据如下：

Ages=[49,91,36,92,79,43,50,53,96,55,68,65,17,79,23,13,28,21,18,41,7,2,27,93,31,100,17,86,42,47,26,65,15,42,83,62,66,63,80,90,92,42,90,41,70,42,82,13,31,73,73,31,50,72,75,32,32,75,88,58,59,55,50,42,31,23,34,84,10,39,52,36,66,5,4,60,7,88,33,58,24,41,8,73,22,60,10,46,64,61,18,69,28,1,10,84,41,92,21,47]

年龄值在 1～100 之间，使用等宽离散将其分为 5 等分，则区间被划分为[1,20]、[21,40]、[41,60]、[61,80]、[81,100]，每个属性值对应属于它的区间。等区间法可以较好地保留数据的完整分布性。等宽离散化后的效果如图 5-6 所示。

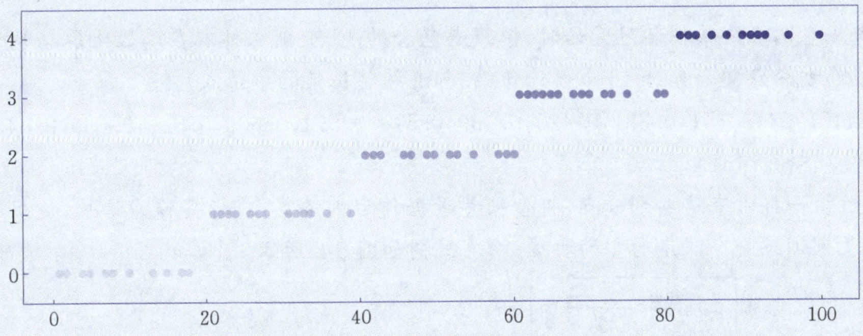

图片 图 5-6

图 5-6 等宽离散化

2）等样本点离散（等深分组）

选取的离散点保证落在每段里的样本点数量大致相同。

使用例 5-13 的数据进行等样本点离散，将 100 个年龄数据分为 8 份。等深分组结果如图 5-7 所示，每个区间数量大致相同。

3）决策树离散化（最优分组）

决策树离散化方法通常也是每次离散化一个连续特征，单独用此特征和目标值 y 训练一个决策树模型，然后把训练获得的模型内的特征分割点作为离散化的离散点。由于连续属性的可取值数目不再有限，因此不能直接根据连续属性的可取值来对节点进行划分。

给定样本集合 D 和连续属性 a，假设 a 在 D 上出现了 n 个不同的取值，将这些值从大到小排序，记为 $\{a_1, a_2, \cdots, a_n\}$，基于划分点 t 可将 D 分为子集和，就可以像离散属性值一样考查这些划分点，选取最优的划分点进行样本集合的划分。

图片

图5-7

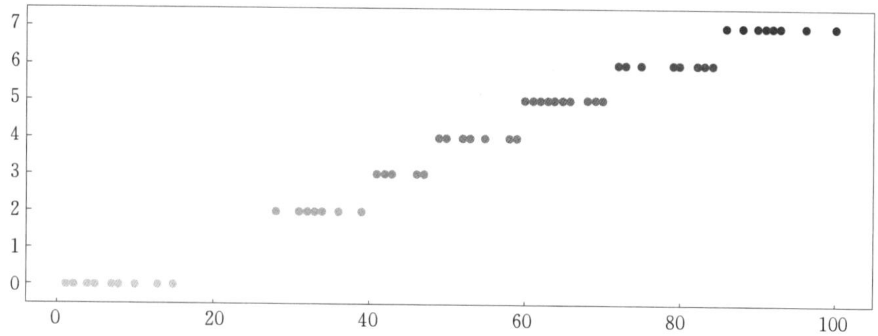

图 5-7　等深离散效果

例5-14　假设有一个数据集，其中含糖量特征为连续值。数据集见表 5-3。现在使用决策树离散化对特征含糖量进行分箱。

表 5-3　连续值特征数据集

编号	含糖量	标签	编号	含糖量	标签	编号	含糖量	标签
1	0.697	0	7	0.481	0	13	0.639	1
2	0.774	0	8	0.437	0	14	0.657	1
3	0.634	0	9	0.666	1	15	0.360	1
4	0.608	0	10	0.243	1	16	0.593	1
5	0.556	0	11	0.245	1	17	0.719	1
6	0.403	0	12	0.343	1			

对属性“含糖量”，在决策树学习开始时，根节点包含的 17 个训练样本在属性上取值均不同，该属性的候选划分点集合包含 16 个候选值(相邻连续特征值的中位点)

T={0.244,0.294,0.351,0.381,0.420,0.459,0.518,0.574,0.600,0.621,0.636,0.648,0.661,0.681,0.708,0.746}

像离散属性值一样考查这些划分点，将含糖量数据作为训练集，将标签作为结果，使用基尼指数作为度量来训练一个深度为 4 的决策树，决策树如图 5-8 所示。

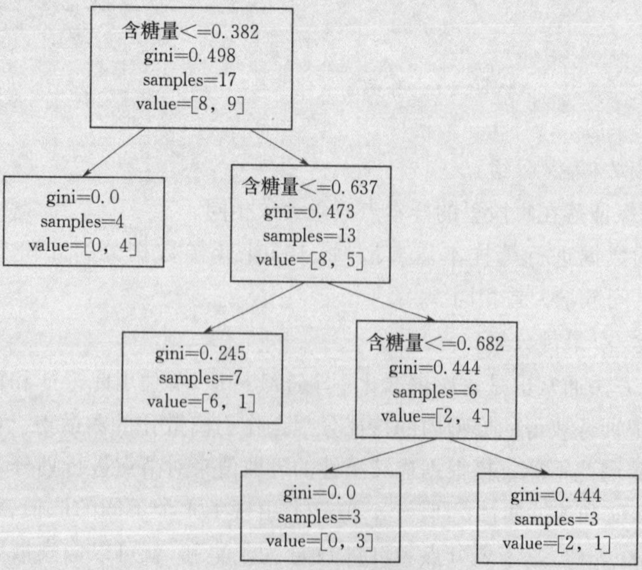

图 5-8　决策树离散化

然后根据决策树的分裂节点的阈值作为分箱的依据，若将“含糖量”连续特征分为两组，即选择 0.382 作为划分点，分箱结果为：

{0.243,0.245,0.343,0.360}

{0.697,0.774,0.634,0.608,0.556,0.403,0.481,0.437,0.666,0.639,0.657,0.593,0.719}

若将“含糖量”连续特征分为三组，即选择 0.382、0.637 作为划分点，分箱结果为：

{0.243,0.245,0.343,0.360}

{0.634,0.608,0.556,0.403,0.481,0.437,0.593}

{0.666,0.639,0.657,0.697,0.774,0.719}

若将“含糖量”连续特征分为四组，即选择 0.382、0.637、0.682 作为划分点，分箱结果为：

{0.243,0.245,0.343,0.360}

{0.634,0.608,0.556,0.403,0.481,0.437,0.593}

{0.666,0.639,0.657}

{0.697,0.774,0.719}

如果需要将“含糖量”连续特征分为更多组，则扩展决策树的深度即可。

4）卡方分箱的方法

卡方分箱是自底向上的(即基于合并的)数据离散化方法。它依赖于卡方检验：具有最小卡方值的相邻区间合并在一起，直到满足确定的停止准则。分箱的基本思想是判断相邻的两个区间是否有分布差异，如果两个相邻的区间具有非常类似的类分布，则这两个区间可以合并；否则，它们应当保持分开，而低卡方值表明它们具有相似的类分布。分箱步骤：

第 1 步：预先设定一个卡方的阈值。

第 2 步：对需要进行离散的属性进行排序，每个实例属于一个区间。

第 3 步：合并区间，计算每一对相邻区间的卡方值，将卡方值最小的一对区间合并。

$$X^2=\sum_{i=1}^{2}\sum_{i=2}^{2}\frac{(A_{ij}-E_{ij})^2}{E_{ij}} \tag{5-3}$$

A_{ij}：第 i 区间和第 j 类的实例的数量。

E_{ij}：A_{ij} 的期望频率，$E_{ij}=\dfrac{N_i\times C_j}{N}$，$N$ 是总样本数，N_i 是第 i 组的样本数，G_j 是第 j 类样本在全体中的比例。

上述步骤的终止条件为：

(1)分箱个数：每次将样本中具有最小卡方值的区间与相邻的最小卡方区间进行合并，直到分箱个数达到限制条件为止。

(2)卡方阈值：根据自由度和显著性水平得到对应的卡方阈值，如果分箱的各区间最小卡方值小于卡方阈值，则继续合并，直到最小卡方值超过设定阈值为止。

5）聚类分箱

聚类分箱是基于无监督 K-means 聚类算法衍生而来的分箱方法。聚类分析一般用来对数据对象按照其特征属性进行分组，经常被应用在客户分群、欺诈检测、图像分析等领域。聚类分箱步骤：

第 1 步：选择 K 个点作为初始聚类中心。

第 2 步:计算其余点到聚类中心的距离,并把每个点划分到离它最近的聚类中心所在的聚类中。在这里,衡量距离一般有多个函数可以选择,最常用的是欧几里得距离。

第 3 步:重新计算每个聚类中所有点的平均值,并将其作为新的聚类中心。

第 4 步:重复 2、3 步的过程,直至聚类中心不再变化,或者算法达到预定的迭代次数,又或聚类中心的改变小于预先设定的阈值。

对例 5-14 的"含糖量"特征使用 K-means 算法进行分箱,将其分为四组分箱结果,如图 5-9 所示。

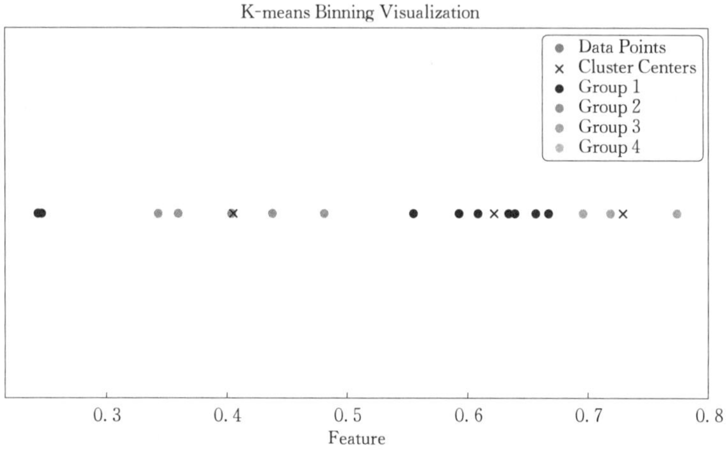

图 5-9 K-means 分箱结果

分箱结果为{0.243,0.245}、{0.403,0.481,0.437,0.343,0.360}、{0.634,0.608,0.556,0.666,0.639,0.657,0.593,}、{0.697,0.774,0.719}。要改变分组的数量,只需要该改变聚类的数量即可。

4. 独热编码与哑编码

独热编码(one-hot encoding)又称为一位有效编码,使用一个二进制的位来表示某个定性特征的出现与否,每个状态都有独立的位,并且在任意时候只有一位有效。基于数据集的某一特征的 N 个状态值,用 N 位编码来作区别,其中每一个状态位代表当前状态是否激活,1 为激活,0 为未激活。例如:由{红,绿、蓝}组成的颜色属性表示如下:

(1 0 0)表示红; (0 1 0)表示绿; (0 0 1)表示蓝

哑编码(dummy encoding)基于数据集的某一特征的 N 个状态值,用 $N-1$ 位编码来作区别,同样还是上述案例,用哑编码表示如下:

(1 0)表示红; (0 1)表示绿; (0 0)表示蓝

和独热编码一样,前 2 个状态每一个状态位代表当前状态是否激活,1 为激活,0 为未激活。区别在于最后一个状态位,当前 2 个状态位都为未激活的状态,则默认为第 3 个状态。

5. 时间特征

时间特征在实际应用中,往往是一个非常重要的因素,时间戳属性通常需要分离成多个维度,如年、月、日、小时、分钟、秒钟。

6. 截断

对于连续型数值特征,有时候太多的精度可能只是噪声,所以可以在保留重要信息的前提下对特征进行截断,"四舍五入"实际上就是截断,截断后的特征也可以看作是类别特征。有些数据甚至可以先进行对数转换，然后进行截断。

5.2.4　数据归约

在数据量很大时，数据规约通过对数据集进行规约或简化，在尽可能保持原数据完整性的前提下，最大限度地精简数据量，且数据归约后的结果与规约前的结果几乎相同。数据规约常用的方法如下：

1. 维归约

维归约也称特征规约，是指减少属性特征的方式压缩数量。例如 AIC 准则选择最优模型选择属性、LASSO 约束选择变量、分类树、随机森林，通过对分类效果的影响筛选属性、主成分分析经过数据变换来降低维度。

2. 数值规约

从数据集中选择一个有代表性的样本的子集。例如参数方法中使用模型估计数据、回归模型和对数模型可以用来进行参数化数据规约，非参数可以用直方图、聚类、抽样和数据立方体聚集。

5.3　特征选择

特征选择涉及两个关键问题：一是评估特征的重要性，二是从备选特征集中选取属性子集。

5.3.1　特征评价

通常来说，选择特征会考虑从以下两个方面进行评价：

(1)特征是否发散：如果一个特征不发散，例如方差接近于 0，也就是说样本在这个特征上基本上没有差异，这个特征对于样本的区分并没有什么用。

(2)特征与目标的相关性：与目标相关性高的特征应当优先被选择。

下面简介几种常见的评价指标。

1. 信息熵

给定数据集 D，假定样本属性均为离散型，D 中第 i 类样本所占的比例为 $p_i(i=1,2,\cdots,|y|)$。对属性子集 A，假定根据其取值将 D 分成了 V 个子集$\{D_1,D_2,\cdots,D_V\}$，每个子集中的样本在 A 上取值相同，于是可计算属性子集 A 的信息增益：

$$\text{Gain } A=\text{Ent}(D)-\sum_{v=1}^{V}\frac{|D^v|}{|D|}\text{Ent}(D^v) \tag{5-4}$$

其中信息熵定义为：

$$\text{Ent}(D)=-\sum_{k=1}^{|y|}p_k\log_2 p_k \tag{5-5}$$

信息增益 Gain(A)越大意味着特征子集 A 包含的有助于分类的信息越多，于是，对每个候选特征子集，可基于训练数据集 D 来计算其信息增益，以此作为评价准则。

在股票投资中，了解股票的风险程度对于投资者至关重要。市盈率作为一项重要的指标被广泛用于评估股票的投资价值和风险水平。此处通过一个简化的股票数据集案例探讨市盈率在风险评估中的重要性，并通过计算信息熵和信息增益来量化其影响。

例5-15 数据集包含了10只股票的特征信息，见表5-4，包括股票代码、市盈率、市净率、每股收益和股息率。其中，可将股票分为高风险和低风险两类，以便进行风险评估。

表5-4 股票信息

股票代码	市盈率	市净率	每股收益	股息率	高风险股票
001	高	低	高	高	是
002	中	中	高	中	否
003	高	中	高	中	是
004	低	中	中	中	否
005	高	高	高	高	是
006	中	中	低	中	否
007	高	高	中	中	是
008	中	低	中	低	是
009	低	中	低	低	否
010	低	中	中	低	是

对于给定数据集 D，其信息熵为

$$\mathrm{Ent}(D)=-\sum_{k=1}^{|y|}P_k\log_2 P_k=-\left(\frac{6}{10}\log_2\frac{6}{10}+\frac{4}{10}\log_2\frac{4}{10}\right)\approx 0.97$$

其中，$|y|$表示数据集 D 中目标变量(分类标签)的不同类别数量，即类别空间的基数。

计算当前属性集合{市盈率，市净率，每股收益，股息率}中每个属性的信息增益，以市盈率为例，它有3个可能的取值，{高，中，低}，使用该属性对 D 进行划分，则可得到3个子集，分别记为 D^1(市盈率=高)，D^2(市盈率=中)，D^3(市盈率=低)。计算三个子集的信息熵：

$$\mathrm{Ent}(D^1)=-\left(\frac{4}{4}\log_2\frac{4}{4}+\frac{0}{4}\log_2\frac{0}{4}\right)=0$$

$$\mathrm{Ent}(D^2)=-\left(\frac{1}{3}\log_2\frac{1}{3}+\frac{2}{3}\log_2\frac{2}{3}\right)\approx 0.918$$

$$\mathrm{Ent}(D^3)=-\left(\frac{1}{3}\log_2\frac{1}{3}+\frac{2}{3}\log_2\frac{2}{3}\right)\approx 0.918$$

根据公式可计算出属性“市盈率”的信息增益为

$$\begin{aligned}\mathrm{Gain}(D,\text{市盈率})&=\mathrm{Ent}(D)-\sum_{v=1}^{3}\frac{|D^v|}{|D|}\mathrm{Ent}(D^v)\\&=0.97-\left(\frac{4}{10}\times 0+\frac{3}{10}\times 0.918+\frac{3}{10}\times 0.918\right)=0.4192\end{aligned}$$

类似的计算其他属性的信息增益

$$\mathrm{Gain}(D,\text{市净率})=0.4192$$

$$\mathrm{Gain}(D,\text{每股收益})=0.3212$$

$$\mathrm{Gain}(D,\text{股息率})=0.2096$$

根据各属性信息增益的计算结果可知市盈率与市净率两个特征在股市风险评估中更具有重要作用。

2. 相关系数法

常见的主要相关系数法有以下几种：

1）皮尔逊相关系数

皮尔逊相关系数的取值区间为[−1,1]，−1 表示完全的负相关，+1 表示完全的正相关，0 表示没有线性相关，但皮尔逊相关系数是 0 时，无法断定这两个变量是独立的（有可能是非线性相关）。距离相关系是对皮尔逊相关系数的改进，如果距离相关系数是 0，那么就可以说这两个变量是独立的。

例 5-16　假设有这样一个数据集，见表 5-5，目标是了解该支股票的收盘价与所属行业的平均收益率、市盈率之间的关系。

表 5-5　股市数据示例

日　期	股票收盘价/元	行业平均收益率	市盈率
2023-01-01	100	0.02	0.092
2023-01-02	105	0.03	0.039
2023-01-03	98	0.01	0.01
2023-01-04	110	0.04	0.02
2023-01-05	115	0.02	0.01
2023-01-06	120	0.03	0.07

计算该支股票收盘价和行业平均收益率之间的皮尔逊相关系数：

$$\rho_{X,Y}=\frac{\mathrm{COV}(X,Y)}{\sigma_X\sigma_Y}=\frac{E[(X-\mu_X)(Y-\mu_Y)]}{\sigma_X\sigma_Y}=0.51$$

计算结果为 0.51，表示该只股票收盘价和行业平均收益率之间存在一个正相关关系。

计算该支股票收盘价和市盈率之间的皮尔逊相关系数：

$$\rho_{X,Y}=-0.002\,05$$

计算结果为−0.002 05，趋于 0，但是并不能断定收盘价与市盈率这两个变量是独立的（有可能是非线性相关），继续计算收盘价与市盈率这两个变量之间的距离相关系数。

距离相关系数计算公式：

$$R_n^*=d\mathrm{Cor}(X,Y)=\frac{d\mathrm{Cov}(X,Y)}{\sqrt{d\mathrm{Var}(X)d\mathrm{Var}(Y)}}$$

式中，$d\mathrm{Cov}(X,Y)$为距离协方差；$d\mathrm{Var}(X)$、$d\mathrm{Var}(Y)$分别为 X 与 Y 的距离方差。

计算得：$R_n^*=1.002$，距离相关系数不为 0，即不能判定该只股票的收盘价和市盈率是独立的。

2）卡方检验

假设自变量有 N 种取值，因变量有 M 种取值，考虑自变量等于 i 且因变量等于 j 的样本频数的观察值与期望的差距，构建统计量：$x^2=\mathrm{sum}[(A-E)^2/E]$，这个统计量的含义就是自变量对因变量的相关性。选择卡方值排在前面的 K 个特征作为最终的特征选择。

例 5-17　假设某只股票的涨跌与市场情绪、是否发生战争之间存在关联。因此需要确定哪个特征与股票涨跌之间存在更显著的相关性，以便选择最相关的特征进行进一步的分析。数据收集了该股票过去100个交易日的涨跌情况，并且还记录了每个交易日的市场情绪指数、是否发生战争(见表5-6和表5-7)。

表5-6　观察值表格1

市场情绪/涨跌情况	上　涨	下　跌	总　计
市场情绪高	30	20	50
市场情绪低	25	25	50
总计	55	45	100

表5-7　观察值表格2

是否发生战争/涨跌情况	上　涨	下　跌	总　计
发生战争	5	30	35
未发生战争	50	15	65
总计	55	45	100

根据表5-6所示数据计算市场情绪的期望频数和卡方值。

期望频数(高涨)=(50×55)/100=27.5

期望频数(高跌)=(50×45)/100=22.5

期望频数(低涨)=(50×55)/100=27.5

期望频数(低跌)=(50×45)/100=22.5

计算卡方值(即统计量)：

$$卡方值=\sum\frac{[观察频数-期望频数]^2}{期望频数} \tag{5-6}$$

$$卡方值=\sum_{i=1}^{k}\frac{[A_i-E_i]^2}{E_i} \tag{5-7}$$

式中，A_i为观察频数；E_i为期望频数。本案例的计算结果为

$$卡方值=\frac{(30-27.5)^2}{27.5}+\frac{(20-22.5)^2}{22.5}+\frac{(25-27.5)^2}{27.5}+\frac{(25-22.5)^2}{22.5}=1.010\,1$$

计算得市场情绪这个特征的卡方值为1.0101。

根据表5-7所示的数据计算“是否发生战争”的期望频数和卡方值。

期望频数(战争涨)=(35×55)/100=19.25

期望频数(战争跌)=(35×45)/100=15.75

期望频数(未战争涨)=(65×55)/100=35.75

期望频数(未战争跌)=(65×45)/100=29.25

$$卡方值=\frac{(5-19.25)^2}{19.25}+\frac{(30-15.75)^2}{15.75}+\frac{(50-35.75)^2}{35.75}+\frac{(15-29.25)^2}{29.25}=36.06$$

计算得是否发生战争这个特征的卡方值为36.06。

因此，在这个例子中，选择是否发生战争作为最终的特征选择结果，因为它与该只股票涨跌之间的相关性较高。

3）互信息法

如果一个特征与目标变量之间存在较高的互信息，那么这个特征对于预测目标变量可能具有重要的作用，反之则可能不具有重要性，因此，通过计算特征与目标变量之间的互信息，可以筛选出对目标变量有较大影响的特征，从而达到降维和提高模型性能的目的。

对于两个离散随机变量 X 和 Y，它们的互信息 $I(X;Y)$ 表示 Y 中的信息能够减少对 X 的不确定性的程度，即 Y 能够提供给 X 的信息量，互信息的计算公式为：

$$I(X;Y)=\sum_{x\in X}\sum_{y\in Y}p(x,y)\log\frac{p(x,y)}{p(x)p(y)} \tag{5-8}$$

式中，$p(x,y)$ 表示 X 和 Y 同时发生的概率；$p(x)$ 和 $p(y)$ 分别表示 X 和 Y 独立发生的概率。选择互信息排列靠前的特征作为最终的选取特征。

互信息法能够考虑特征与目标变量之间的非线性关系，不受特征之间相关性的影响。此外，互信息法还可以用于选择多个特征，以及处理连续型变量和离散型变量混合的情况。

互信息法也存在一些限制，首先，互信息法在计算上比较复杂，特别是当特征维度较高时，计算量会非常大。其次，互信息法对于特征与目标变量之间的非线性关系的处理并不理想，可能会导致选择不准确的特征。互信息法无法解决特征之间存在冗余的问题，可能选择出一些相似或高度相关的特征。

例5-18 用例 5-17 的数据进行互信息计算，首先，需要计算每个事件的边际概率：

$$P(\text{上涨})=55/100=0.55$$
$$P(\text{下跌})=45/100=0.45$$
$$P(\text{市场情绪高})=50/100=0.5$$
$$P(\text{市场情绪低})=50/100=0.5$$

接着，计算每个组合情况的联合概率分布：

$$P(\text{市场情绪高},\text{上涨})=30/100=0.3$$
$$P(\text{市场情绪高},\text{下跌})=20/100=0.2$$
$$P(\text{市场情绪低},\text{上涨})=25/100=0.25$$
$$P(\text{市场情绪低},\text{下跌})=25/100=0.25$$

计算互信息：

$$\begin{aligned}I(\text{市场情绪};\text{涨跌情况})&=\sum_{x\in X}\sum_{y\in Y}p(x,y)\log\frac{p(x,y)}{p(x)p(y)}\\&=0.3\log\frac{0.3}{0.5\times0.55}+0.2\log\frac{0.2}{0.5\times0.45}+0.25\log\frac{0.25}{0.5\times0.55}+\\&\quad 0.25\log\frac{0.25}{0.5\times0.45}\\&\approx0.007\,3\end{aligned}$$

因此，特征“市场情绪”与涨跌情况之间的互信息约为 0.007 3。

同样的，计算出特征“是否发生战争”与涨跌情况之间的互信息：

$$\begin{aligned}I(\text{是否发生战争};\text{涨跌情况})&=\sum_{x\in X}\sum_{y\in Y}p(x,y)\log\frac{p(x,y)}{p(x)p(y)}\\&=0.05\log\frac{0.05}{0.35\times0.55}+0.3\log\frac{0.3}{0.35\times0.55}+\end{aligned}$$

$$0.5\log\frac{0.5}{0.65\times0.55}+0.15\log\frac{0.15}{0.65\times0.45}$$
$$\approx0.279$$

因此，在这个例子中，若用互信息法进行特征选择，则选择是否发生战争作为最终的特征选择结果，因为它与该只股票涨跌之间的相关性较高。

5.3.2 特征子集搜索

特征子集搜索策略分为前向搜索策略、后向搜索策略和双向搜索策略。

1. 前向搜索策略

前向搜索策略逐渐增加相关特征，给定特征集合$\{a_1,a_2,\cdots,a_d\}$可将每个特征看作一个候选子集，对这 d 个候选单特征子集进行评价，假定$\{a_2\}$最优，于是将$\{a_2\}$作为第一轮的选定集；接下来，在上一轮的选定集中加入一个新的特征，构成包含两个特征的候选子集，共计 $d-1$ 个$\{a_2,a_i\}$，其中，$i\neq2$，假定在这些特征子集中$\{a_2,a_4\}$最优，且优于$\{a_2\}$，于是将$\{a_2,a_4\}$作为本轮的选定集；持续本过程……假定在第 $k+1$ 轮时，最优的候选$(k+1)$特征子集不如上一轮的选定集，则停止生成候选子集，并将上一轮选定的 k 特征集合作为特征选择结果，图 5-10 所示展示了一个案例。

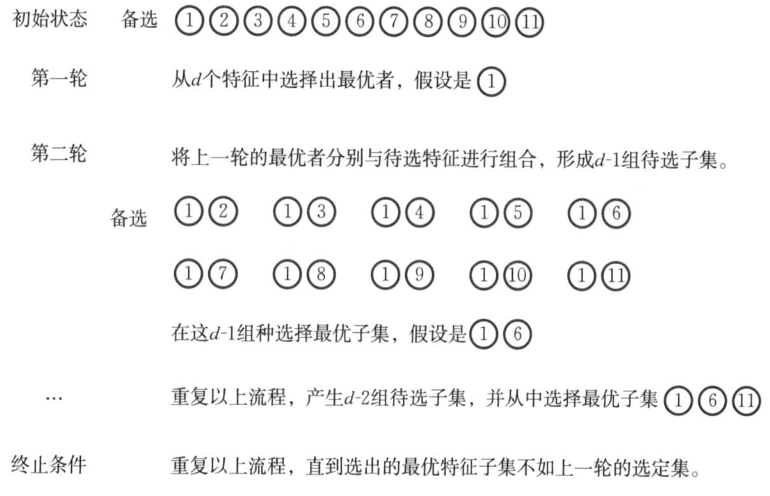

图 5-10 前向搜索示例

例5-19 有一个银行电话营销的数据集包含 1 000 个样本，每个样本都有如下 5 个特征：age（年龄）、income（收入）、education（教育水平）、gender（性别）、has_account（是否有账户）。还有一个标签 y，表示客户是否对该银行产品感兴趣（即是否购买，1 表示感兴趣，0 表示不感兴趣），表 5-8 是案例数据示例。初始化特征子集 R 为空，对于每一个特征分别计算其分类准确率。

表 5-8 特征子集的分类准确率 1

Feature	Accuracy	Feature	Accuracy
age	0.66	gender	0.57
income	0.55	has_account	0.29
education	0.32		

将特征 age 加入特征子集 R(见表 5-9)，特征子集 R(age)的分类准确率为 66%，分别计算将剩余特征加入特征子集后的准确率。选择特征 income 加入特征子集 R(见表 5-10)，更新特征子集 R 为(age，income)，其分类准确率为 70%。选择特征 gender 加入特征子集 R(见表 5-11)，更新特征子集 R 为(age，income，gender)，其分类准确率为 80%。加入新的特征后准确率没有提高，即可确定最优特征子集 R 为(age，income，gender)，其分类准确率为 80%。

表 5-9　特征子集的分类准确率 2

Feature	Accuracy	Feature	Accuracy
age，income	0.70	age，gender	0.69
age，education	0.66	age，has_account	0.54

表 5-10　特征子集的分类准确率 3

Feature	Accuracy	Feature	Accuracy
age，income，education	0.72	age，income，has_account	0.69
age，income，gender	0.80		

表 5-11　特征子集的分类准确率 4

Feature	Accuracy	Feature	Accuracy
age，income，gender，education	0.79	age，income，gender，has_account	0.72

2. 后向搜索策略

后向搜索策略从完整的特征集合开始，每次尝试去掉一个无关特征，图 5-11 给出了案例。

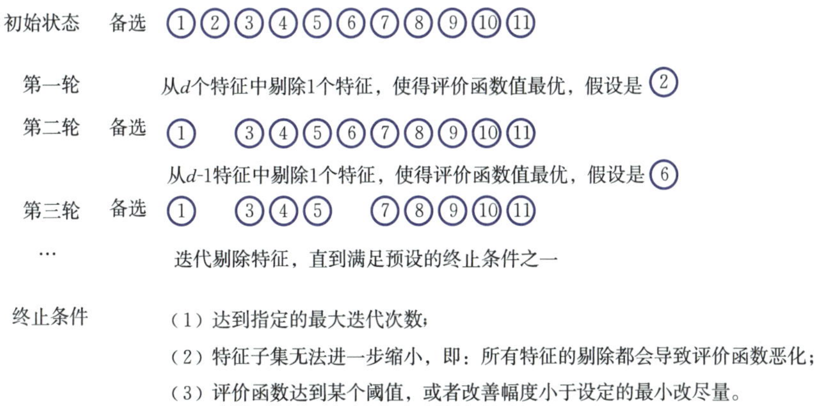

图 5-11　后向搜索示例

例 5-20 使用例 5-19 的数据，首先，初始化特征子集为特征全集，计算特征子集(age, income, education, gender, has_account)的分类准确率为 46%，对于当前特征子集的每个特征，考虑将其移出特征子集。

移除特征 has_accountunt，新的特征子集(age, income, education, gender)分类准确率为 58%。继续从特征子集中剔除特征，计算剔除特征后的准确率(见表 5-12)。移除特征 gender，新的特征子集(age, income, education)分类准确率为 78%(见表 5-13)。剔除特征子集(age, income, education)中的任一特征都会导致分类准确率降低(见表 5-14)，即可确定最优特征子集为(age, income, education)，其分类准确率为 78%。

表 5-12　特征的分类准确率 5

Feature	Accuracy	Feature	Accuracy
age, income, education, gender	0.58	age, education, gender, has_accountunt	0.49
age, income, education, has_account	0.50	income, education, gende, has_accountunt	0.56
age, income, gender, has_account	0.47		

表 5-13　特征子集的分类准确率 6

Feature	Accuracy
age, income, education	0.78
age, income, gender	0.63
age, education, gender	0.59
income, education, gender	0.64

表 5-14　特征子集的分类准确率 7

Feature	Accuracy
age, income	0.69
age, education	0.74
income, education	0.62

3. 双向搜索策略

双向搜索将前向与后向搜索结合起来，每一轮逐渐增加选定相关特征(这些特征在后续轮中将确定不会被去除)、同时减少无关特征，如图 5-12 的案例所示。

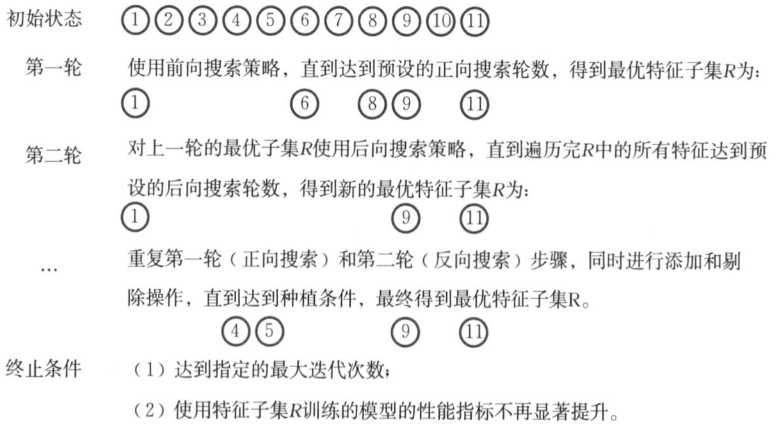

图 5-12　双向搜索示例

例 5-21　继续使用例 5-19 的数据，使用双向搜索策略进行特征选择。

将所有特征分为两个集合：待选特征集合 S(age，income，education，gender，has_account)和特征子集 R(初始为空)。

使用前向搜索策略得到特征子集 R 为(age，income，gender)，其分类准确率为 80%。

使用后向搜索策略对特征子集 R(age，income，gender)进行特征剔除，更新特征子集 R 为(income，gender)，其准确率为 83%。

对特征子集 R(income，gender)使用前向搜索策略，往特征子集 R 中加入了 education、has_account 特征，更新特征子集 R 为(income，gender，education，has_account)，其分类准确率为 86%。

对特征子集 R(income，gender，education，has_account)，使用后向搜索策略，剔除了特征 gender，更新特征子集 R 为(income，education，has_account)，其分类准确率为 90%。

此时不管是对特征子集 R 添加特征还是剔除特征都不能提升模型的分类准确率，即使用双向搜索策略得到的最优特征子集为(income，education，has_account)，其分类准确率为 90%。

5.3.3　特征选择方法

前面介绍了特征评价和特征子集搜索的常用方法，在特征子集搜索过程中需要不断地评价特征，以便确定删除哪些属性或者增加哪些属性，特征子集搜索机制与子集评价机制相结合，即可得到特征选择方法。例如：将前向搜索与信息熵相结合，可以完成特征选择。常见的特征选择方法大致可分为三类：过滤式(filter)、包裹式(wrapper)、嵌入式(embedding)。

1. 过滤式——模型训练前选择特征

如图 5-13 所示，过滤式方法先对数据集进行特征选择再训练学习器，探究特征本身特征和目标值之间关联，再用过滤后的特征来训练模型。例如：针对两个特征，把相关系数作为评价准则，相关系数过高就剔除其中一个特征，所以是先选后评。欲从初始的特征集合中选取一个包含所有重要信息的特征子集，可行的做法是产生一个“候选子集”，基于评价结果产生下一个候

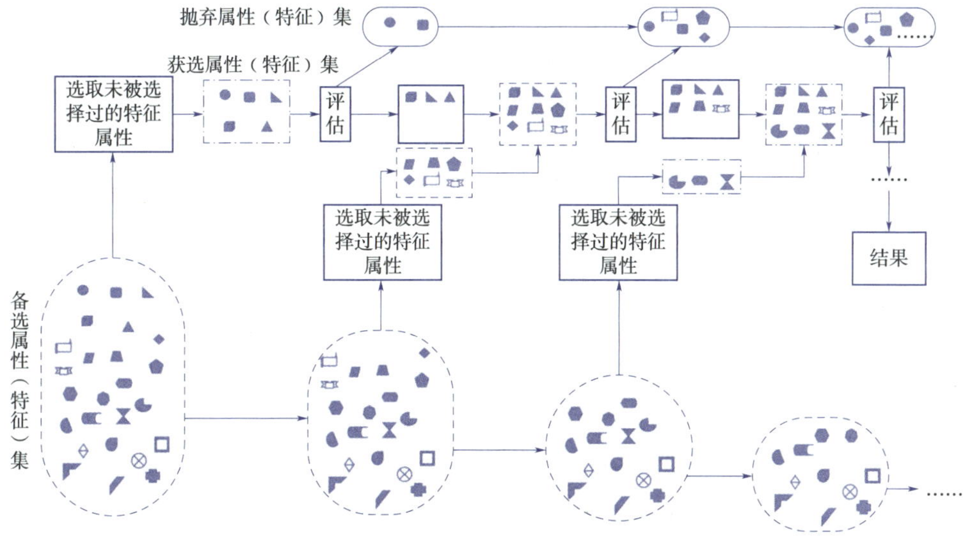

图 5-13　过滤式特征选择流程示意图

选子集，再对其进行评价，这个过程持续下去，直至无法找到更好的候选子集为止。原始的备选特征集中选取部分特征进行评估，留下重要的特征，去掉非重要特征，接下来，从备选特征集中继续选取部分特征(前面未被选择过的特征)，加入到获选特征集，进行评估，留下很重要的特征，去掉非重要特征，继续这个处理过程，直到备选特征集为空。

特征过滤的常用方法有方差选择法(低方差特征过滤)和 Relief 方法等。

1）方差选择法

使用方差选择法，先要计算各个特征的方差，然后根据阈值选择方差大于阈值的特征。

例5-22 假设有以下十条数据，它们具有三个特征：A、B 和 C，取值见表 5-15。

表 5-15 数据集中 A、B、C 的取值

A	B	C	A	B	C
10	7	5	4	17	6
4	5	7	19	20	21
7	8	9	20	23	13
9	11	12	6	11	27
13	9	15	8	29	15

特征 A 的方差为 29.2，特征 B 的方差为 56，特征 C 的方差为 43.5。

假设阈值为 50，那么只有特征 B 的方差大于这个阈值，因此选择特征 B 进行进一步分析。

2）Relief 方法

Relief(relevant features)是一种著名的过滤式特征选择方法，该方法设计了一个“相关统计量”来度量特征的重要性。该统计量是一个向量，每个分量分别对应于一个初始特征，而特征子集的重要性则是由子集中每个特征所对应的相关统计量分量之和来决定。指定一个阈值 τ，选择比 τ 大的相关统计量分量所对应的特征即可，也可指定欲选取的特征个数 k，然后选择相关统计量分量最大的 k 个特征。

Relief 的关键是如何确定相关统计量。给定训练集$\{(X_1,Y_1),(X_2,Y_2),\cdots,(X_m,Y_m)\}$对每个示例 X_i，Relief 先在 X_i 的同类样本中寻找其最近邻 $X_{i,\text{nh}}$，称为“猜中近邻”(near-hit)，再从 X_i 的异类样本中寻找其最近邻 $X_{i,\text{nm}}$ 称为“猜错近邻”(near-miss)，然后，相关统计量对应于属性 j 分量为：

$$\delta^j=\sum_i -\text{diff}(x_i^j,x_{i,\text{nh}}^j)^2+\text{diff}(x_i^j,x_{i,\text{nm}}^j)^2 \tag{5-9}$$

Relief 只需在数据集的采样上估计相关统计量，而不必在整个数据集上。显然，Relief 的时间开销随采样次数以及原始特征数线性增长，因此是一个运行效率很高的过滤式特征选择算法。

Relief 是为二分类问题设计的，其扩展变体 Relief-F 能处理多分类问题。

$$\delta^j=\sum_i -\text{diff}(x_i^j,x_{i,\text{nh}}^j)^2+\sum_{l\neq k}(pl\times\text{diff}(x_i^j,x_{i,l,\text{nm}}^j)^2) \tag{5-10}$$

式中，pl 为第 l 类样本在数据集 D 中所占的比例。

例5-23 假设有这样一组数据，第二列为样本类别，三、四列为特征(见表 5-16)。

表 5-16　样本数据示例

样　本	类　别	Feature1	Feature2	样　本	类　别	Feature1	Feature2
1	0	5	1	4	1	1	1
2	0	3	2	5	1	2	3
3	1	1	4				

使用 Relief 特征选择算法来比较一下 Feature1 和 Feature2 哪个特征对于分类更重要。

首先确定距离矩阵，矩阵中 $D[i,j]$ 为第 i 个样本到第 j 个样本的距离，这里的距离使用欧几里得距离来定义，比如样本 1 与样本 2 的距离为：

$$\text{distance}=\sqrt{(5-3)^2+(1-2)^2}$$

距离矩阵为：

$$\begin{bmatrix} 0 & 2.236 & 5 & 4 & 3.60 \\ 2.236 & 0 & 2.828 & 2.236 & 1.414 \\ 5 & 2.828 & 0 & 3 & 1.414 \\ 4 & 2.236 & 3 & 0 & 2.236 \\ 3.60 & 1.414 & 1.414 & 2.236 & 0 \end{bmatrix}$$

随机选择一个样本，比如选择样本 1，找出样本 1 对应的 Feature1 的“猜中近邻”和“猜错近邻”。

猜中近邻：样本 2 的 Feature1。

猜错近邻：样本 5 的 Feature1。

计算样本 1 的 Feature1 的相关统计量：$\delta^{(1)}=-(5-3)^2+(5-2)^2=5$

同理，计算其他样本的 Feature1 的相关统计量，得到 Feature1 的相关统计量：

$$\delta^{(1)}=\sum_i -\operatorname{diff}(x_i^j,x_{i,\text{nh}}^j)^2+\operatorname{diff}(x_i^j,x_{i,\text{nm}}^j)^2=5+(-3)+3+3+0=8$$

同理，计算各个样本的 Feature2 的相关统计量：

$$\delta^{(2)}=\sum_i -\operatorname{diff}(x_i^j,x_{i,\text{nh}}^j)^2+\operatorname{diff}(x_i^j,x_{i,\text{nm}}^j)^2=3+0+3+(-3)+0=3$$

根据相关统计量的计算结果可得 Feature1 对于分类的作用大于 Feature2 对于分类的作用。

2. 包裹式——模型训练后选择特征

包裹式特征选择把将要使用的学习器的性能作为特征子集的评价准则。在模型训练之后进行，比较各个学习器的性能，选择最优学习器的特征，根据模型的性能为评价准则来选特征，先评后选，目的就是为给定学习器选择最有利于其性能、“量身定做”的特征子集。包裹法根据目标函数（通常是预测效果评分），每次选择若干特征，或者排除若干特征。

1）完全搜索

完全搜索遍历所有可能组合的特征子集，再输入模型，选择最佳模型分数的特征子集。完全搜索开销过大，不推荐。

2）向前搜索法

如图 5-14 所示，初始特征集 A 为原始的全体特征，特征集 B 是需要的结果，其初始值为空。先从空集开始，每轮只加入一个特征，然后训练模型，若模型评估分数提高，则保留该轮加入的特征，否则丢弃。以此反复，直到 A 成为空集。

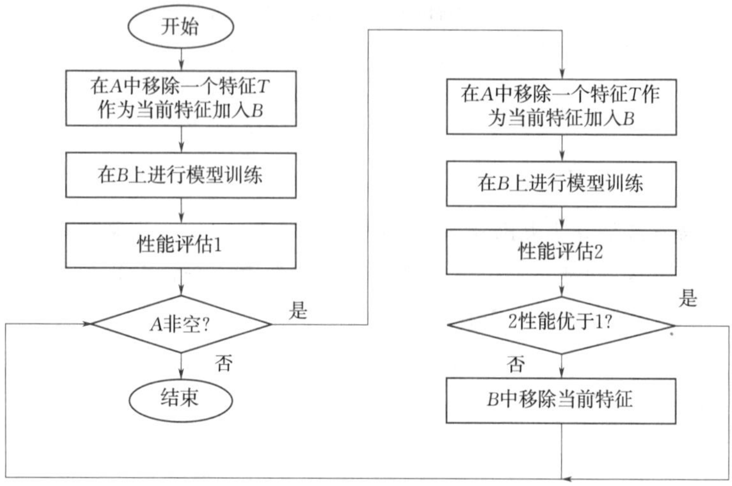

图 5-14　向前搜索法流程示意

3）向后搜索法

向后特征搜索是做减法，如图 5-15 所示，特征集 A 的初始值是全体特征，先从全特征集开始，每轮减去一个特征，若模型表现较差，则保留特征，否则弃之，最后得到的 A 就是需要的结果。

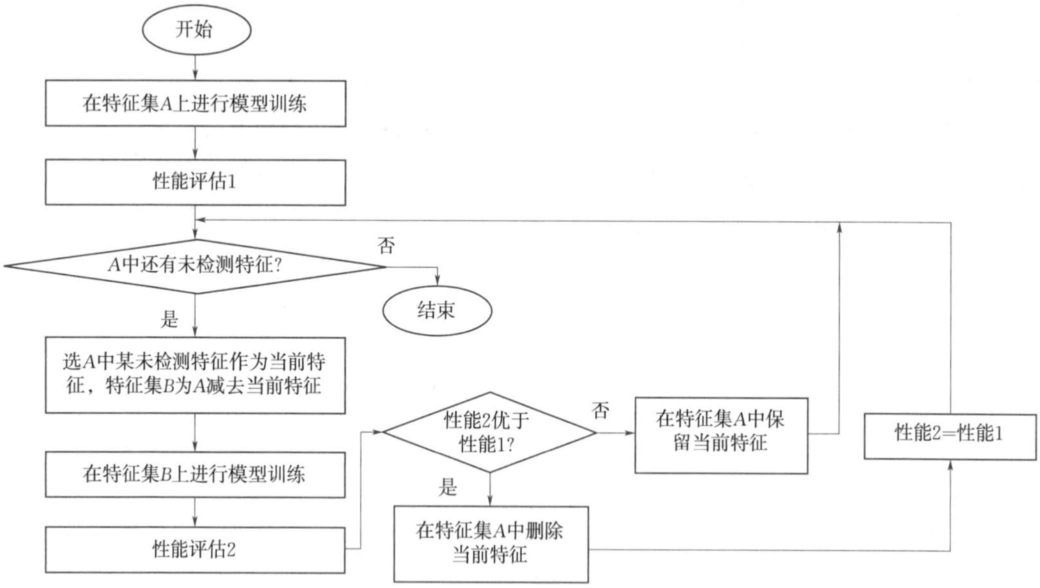

图 5-15　向后搜索法流程示意

从学习器性能看，包裹式特征选择比过滤式特征选择更好，但计算开销通常比过滤式特征选择大。

3. 嵌入式——通过模型训练得到特征权值

Embedded 嵌入法特征选择是将特征选择过程与学习器训练过程融为一体，两者在同一个优化过程中完成，即在学习器训练过程中自动地进行了特征选择，是算法内置的特征选择方法。

在模型训练时，就会输出各个特征的重要性得分，然后根据得分排序，选择得分高的几个特征。类似于 Filter 方法，不过是通过训练来确定特征的优劣。Embedded 主要有通过增加惩罚项控制过拟合的 Lasso 正则化法和基于树模型的方法。

1）基于正则化的特征选择法

正则化就是把额外的约束或者惩罚项加到已有模型（损失函数）上，以防止过拟合并提高泛化能力。损失函数由原来的 $L(X,Y)$ 变为 $L(X,Y)+\alpha|\omega|$，ω 是模型系数组成的向量，$\|\cdot\|$ 一般是 $L1$ 或者 $L2$ 范数，α 是一个可调的参数，控制着正则化的强度。当用在线性模型上时，$L1$ 正则化和 $L2$ 正则化也称为 Lasso（拉索回归）和 Ridge（岭回归）。

使用带惩罚项的基模型，除了筛选出特征外，同时也进行了降维。$L1$ 和 $L2$ 正则常被用来解决过拟合问题，而 $L1$ 正则化也常被用来进行特征选择，主要原因在于加入 $L1$ 正则化可以得到稀疏解，稀疏解就是求解的线性模型的各个特征的权重系数，稀疏意味着解向量 x 的大部分分量（权重）为 0，只有少数是非 0 的，这些权重系数为 0 的特征对最终的结果无贡献，因此可以将 0 对应的特征遗弃，进而用来选择特征。

2）基于树模型的特征选择法

树模型在学习时以纯度为评价基准，选择最好的分裂属性进行分裂，这本身也可以看作一个特征选择的过程。随机森林由多个决策树构成。决策树中的每一个节点都是关于某个特征的条件，为的是将数据集按照不同的响应变量一分为二。利用不纯度可以确定节点（最优条件），对于分类问题，通常采用基尼不纯度或者信息增益，对于回归问题，通常采用的是方差或者最小二乘拟合。当训练决策树时，可以计算出每个特征减少了多少树的不纯度。对于一个决策树森林来说，可以算出每个特征平均减少了多少不纯度，并把它平均减少的不纯度作为特征选择的值。

另一种常用的特征选择方法就是直接度量每个特征对模型精确率的影响，主要思路是打乱每个特征的特征值顺序，并且度量顺序变动对模型的精确率的影响。很明显，对于不重要的变量来说，打乱顺序对模型的精确率影响不会太大，但是对于重要的变量来说，打乱顺序就会降低模型的精确率。

5.4　特征降维

当特征选择完成后，是否可以直接训练模型了？且慢！可能由于特征维度过多、特征矩阵过大，导致计算量大、训练时间长的问题，称为“维度灾难”，缓解“维度灾难”的重要途径是降维。通过数学变换将原始高维属性空间变换为一个低维“子空间”，在这个子空间中样本密度大幅度提高，距离计算也变得更加容易。下面简介集中典型的降维算法。

1. 主成分分析

主成分分析又称主分量分析技术，旨在利用降维的思想，把多指标转化为少数几个综合指标。主成分分析找到一个最佳的投影方向使得数据在该方向投影之后保留足够多的信息，只考虑数据整体的分布情况（即方差），不考虑点与点之间的距离关系。

主成分分析的直观理解是旋转坐标轴（线性变换），这个变换把数据变换到一个新的坐标系统中，使得数据在新的坐标系下在各个坐标轴变量方向投影的方差变大，如果在某坐标上的方差最大，那么这个坐标轴对应的这些散点的坐标就是第一主成分，其次就是第二主成分，以此类推。保留低阶主成分，忽略高阶主成分。

如图 5-16 所示，在(a)中，有三个点 $A(2,2)$、$B(3,3)$和 $C(4,4)$，这些数据都几乎排列在一条直线上，并且在 x 轴方向和 y 轴方向的方差都比较大。旋转坐标轴后，在新的坐标系里，数据在横轴 x'的方差是最大的，这样主成分就是新坐标系下变量 x 的数值：$\sqrt{8}$，$\sqrt{18}$，$\sqrt{32}$。

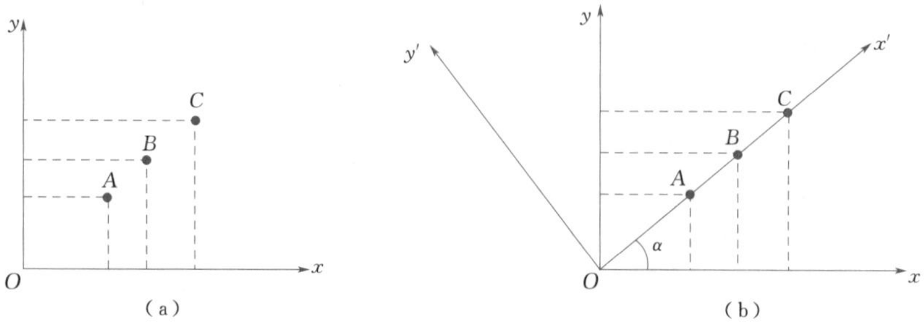

图 5-16　旋转坐标轴

主成分分析将原来众多具有一定相关性的各维度数据，重新组合成一组新的相互无关的维度来代替原来的维度。它研究如何通过少数几个主成分来揭示多个变量间的内部结构，即：从原始变量中导出少数几个主成分，使它们尽可能多地保留原始变量的信息，且彼此间互不相关。

2. 线性判别分析

线性判别分析(linear discriminant analysis，LDA)是一种有监督的线性降维算法，将数据投影到低维空间之后，使得同一类数据尽可能紧凑，不同类的数据尽可能分散。

LDA 算法有如下两个假设：

(1)原始数据根据样本均值进行分类。

(2)不同类的数据拥有相同的协方差矩阵。

在实际情况中，不可能满足以上两个假设，但是当数据主要是由均值来区分的时候，主成分分析一般都可以取得很好的效果。以二类数据为例，图 5-17 描述了其效果。主成分分析针对给定训练样例集，设法将样例投影到一条直线上，使得同类样例的投影点尽可能接近、异类样例的投影点中心尽可能远离。一句话概括就是：投影后类内方差最小，类间方差最大。

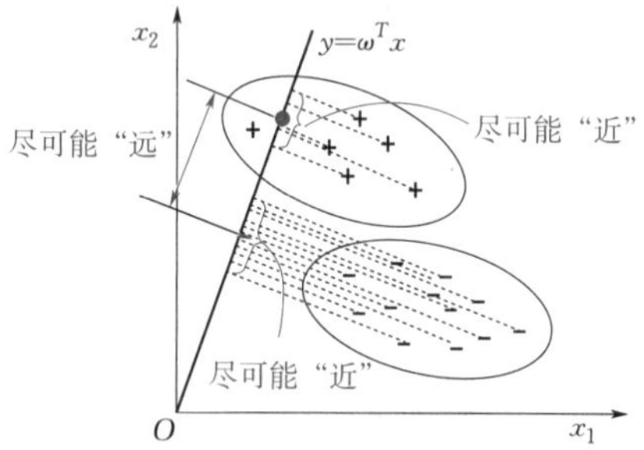

图 5-17　LDA 分类的示例

3. 其他降维算法

除了以上两种常用的降维算法外，还有以下一些降维算法：

t-SNE 考虑点与点之间的距离关系，它希望降维前后能够保持距离关系不变，从而能够很好地进行可视化。t-SNE 将距离的远近关系转化为一个概率分布，每一个概率分布就对应着一个“样本间距离远近”的关系，而降维前后的数据都各自对应着一个概率分布，目标是希望这两个概率分布足够接近。值得注意的是：t-SNE 的结果并不是唯一的，它依赖于初始生成的数据。

MDS 全称是多维尺度变换算法，该算法以距离为标准，将高维坐标中的点投影到低维坐标中，保持彼此之间的相对距离变化最小。

局部线性嵌入 LLE 是流形学习方法经典之一，能使降维后的数据较好地保持原有流形结构，图 5-18 给了一个典型的例子，降维后数据还保持了流形的结构。

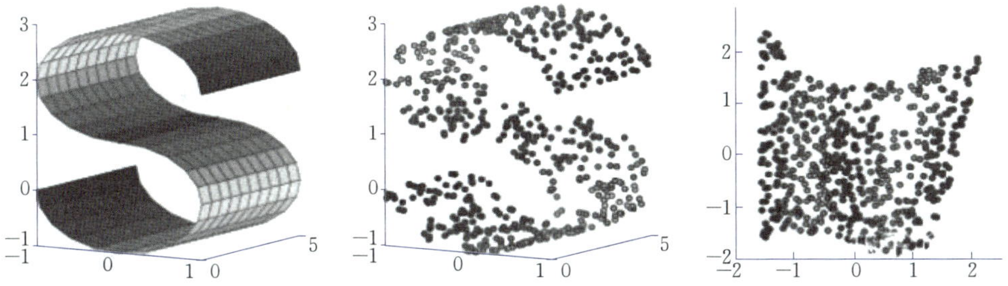

图 5-18 流形结构数据集

核化线性降维 KPCA 先将样本映射到高维空间，再在高维空间中使用线性降维的方法。

Laplacian Eigenmaps 用局部的角度去构建数据之间的关系，是一种基于图的降维算法，它希望相互间有关系的点（在图中相连的点）在降维后的空间中尽可能地靠近，从而在降维后仍能保持原有的数据结构。如果两个数据实例和很相似，那么和在降维后目标子空间中应该尽量接近。

小 结

本章深入探讨了特征工程的关键任务，包括数据预处理、特征选择和特征降维等。数据预处理是特征工程的基础，通过清洗数据、处理缺失值、去除异常值以及对数据进行标准化或归一化等操作，为后续的特征处理和模型训练奠定基础。特征选择则是通过评估每个特征的重要性，筛选出对目标变量预测最有价值的特征，常用的特征选择方法包括过滤式方法、包裹式方法和嵌入式方法。特征降维则旨在减少特征空间的维度，降低计算复杂度，防止高维数据带来的“维度灾难”。典型的降维方法不仅能提升模型训练效率，还能改善模型的稳定性和泛化能力。通过这些特征工程的手段，机器学习模型能够更好地理解数据中的关键模式，提升预测精度。特征工程不仅仅是技术性操作，还要求结合具体问题背景进行灵活设计。不同的数据类型、任务需求和业务场景都可能影响特征工程的选择和实施策略。

习 题

1. 阐述使用 k-NN 算法填充缺失值的思路及实现步骤。

2. 简述特征工程中标准化和归一化的区别。

3. “在特征选择中，互信息用于衡量两个特征之间的线性相关性”，该描述是否正确，为什么？

4. 在处理一个包含缺失值和异常值的数据集时，该选择哪种方法来填补缺失值并处理异常数据？

5. 请简述主成分分析（PCA）是如何帮助降低数据的维度的，并举例说明其应用场景。

6. 在运动会上，小红在女子组跳远比赛中跳了 4.2 m，小明在男子跳远比赛中跳了 4.8 m。由于分组不同，无法直接比较成绩。女子组成绩 G1＝[3.5，3.8，3.2，4.0，3.6，4.3，3.9，3.7，4.1，3.4]，男子组成绩 G2＝[4.2，4.4，4.1，4.5，4.6，4.8，4.3，4.7，4.9，4.0]。请用 z-score 标准

化方法来评估哪组成绩更有竞争力。

7. 某公司希望分析其销售业绩的变化与广告投入和季节变化之间的关系，公司收集了过去100天的销售数据见表5-17和表5-18，记录了每一天的广告投入情况以及是否处于旺季。请使用卡方检验哪个因素对销售业绩有更显著的影响。

表5-17　广告投入与销售业绩的关系　　单位：万元

广告投入	销售增长	销售下降	总　计
高广告投入	43	12	55
低广告投入	20	25	45
总计	63	37	100

表5-18　淡旺季与销售业绩的关系　　单位：万元

是否旺季	销售增长	销售下降	总　计
旺季	30	5	35
淡旺季	35	30	65
总计	65	35	100

第6章

机器学习算法思想

机器学习是对研究的问题进行模型假设，利用算法从训练数据中学习得到模型参数，并最终对数据进行预测和分析的一门学科，是人工智能的基础算法。从字面上看，“机器学习”可以简单地理解为“由机器模仿人脑学习”，机器的“智力”来自于人类，是人脑把解决问题的方法用程序表达出来，由程序执行，人类找到了解决问题的方法，让程序去模仿，因此，要建立这样的观点：先有人的智能，才有人工智能！

本章力图用贴近生活的视角、通俗的语言，介绍“人类的想法”，进而介绍机器学习算法思想，读者会发现机器学习算法思想就存在于人们的日常生活中，是人们熟悉的解决问题的方法。

学习目标

- 了解机器学习算法的分类。
- 掌握机器学习的相关概念。
- 掌握经典机器学习算法思想。

6.1 机器学习算法分类及常见机器学习算法

6.1.1 机器学习算法分类

人类具有从一定规模的数据中进行归纳学习的能力，如图 6-1 所示，经常告诉小朋友马路上行驶的哪些是汽车，哪些是自行车，孩子不断地接收这样的信息，在大脑中不断归纳汽车的特点。经过一段时间的学习，终于有一天，孩子会自己识别马路上开过来的汽车，识别的正确率会随着学习量的增加而提高，这是不是人们小时候的经历呢？

通过大量的样本学习，孩子可以提炼出样本的普遍特征，在日复一日的学习中，逐步认识世界。类似于人类的这种学习能力，机器学习通过对大量数据的学习从中发现规律，从而进行正确的分类，而这个“规律”可以**用函数表示**。根据大量数据点的分布情况来确定函数的参数，这个过程在机器学习中称为**模型的训练**，这些参数通常称为**模型参数**。

训练过程通常要利用已明确分类结果的样本数据集，即训练集，训练的过程实质上就是根据训练集求解模型的参数的过程，这个最终的训练好的模型可以用于对新数据的分类。模型的性能

图 6-1　人类学习案例

评估需要在测试集上进行，这部分内容在本书“性能评估”部分有较为详细的介绍。

生活中经常看到“标签”，例如：买来的服装上面有标签，标签说明了该服装的名称、分类、材质等信息；人们到餐馆点菜，菜品上面也有标签，用以说明该菜品的名称、材质等。在进行分类时，为了标识对象的类别，也用“标签”来说明分类结果。可见，不仅人工智能算法思想的灵感来源于人类生活，其中用到的很多概念和术语也源于人类生活。

按样本数据是否有标签来划分，机器学习分为监督学习、无监督学习、半监督学习、弱监督学习等。

1. 监督学习

给出一些样本，说明样本的特征，并说明如果样本具备一定的特征值，该样本就属于特定类别。这样就能发现特征值与样本类别(标签)之间的关系，这就是经验认识，然后，再给出一些类似的样本，只说明特征值，不说明类标签，根据经验就可以准确地确定新样本的类别(标签)。

梨和苹果是可以分类的，它们的区别主要体现在以下几个特征：

视频 监督学习

(1)外形特征：苹果的外形通常是球形或圆锥形，而梨通常是椭圆形或者略带瓢形。苹果的表皮光滑而富有光泽，而梨的表皮则带有一定的绒毛感。

(2)口感特征：苹果的口感比较脆，而梨则相对柔软。梨的汁液含量通常比苹果多，口感较为水润清爽。

(3)颜色特征：苹果通常以红色、黄色、绿色等鲜艳的颜色呈现，而梨的颜色则相对柔和，通常是浅绿色或者黄白色。

(4)营养成分特征：梨和苹果都含有多种维生素和矿物质，例如维生素 C、维生素 K、钾等，但是它们的含量也有所不同。梨富含膳食纤维，而苹果则富含多酚类物质。

有两筐水果，每一筐中都有苹果也有梨，如图 6-2 所示，妈妈了解上述苹果与梨的先验知识，因而能根据四个特征的具体值判断出哪些是苹果哪些是梨。这里确定的四个特征是外形、口感、颜色、营养成分，分类的标签是苹果、梨。

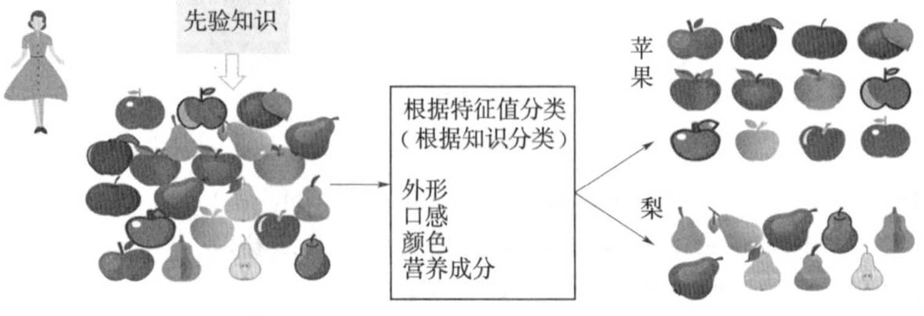

图 6-2　根据特征值分类水果，贴上标签

例 6-1　妈妈将第一筐水果进行分类，如果是苹果，就为该水果贴上标签“苹果”，反之，贴上标签“梨”。小明不了解上述先验知识，妈妈仅告诉小明应该从外形、口感、颜色、营养成分这四个特征去区分苹果和梨，却没有告诉小明苹果和梨在四个特征上应该是怎样的取值，但是，小明通过品尝和观察，再对照标签，就“学习”到了苹果和梨在四个特征上大概应该是怎样的表现，如图 6-3 所示。他也很快就把第二框中的苹果和梨区分开了。

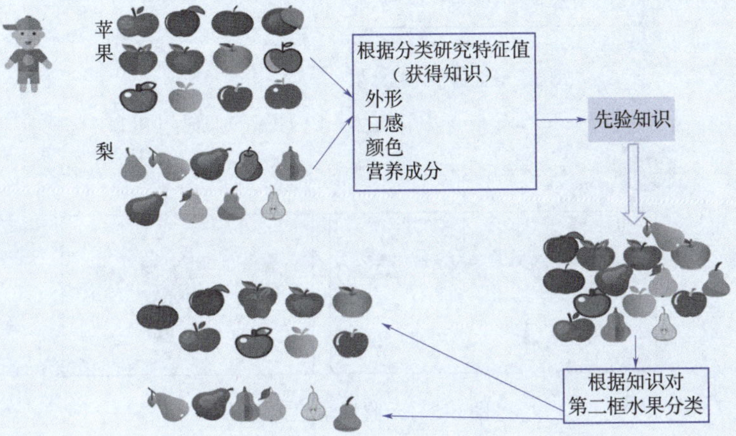

图 6-3　监督学习案例

在这个案例中，经过妈妈做好标签的第一筐水果是小明的训练集，小明在训练集（已经分类的一筐水果）上了解了数据对象（水果）的特征值和分类标签（苹果或者是梨），从而建立了特征值与标签之间的关系，能够识别出苹果和梨。

小明了解了数据的特征，就能根据已经分类（有标签）的数据，学习到不同标签的数据应该具备怎样的特征值，从而确定具有怎样的特征值的数据应该被贴上怎样的标签。

例 6-1 诠释了监督学习的思想，监督学习利用已有的“知道输入和输出结果之间关系”的数据集（训练集）训练得到一个最优的模型。在监督学习中，训练集既有特征又有标签，通过训练，让机器可以找到特征和标签之间的联系，并用模型表示。

2. 无监督学习

上述监督学习中，样本被贴上了分类后的标签，便于从中学习，如果样本没有标签，还能分类吗？当然可以，类似的案例在生活中比比皆是。

例 6-2　如图 6-4 所示，有一批待分类对象如图 6-4(a)所示，不告诉你这些对象是什么，你能将他们进行简单地分类吗？你大概率会回答：能！在实验中，多数人将人分为一类，树分为另外一类。

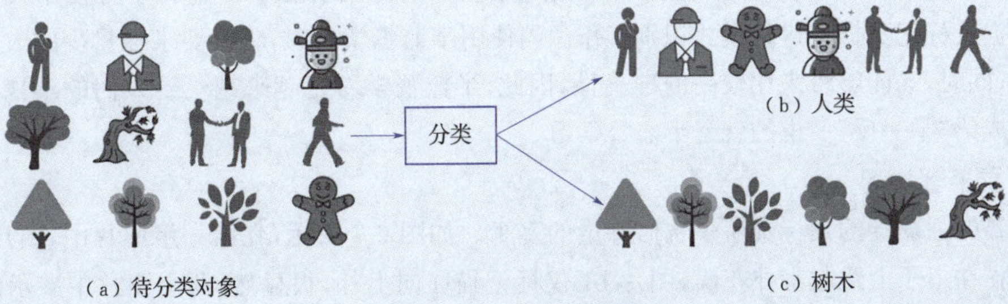

图 6-4　无监督学习案例

例 6-3 如图 6-5 所示，即使你不知道天上飞的称为飞机，地上跑的称为汽车，也大概率会将这些交通工具分为天上飞的一类和地上跑的一类。

图 6-5　无监督学习案例

视频
无监督学习

例 6-2 和例 6-3 是无监督学习案例，在无监督学习中，没有预设标签（先验知识），只是给定了一组数据，无监督学习的目标是自己发现这组数据中的特殊结构。

今日头条等网络平台为了方便阅读者，往往将信息进行分类，但是网络上每天产生海量信息，发布者众多，人工对这些信息进行分类显然较为麻烦，平台通常使用无监督学习算法将各方发布的海量新闻自动按照不同内容分成财经、娱乐、体育等不同的类别。

3. 半监督学习

前面介绍了样本有标签的监督学习和样本无标签的无监督学习，生活中遇到的情况可能不会这么绝对，还有这样的情况：一部分有标签；另一部分没有标签。这样的情况怎么处理？

视频
半监督学习

例 6-4 如图 6-6 所示，爸爸教孩子辨别男人和女人，他只介绍了样本人群中的部分人，即为部分人打上了性别标签，孩子经过自己的思考，就能得到自己对性别判别的认知（模型）。

半监督学习是监督学习与无监督学习相结合的一种学习方法。半监督学习使用大量的未标记数据及标记数据来进行模式识别工作。当使用半监督学习时，将会要求尽量少的人员来从事工作，同时，又能够带来比较高的准确性，因此，半监督学习正越来越受到人们的重视。人们熟悉的成语“举一反三”说的就是半监督学习。

4. 弱监督学习

标签的强弱指的是标签所蕴含信息量的多少。如图 6-7 所示，在第一组照片中，图片 a1 标记一只猫在桌子上跳起来扑花瓣，图片 b1 仅标记猫在向上扑，很显然，两个图片中展示的是同一只猫，对图片 a1 的标记是强标签，对图片 b1 的标记是弱标签。当看过图片 a1 后，再看到图片 b1，是不是很容易就将图片 b1 与图片 a1 对应起来呢？

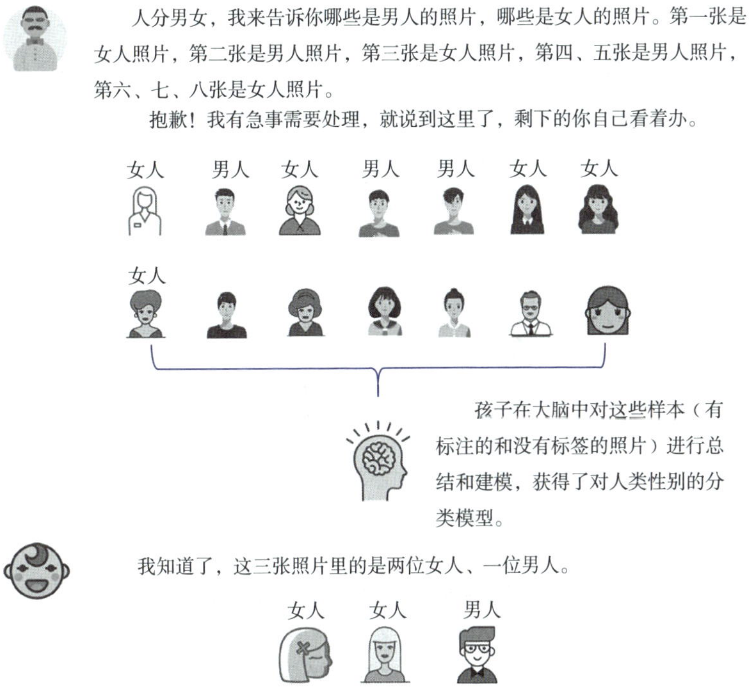

图 6-6　半监督学习案例

图 6-7　强标签与弱标签

同样，对图片 a2 的标记是强标签，对图片 b2 的标记是弱标签。看了图片 a2 再看图片 b2 就明白图片 b2 中的狗就是图 a2 中的狗，而且站在同样的位置。

视　频

弱监督学习

把这样的思路总结出来，让计算机去模拟，就有了“弱监督学习”。弱监督学习就是通过已知数据和其一一对应的弱标签来训练一个模型，将输入数据映射到一组更强的标签的过程。

弱监督学习是常见的思维方法，具备“以小见大”的能力。在掌握了较多信息时，往往能从局部信息中推导出全局信息，从“蛛丝马迹”中做出推导和判断，案情分析、追踪等行动中大量使用弱监督学习。

例 6-5　小明每次参加考试后，如果感觉比较好，出考场后会露出轻松的笑容，今天是高考日，妈妈担心增加小明的心理负担，没有直接询问小明的答题情况，而是暗中观察小明的表情，发现小明表现得比较高兴，因此，妈妈相信小明考得不会差，就放心了。在这个案例中，标签是这样的：

强标签：小明考试中感觉比较好，出考场后表情会开心。

弱标签：小明今天出考场后开心。

例6-6 在图6-8所示的案例中，强标签：人们吃饭都用到餐具。弱标签：小帅在吃饭。既然小帅是人，他在吃饭，大概率就是用到了餐具，因此，可以判断出涉及的完整标签是“小帅在使用餐具吃饭”。

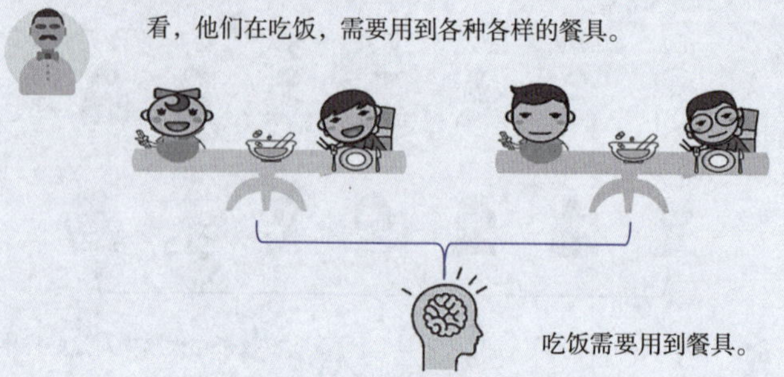

图6-8 弱监督学习案例

5. 强化学习

失败是成功之母、实践出真知，这些人们熟知的哲理也蕴含强化学习的思想。

在没有人为指导的情况下，通过不断试错来提升任务性能的过程就是强化学习。

强化学习（reinforcement learning，RL）又称再励学习、评价学习或增强学习，用于描述和解决智能体在与环境的交互过程中通过学习策略以达成回报最大化或实现特定目标的问题。强化学习不要求预先给定任何数据，而是通过接收环境对动作的奖励（反馈）获得学习信息并更新模型参数。一些复杂的强化学习算法在一定程度上具备解决复杂问题的通用智能，在信息论、博弈论、自动控制等领域被广泛应用。

例6-7 图6-9展示了一个强化学习案例，妈妈送两位小宝宝去附近的幼儿园，本来有两条路可以通达，但是，昨天她们走左边的路时发现有大面积塌陷导致不能通行，今天，妈妈带两位小朋友从右边的路去幼儿园。可以理解为在反复实践中积累经验，不断强化正确的认识，形成最终的认知（模型）。

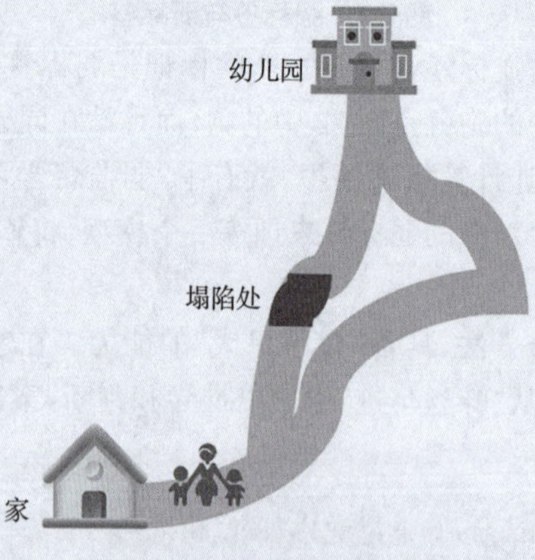

图6-9 强化学习案例

6.1.2 常见机器学习算法

本小节列出部分常见的机器学习算法。

1. 无监督学习算法

视 频

常见机器学习算法

常见的无监督学习算法有：

• K 均值聚类（*K*-means）：一种常用的聚类算法，它通过迭代更新簇的中心点，并将数据点分配到离其最近的中心点所代表的簇中，以实现簇的紧凑性并最小化簇内样本的方差。

• 基于密度的聚类算法（density-based spatial clustering of applications with noise，DBSCAN）：一种基于密度的聚类算法，能够有效识别具有不同密度的簇，并能处理异常值，通过定义核心对象和密度可达性来确定簇的形状与大小。

• 层次聚类（hierarchical clustering）：一种将数据点逐层分组的聚类方法，它能够以树状结构展示不同层次的聚类结果，通过合并或分裂簇来构建层次聚类结构。

• 主成分分析（PCA）：一种用于数据降维的技术，通过线性变换将原始数据映射到新的坐标系中，使得每个坐标轴的方差逐渐减小，以保留数据中的大部分信息。

• 独立成分分析（ICA）：一种通过寻找数据中统计上独立的成分来进行盲源分离的方法，通常用于从混合信号中分离出原始信号。

• t-分布随机邻域嵌入（t-distributed stochastic neighbor embedding，t-SNE）：一种用于高维数据降维到二维或三维的非线性技术，它能够保持数据点之间的局部相似性，常用于可视化高维数据结构。

• 孤立森林（isolation forest，iForest）：一种用于检测异常值的算法，通过随机选择特征和划分数据来构建森林，异常值通常在树的高度较低处被孤立。

• 局部离群因子（local outlier factor，LOF）：一种基于密度的离群检测方法，它通过比较每个数据点与其邻近点的密度来确定离群程度。

• 均值漂移（mean shift）：一种无参数的聚类算法，它通过密度估计的方式寻找数据点的局部最大值，从而确定聚类中心。

• 高斯混合模型（Gaussianmixture model，GMM）：一种概率模型，假设数据点是由多个高斯分布混合而成，通过最大化似然函数来估计模型参数。

• 小波变换（wavelet transform，WT）：一种时频分析技术，通过基于小波函数的变换可以同时获取时间和频率信息，常用于信号处理和图像压缩。

• 自编码器（autoencoder，AE）：一种无监督学习算法，通过学习将输入数据映射到自身来学习数据的有效表示，有助于降维和去噪。

• 非负矩阵分解（non-negative matrix factorization，NMF）：一种矩阵分解技术，将非负矩阵分解为两个或多个因子矩阵的乘积，常用于特征提取和话题建模。

• 优先连接（preferential attachment）：一种网络增长模型，认为新节点更倾向于连接到已有节点度数较高的节点，常用于解释网络中节点度分布的形成。

• 局部路径（local path）：一种社交网络分析方法，用于计算两个节点之间的路径长度和权重，以衡量节点之间的社交接近程度。

• 随机游走（random walk）：一种通过随机选择下一步行动来模拟随机过程的方法，常用于分析网络结构中节点之间的关系和影响力。

• Apriori 算法：一种用于频繁项集挖掘的经典算法，通过迭代产生候选项集和剪枝操作来发现数据中频繁出现的项集。

• 频繁模式增长算法（frequent oattern growth，FP-growth）：一种用于频繁项集挖掘的高效算法,通过构建 FP 树(频繁模式树)来发现数据中频繁项集。

• 潜在语义分析(latent semantic analysis,LSA):一种用于文本挖掘和信息检索的技术,通过奇异值分解将文本转换为低维语义空间表示。

• 潜在狄利克雷分配(latent dirichlet allocation,LDA):一种主题模型,用于发现文档集合中隐藏的主题结构,并推断每个文档的主题分布。

• 隐式狄利克雷过程(hierarchical dirichlet process,HDP):一种非参数贝叶斯方法,用于推断文档集合中的主题分布,并自动确定主题数目。

• 协同过滤(collaborative filtering,CF):一种推荐系统技术,根据用户行为数据(如评分或单击记录)预测用户对未知项目的喜好。

• 基于矩阵分解的推荐算法(matrix factorization-based recommendation):通过分解用户-项目评分矩阵来学习用户和项目的潜在特征表示,从而进行推荐。

• 变分自编码器(variational autoencoder,VAE):一种生成模型,结合自编码器和变分推断,用于学习复杂数据分布的低维潜在表示。

• 生成对抗网络(GAN):一种深度学习模型,通过博弈论的思想训练生成器和判别器,用于生成逼真的数据样本。

• Kohonen 自组织映射(kohonen self-organizing map,SOM):一种无监督学习神经网络,用于在输入数据中发现拓扑结构,常用于聚类和可视化。

• 神经气体(neural gas):一种无监督学习算法,通过模拟气体分子扩散的方式调整神经元位置,用于数据聚类和拓扑映射。

• 学习向量量化(learning vector quantization,LVQ):一种有监督学习算法,通过将输入向量映射到最接近的类别原型向量来进行分类。

2. 监督学习算法

常见的监督学习算法有:

• 线性回归:线性回归是一种用于建立变量之间线性关系的统计模型,通过拟合最佳直线来预测连续型输出。

• 逻辑回归:逻辑回归是一种用于处理分类问题的统计技术,通过拟合 S 形曲线(逻辑函数)来估计一个事件发生的概率。

• k 近邻:k 近邻是一种基于实例的学习方法,通过计算新样本与训练数据中 k 个最近邻的距离来进行分类或回归预测。

• 决策树:决策树是一种树状结构的分类器或回归器,通过一系列的分裂节点条件来逐步划分数据,并最终预测目标变量。

• 随机森林:随机森林是一种集成学习算法,通过构建多棵决策树并结合其预测结果来提高模型的泛化能力和准确性。

• 梯度提升树:梯度提升树是一种迭代的集成学习技术,通过逐步优化损失函数来构建一系列决策树,从而提高预测准确度。

• 支持向量机:支持向量机是一种用于分类和回归分析的监督学习模型,通过寻找最大间隔超平面来划分数据点。

• 朴素贝叶斯:朴素贝叶斯是一种基于贝叶斯定理和特征条件独立假设的分类算法,适用于大规模数据和文本分类任务。

• 神经网络:神经网络是一种模仿人脑神经元网络结构的机器学习模型,通过多层神经元进行特征学习和模式识别。

• 集成学习算法：集成学习算法通过结合多个分类或回归模型的预测结果，以平均或投票的方式提高整体模型的稳定性和准确性。

• 基于内容的推荐算法：基于内容的推荐算法，根据物品的属性和用户的偏好进行推荐，不依赖于其他用户的行为数据。

3. 半监督学习算法

常见的半监督学习算法有：

• 标签传播算法：标签传播算法是一种基于图的半监督学习方法，通过在图上传播标签信息来进行分类或聚类。

• 半监督支持向量机：半监督支持向量机是支持向量机的扩展，利用未标记数据来增强模型的性能和泛化能力。

• 协同训练：协同训练是一种半监督学习方法，通过在多个分类器之间共享信息来提高模型的性能。

• 半监督 K-means 聚类：半监督 K-means 聚类是一种半监督学习方法，结合了 K-means 聚类和标签信息来改进聚类结果。

• 变分自编码器(variational autoencoder，VAE)：变分自编码器是一种生成模型，通过结合自编码器和变分推断来学习复杂数据分布的潜在表示。

• 不确定性采样：不确定性采样是一种方法，用于在模型预测不确定性较高时，通过不同策略进行有效的样本选择或生成。

6.2　聚类分析

在图 6-10 所示的操场上，分散站立着一群人，人们的大脑经过信息加工，直观上可以得出这样的认识：这些人按照站立的位置似乎可以分为三个群，这就是人脑进行了聚类分析的结果。

视频

聚类分析

现在将图 6-10 中的人用数据来表示，操场上的全部人用数据集 S 表示，而每一个相对聚拢的人群用 C_i 表示，这些 C_i 是 S 的子集，可以得到图 6-11 所示的更加普遍的表示。假设聚类分析将一个没有类别标号的数据集 S 拆分成若干个子集 $C_i(i=1,2,\cdots,k)$，每个子集 C_i 称为一个簇，则所有簇构成的集合 $C=\{C_1, C_2,\cdots,C_k\}$称为数据集 S 的一个聚类。

图片

图 6-10

按照聚类的相似性度量标准，可分为以下几种：

• 基于距离的聚类算法：典型算法有 K-means、K-medoids、BIRCH、CURE 等。

• 基于密度的聚类算法：主要是依据合适的密度函数来聚类，典型算法有 DBSCAN、OPTICS 等。

• 基于层次的聚类方法：典型算法有 AGNES、DIANA、BIRCH、CURE 等。

• 基于互连性(linkage-based)的聚类算法：通常基于图或超图模型，高度连通的数据聚为一类。

图片

图 6-11

图 6-10　操场上的人群

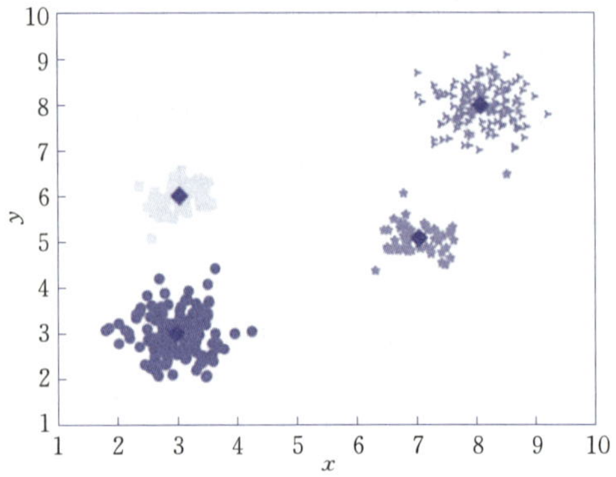

图 6-11　聚类效果示例

6.2.1　基于距离的聚类

基于距离的聚类算法用距离来衡量数据对象之间的相似度，采用距离作为相似性的评价指标，两个对象的距离越近其相似度就越大，K-means 算法是典型代表，该算法认为簇是由距离靠近的对象组成的，因此，把紧凑且独立的簇作为最终目标。

例 6-8　新生报到后开展集体活动，班级有 16 人，老师要求同学们分为 3 组（即聚类为三簇），自由组合，兴趣相投的人在一组，核心人物在每个组的中间。图 6-12 所示为同学们的站位，现在的任务是：老师如何使用 K-means 算法思想正确地识别出同学们的分组（聚类）。

老师采用"逐步求精"的思路，先大致聚类。通过观察，他随机选取 14 号、12 号和 9 号分别作为三个类的中心（质心），同学们离哪个质心近就被聚类到哪个簇，由此，得到了图 6-13 所示的第一轮聚类结果。

图 6-12　待聚类的同学们

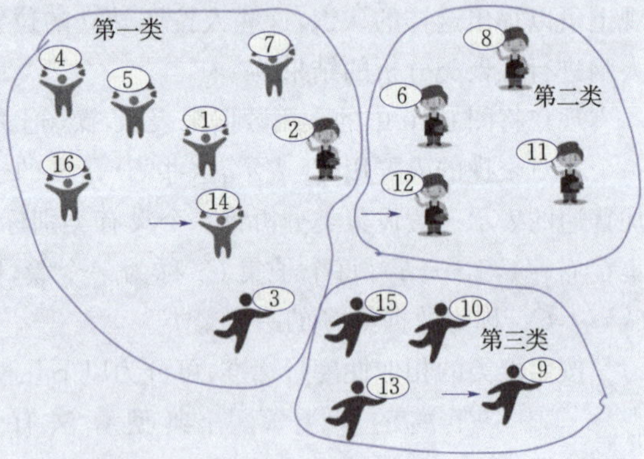

图 6-13　第一轮聚类

首先来看，刚才随机指定的三个类的质心现在是真的质心吗？看起来不是，需要调整。接下来找到每个类的新的真实质心，通过计算，很快就能确定 A、B、C 分别是三个类的中心（注意：质心不一定是真实的人所在的位置），如图 6-14 所示。再次看看离哪个质心近，聚类到距离最近的质心所在的类，得到图 6-15 的聚类结果。

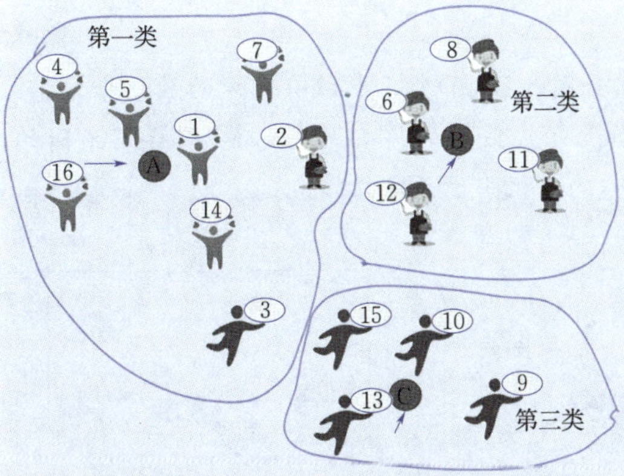

图 6-14　确定每个类新的新中心

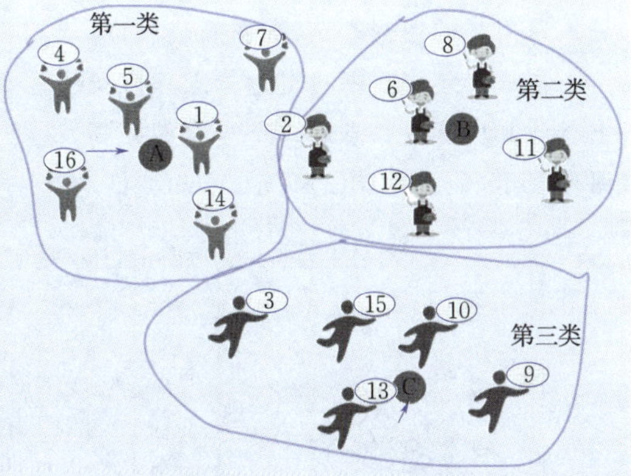

图 6-15　第二轮聚类效果

K-means 算法完美模拟了人类的这种聚合思想，要求用户事先给出簇的数目，即 K 要已知，先随机选择 K 个质心(核心点)数据，其他数据点归入质心最近的簇，对象到质心的距离通常要用欧氏距离进行计算，形成了簇后，重新计算簇的质心，然后以新的质心重新计算距离并重新形成簇，以此往复。

算法 6-1　K-means 聚类算法。

输入：簇的数目 K 和包含 n 个数据对象的数据集 D。

输出：K 个簇的集合。

步骤：

(1)从数据集 D 中任意选择 K 个对象作为初始簇的质心。

(2)计算每个对象与各簇质心的距离(如欧氏距离)，并将对象划分到距离其最近的簇。

(3)把所有数据归好集合(簇)后，一共有 K 个集合(簇)，然后重新计算每个集合的质心。

重复执行(2)～(3)步，直到簇中的对象不再变化(满足终止条件)。

例 6-9　为了让读者更加清楚地看到 K-means 算法处理流程和效果，随机生成 40 个点位数据如图 6-16 所示，采用 K-means 算法进行聚类。设置 $K=3$，初始时随机选择三个点，如图 6-17 中箭头所指，分别用三种不同的形状表示。

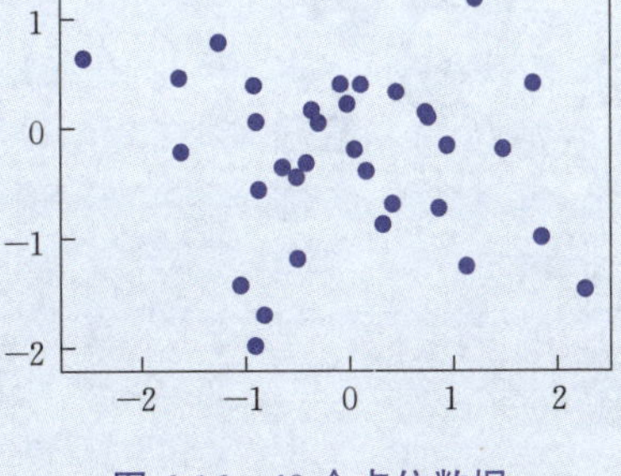

图 6-16　40 个点位数据

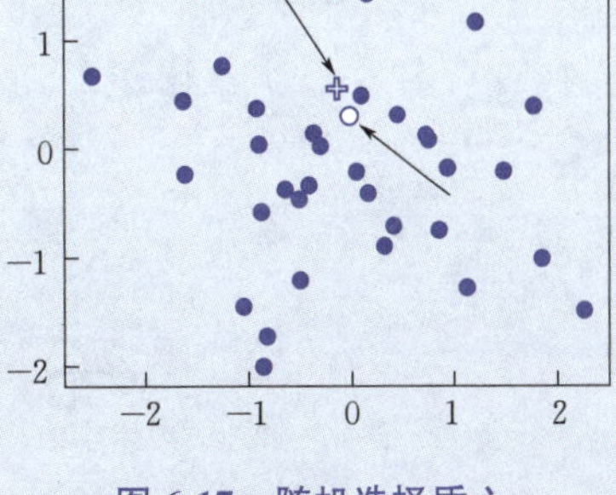

图 6-17　随机选择质心

所有数据点计算与这三个质心的距离，加入距离最近的质心所在的群，图中同一群的数据点用同样的图形表示，如图6-18(a)所示。

在三个簇中重新确定中心点作为新的质心，如图6-18(b)所示。放弃刚才的簇划分方案，重新计算所有数据点到三个质心的距离，选择加入距离最近的质心所在的簇，同样用不同的图形表示，如图6-18(c)所示，依此类推，直到质心的变化小于预定的阈值5。

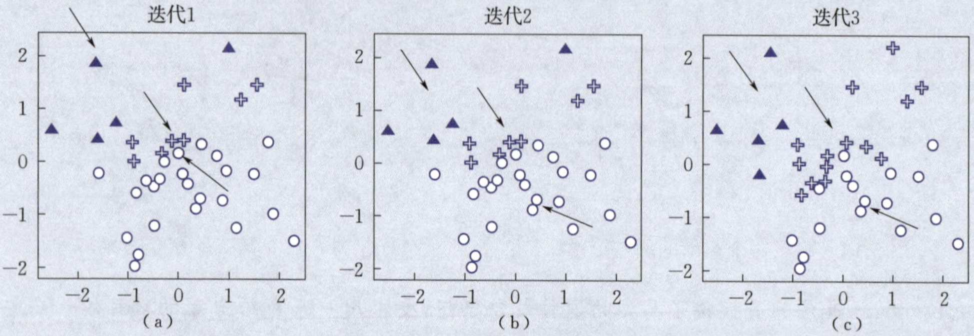

图6-18　K-means算法聚类效果

从上面的流程可见，K-means算法中的 K 由用户决定，算法收敛的速度和结果很容易受初始质心的影响。K-means算法适合数值类型的数据，重新计算的簇的质心就是簇中所有对象在每一维属性上的均值组合而成的虚拟点，并非实际存在的数据点。K-means算法对噪声和离群点(孤立点)敏感，因为它们的存在会对均值的计算产生明显影响。

6.2.2　基于密度的聚类

DBSCAN算法参见案例6-10。

例6-10　图6-19显示了某山区居民的住房位置，从图中直观地看出，A、B、C、D、E是一个居住群，F、G、H、I是一个居住群，J、K、L、M、N是一个居住群，通常认为O和P远离居住群，为什么有这样的判断呢？

图6-19　群居与离群独居示意

仔细研究，可以发现是基于以下事实做出上述判断的：

(1)如果两家的房屋比较近，则认为他们是邻居。

(2)如果邻居比较多(例如图 6-19 中四家彼此是邻居)，则认为是一个居住群。

图 6-19 所示中的 A、B、C、D、E 满足这两个条件，F、G、H、I 满足这两个条件，J、K、L、M、N 也满足这两个条件。O 和 P 虽然满足第一个条件，但是不满足第二个条件，则还是认为 O 和 P 是远离了居住群，也就是异常点。

DBSCAN 算法的思路如图 6-20 所示，DBSCAN 算法通过两个参数来定义聚类的方式：

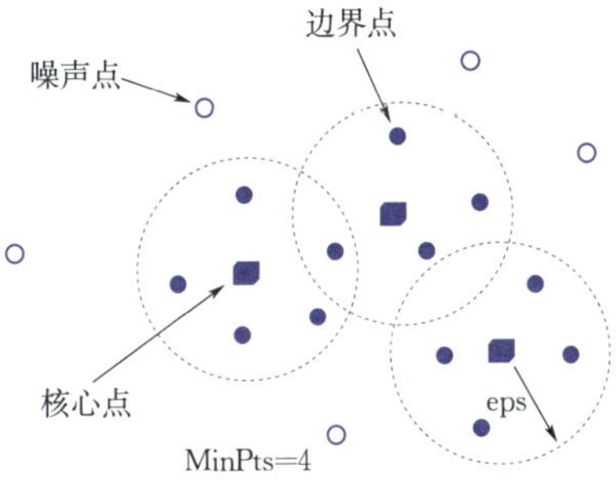

图 6-20　DBSCAN 算法示意

视 频

基于密度的聚类

(1)eps(邻域距离阈值)：用于确定一个点的邻域范围。两个点之间的距离小于 eps 则它们被认为是邻居。

(2)MinPts(最小样本数阈值)：用于定义一个核心点的最小邻居数。如果一个点的邻居数不少于 min_samples，那么它被视为核心点。

DBSCAN 根据这两个参数将数据点分成核心点、边界点和噪声点。一旦数据点被划分为噪声点，就可以将其视为异常点。

(1)核心点：在半径 eps 内至少有 MinPts 个其他数据点的数据点被视为核心点。

(2)边界点：在半径 eps 内包含核心点但不满足最小样本数要求的数据点被视为边界点。

(3)噪声点：既不是核心点也不是边界点的数据点被视为噪声点。

算法 6-2　DBSCAN 算法。

输入：包含 n 个数据对象的数据集 D、eps(邻域距离阈值)、MinPts(最小样本数阈值)。

输出：K 个簇的集合。

步骤：

(1)算法通过任意选取数据集中的一个点(直到所有的点都访问到)来运行。

(2)如果在该点的 eps 半径范围内至少存在 MinPts 点，那么认为所有这些点都属于同一个聚类。

(3)通过递归地重复步骤(1)、步骤(2)，对每个相邻点的邻域计算来扩展聚类。

DBSCAN 算法关键在于给定阈值 ε 的选择，若选择的半径过大，则会导致聚类效果较差，导致产生的簇过少，分类的效果不好。若选择的半径过小，则会导致产生的簇过多。接下来，再来看看计算机模拟出的 DBSCAN 算法的流程效果。

例 **6-11** 随机生成 50 个点位数据，如图 6-21 所示。

设置 esp=0.4，minPts=3，运行 DBSCAN 算法依次生成各个簇的效果如图 6-22 所示。

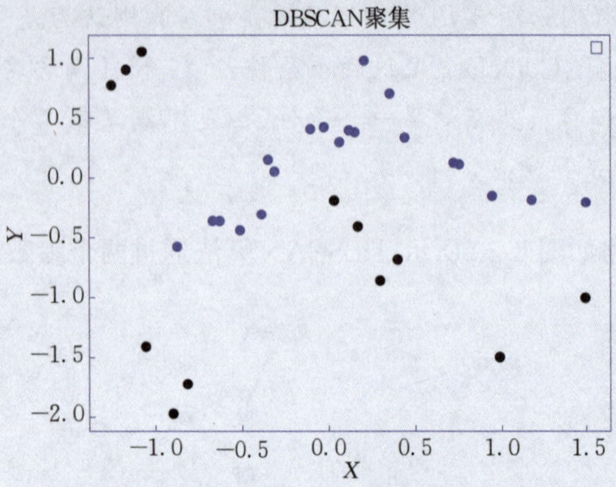

图 6-21　原始数据点

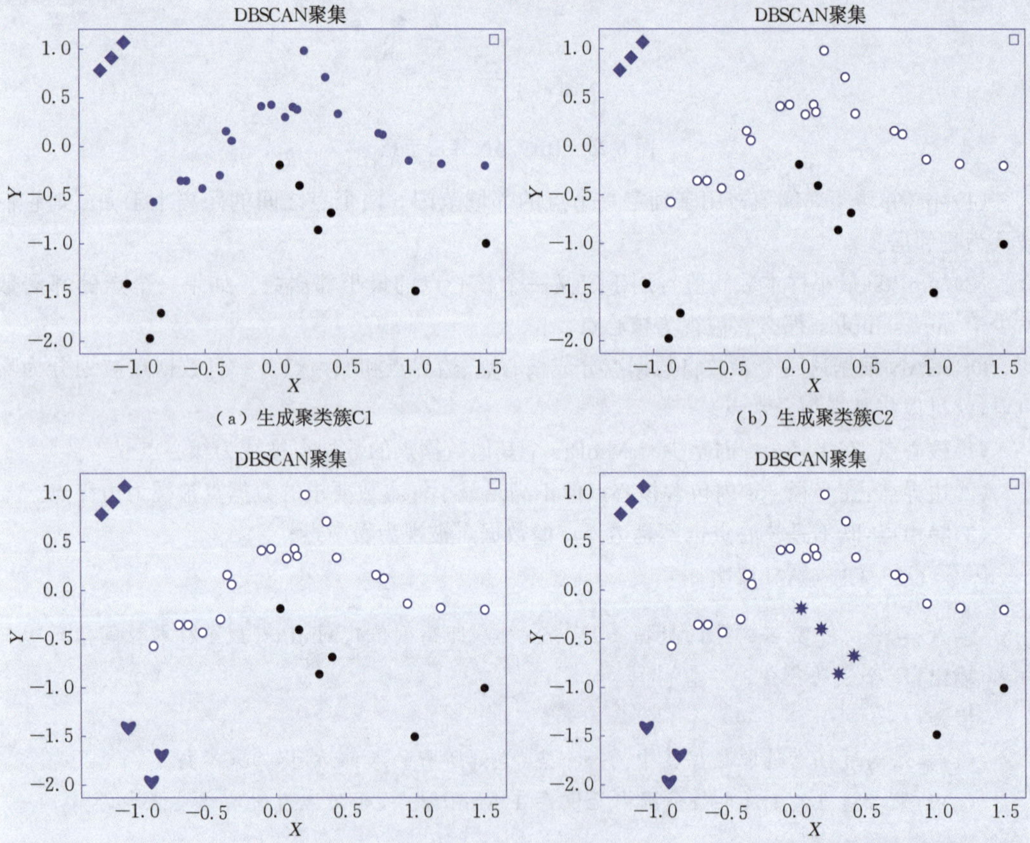

（a）生成聚类簇C1　（b）生成聚类簇C2　（c）生成聚类簇C3　（d）生成聚类簇C4

图 6-22　DBSCAN 算法的效果展示

6.2.3　层次聚类

层次聚类是一种无监督学习中的聚类方法，它将样本聚合到层次化的类中，试图在不同层次对数据集进行划分，从而形成树形的聚类结构。

AGNES算法是一种采用自底向上聚合策略的层次聚类算法，它先将数据集中的每个样本看作一个初始聚类簇，然后在算法运行的每一步中找出距离最近的两个聚类簇进行合并，该过程不断重复，直至达到预设的聚类簇个数。聚类簇间的距离计算：

视 频

层次聚类算法

最小距离：

$$d_{\min}(C_i,C_j)=\min_{x\in C_i,z\in C_j}\text{dist}(x,z) \tag{6-1}$$

最大距离：

$$d_{\max}(C_i,C_j)=\max_{x\in C_i,z\in C_j}\text{dist}(x,z) \tag{6-2}$$

平均距离：

$$d_{\text{avg}}(C_i,C_j)=\frac{1}{|C_i||C_j|}\sum_{x\in C_i}\sum_{z\in C_j}\text{dist}(x,z) \tag{6-3}$$

显然，最小距离由两个簇的最近样本决定，最大距离由两个簇的最远样本决定，而平均距离则由两个簇的所有样本共同决定。当聚类簇距离由 d_min、d_max、d_avg 计算时，AGNES 算法被相应地称为“单链接”、“全链接”或者“均链接”算法。

例 6-12　如图 6-23 所示，初始数据集是 a、b、c、d、e、f、g，从 Step0 到 Step6 逐渐聚合。

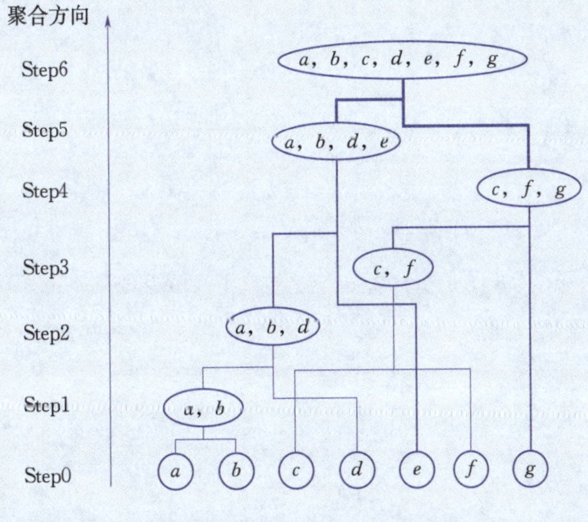

图 6-23　AGNES 算法示意

(1)原始状态，有 7 个待聚合的元素，每个元素都是一个簇，分别是：$\{a\}$、$\{b\}$、$\{c\}$、$\{d\}$、$\{e\}$、$\{f\}$、$\{g\}$。

(2)通过计算，得知 a 和 b 的距离最小，因此聚合 a 和 b，产生新的簇 $\{a,b\}$，此时，有簇 $\{a,b\}$、$\{c\}$、$\{d\}$、$\{e\}$、$\{f\}$、$\{g\}$。

(3)通过计算，目前 $\{a,b\}$ 和 $\{d\}$ 的距离最小，因此聚合 $\{a,b\}$ 和 $\{d\}$，产生新的簇 $\{a,b,d\}$，此时，有簇 $\{a,b,d\}$、$\{c\}$、$\{e\}$、$\{f\}$、$\{g\}$。

(4)通过计算，目前 $\{c\}$ 和 $\{f\}$ 的距离最小，因此聚合 $\{c\}$ 和 $\{f\}$，产生新的簇 $\{c,f\}$，此时，有簇 $\{a,b,d\}$、$\{c,f\}$、$\{e\}$、$\{g\}$。

(5)通过计算，目前 $\{c,f\}$ 和 $\{g\}$ 的距离最小，因此聚合 $\{c,f\}$ 和 $\{g\}$，产生新的簇 $\{c,f,g\}$，此时，有簇 $\{a,b,d\}$、$\{c,f,g\}$、$\{e\}$。

(6)通过计算，目前 $\{a,b,d\}$ 和 $\{e\}$ 的距离最小，因此聚合 $\{a,b,d\}$ 和 $\{e\}$，产生新的簇 $\{a,b,d,e\}$，此时，有簇 $\{a,b,d,e\}$、$\{c,f,g\}$。

(7)聚合现有的两个簇，产生新的簇 $\{a,b,c,d,e,f\}$。

算法 6-3 AGNES 算法。

输入：包含 n 个数据对象的数据集。

输出：不同 K 层次上的聚类结果。

步骤：

(1)开始将每个样本各自分到一个簇。

(2)将相距最近的两簇合并，建立一个新的簇。

(3)重复此操作直到满足停止条件。

令 AGNES 算法一直执行到所有样本出现在同一个簇中，即 $k=1$，则可得到树状图(dendrogram)在树状图的特定层次上进行分割，则可得到相应的簇划分结果示。

例 6-13 随机生成 40 个点位数据如图 6-24 所示，用以展示 AGNES 算法的效果。分别设置 k 为 7～4，运行 AGNES 算法，生成 7～4 个聚类簇的效果，如图 6-25 至图 6-28 所示。

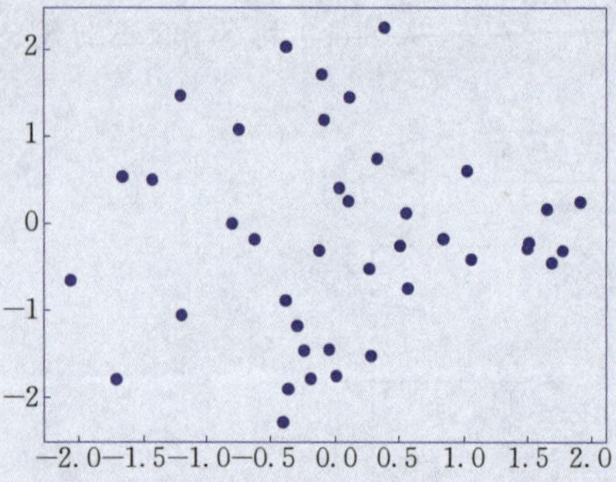

图 6-24 原始数据点

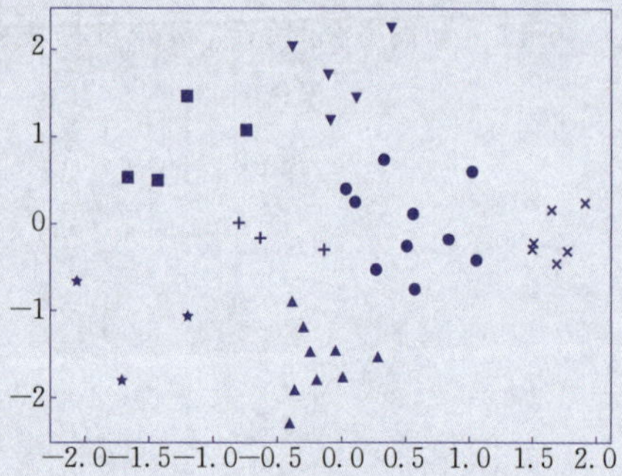

图 6-25 聚类簇数 $k=7$ 的 AGNES 算法效果

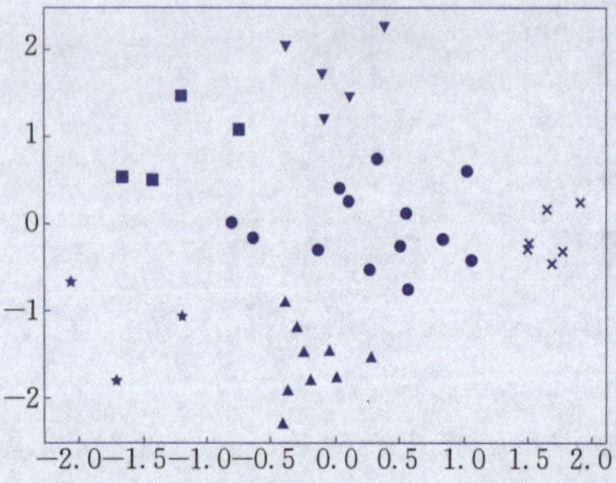

图 6-26 聚类簇数 $k=6$ 时的 AGNES 算法效果

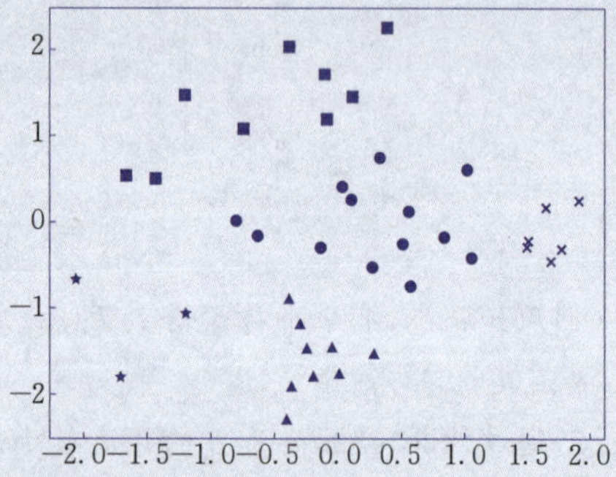

图 6-27 聚类簇数 $k=5$ 时的 AGNES 算法效果

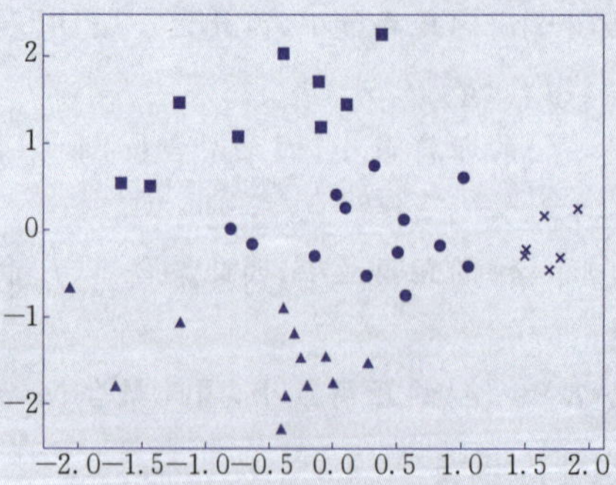

图 6-28 聚类簇数 $k=4$ 时的 AGNES 算法效果

6.3　回归分析算法

还是以图 6-19 的住户为例，为了方便大家出行，村长组织大家出资出力共同修建一条路(见图 6-29)，让此路经过全体住户的门口，换言之，这条路串起了所有的住户。对于这条路的设计师来说，他的任务是根据这些住户的地点来设计路线，即根据数据点拟合出一条线，这就是一个回归分析的典型应用。

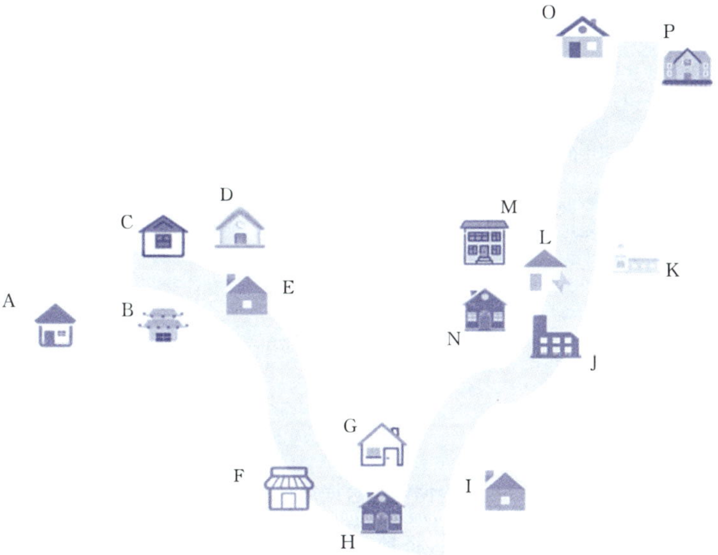

图 6-29　回归分析——修一条能串起住户的路

在中学的时候学习过线性函数 $y=f(x)$，图 6-30 中描述了习惯的根据自变量 x 计算出函数值 y，给定一个函数 $y=3x_1+9x_2+1$，该函数对应图中的直线，给定一些自变量，根据函数就

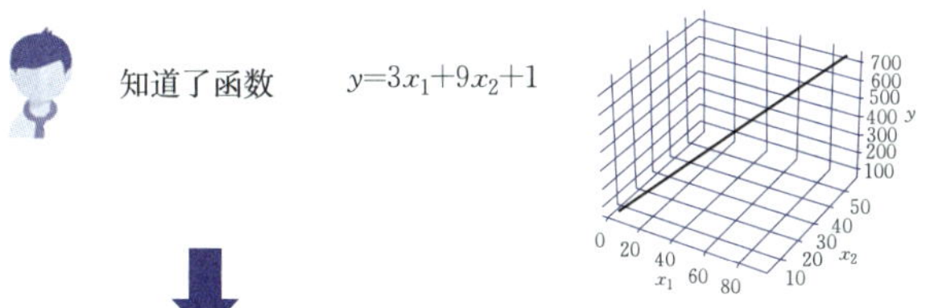

知道了自变量

序号	x_1	x_2	y
1	3	7	
2	26	16	
……			

计算出函数值 y

序号	x_1	x_2	y
1	3	7	73
2	26	16	223
……			

图 6-30　根据函数和自变量计算出函数值

能得到函数值。

如果给出这批数据，却不说明这些数据中的 y 是根据函数 $y=3x_1+9x_2+1$ 计算出来的，你能否知道这些 y 与 x_1 和 x_2 之间存在的线性函数关系呢？在实际的业务处理中，常常仅仅从某个业务中获得了一个数据集，不清楚这些数据之间的函数关系，甚至不清楚它们之间是否存在线性关系，需要去挖掘它们之间的关系，如图 6-31 所示。

序号	x_1	x_2	y
1	3	7	73
2	26	16	223
……			

我们来试试这些数据是否存在线性关系，其线性函数的一般形式是：$y=\beta_1x_1+\beta_2x_2+\varepsilon$。

根据数据集中的数据，计算出函数中的 β_1、β_2 和 ε 的值。

现在可以确定这些数据满足函数：$y=3x_1+9x_2+1$。

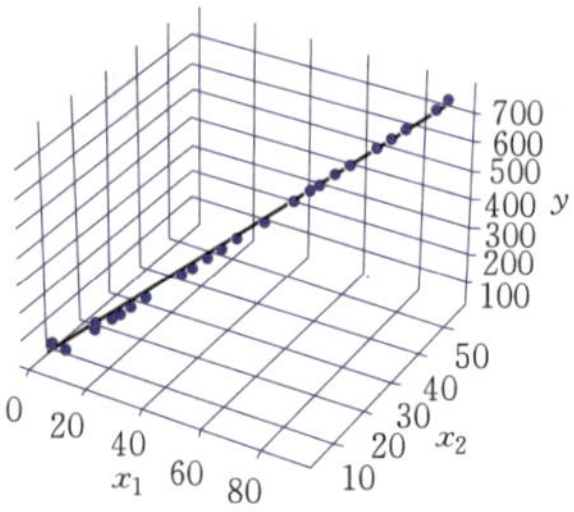

图 6-31　根据训练数据集进行回归分析

假设 x_1、x_2 和 y 之间存在线性关系，将数据集分为训练集和测试集，用训练集去判断出线性函数的参数，一旦参数确定了，函数就确定了。

为了测试得到的函数是否准确，再用测试集数据去测试，这就是性能评估，如果性能评估结果比较好，就找到了这些数据集符合的线性函数，这个工作过程称为“回归分析”。如果性能评估的结果不好，则要怀疑可能数据集不存在线性关系。

回归分析研究因变量（目标）和自变量（预测器）之间的关系，因变量通常是实际问题中所关心的一类指标，用 Y 表示，而影响因变量取值的另一类变量称为自变量，用 X 来表示。回归分析将具有相关关系的变量之间的数量关系进行测定，通过建立一个数学表达式进行统计估计和预测。一般把作为估测依据的变量叫作**自变量**，待估测的变量称为**因变量**，研究因变量与另一个或多个自变量之间的依存关系，反映自变量和因变量之间联系的数学表达式称为**回归方程**，某一类回归方程的总称为**回归模型**。

回归分析按照涉及的变量多少可分为一元回归分析和多元回归分析；按照自变量和因变量之间的关系类型可分为线性回归分析和非线性回归分析。

6.3.1　线性回归分析

1. 一元线性回归分析

线性回归（linear regression）是一种最基本的监督学习算法，目的是找到一个线性函数，能最好地拟合自变量和因变量的关系。如果在回归分析中只包括一个因变量和一个自变量，且二者的关系可用式(6-4)来模拟，这种回归分析称为**一元线性回归分析**。

$$y=\beta_0+\beta_1 x+\varepsilon \tag{6-4}$$

式中，y 是因变量；x 是自变量；β_1 是回归系数（回归直线的斜率）；β_0 是常数项（回归直线在纵坐标轴上的截距）；ε 是随机误差，满足条件 $E\varepsilon=0$、$D\varepsilon=\sigma^2$。

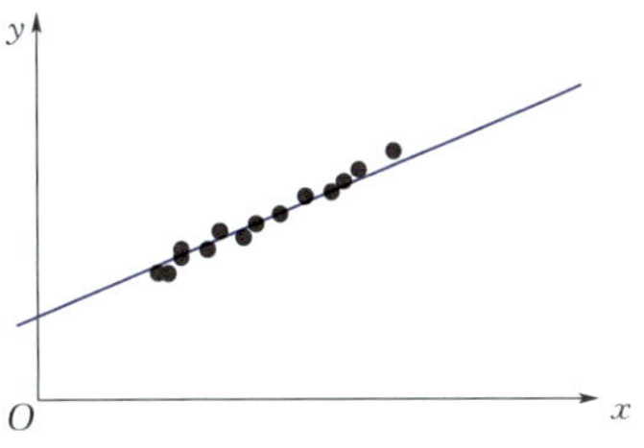

图 6-32　一元线性回归示例

设获得的数据为 $(x_1,y_1),(x_2,y_2),\cdots,(x_i,y_i),\cdots(x_n,y_n)$，如图 6-32 所示，似乎能找到一条直线去拟合 y 与 x 的关系。模型中的回归参数是未知的，要对模型参数进行估计，需要从总体样本中抽取获得数据，并通过特定计算方法来确定参数的值，通常使用最小二乘法、矩方法和极大似然方法。下面以最小二乘法为例介绍计算过程。

将回归模型式(6-4)应用于每个样本得到：

$$y_i=\beta_1 x_i+\beta_0+\varepsilon_i \qquad i=1,2,3,\cdots,n \tag{6-5}$$

式(6-5)称为**样本回归模型**，来自同一总体的不同样本，其回归模型具有不同的误差项 ε_i。

最小二乘法通过最小化误差的平方和寻找数据的最佳函数匹配，即确定最佳的模型参数。求参数 β_0、β_1 估计的最小二乘法是使因变量的观察值与估计值之间的误差平方和最小，从而得到 $\hat{\beta}_0$ 和 $\hat{\beta}_1$。

由于 $\hat{y}_i=\hat{\beta}_0+\hat{\beta}_1 x_i$，$\Delta y=y_i-\hat{y}_i$ 为残差，**残差平方和**定义为：

$$RSS(\beta_0,\beta_1)=\sum_{i=1}^{n}(y_i-\hat{y}_i)^2=\sum_{i=1}^{n}(y_i-\hat{\beta}_0-\hat{\beta}_1 x_i)^2 \tag{6-6}$$

根据微积分求极值原理，通过求偏导并置为 0 得到：

$$\begin{cases}\dfrac{\partial Q}{\partial \hat{\beta}_0}=-2\displaystyle\sum_{i=1}^{n}(y_i-\hat{\beta}_0-\hat{\beta}_1 x_i)=0\\ \dfrac{\partial Q}{\partial \hat{\beta}_1}=-2\displaystyle\sum_{i=1}^{n}(y_i-\hat{\beta}_0-\hat{\beta}_1 x_i)x_i=0\end{cases} \tag{6-7}$$

求解该方程组得到：

$$\begin{cases}\hat{\beta}_1=\dfrac{\displaystyle\sum_{i=1}^{n}(x_i-\bar{x})(y_i-\bar{y})}{\displaystyle\sum_{i=1}^{n}(x_i-\bar{x})^2}\\ \hat{\beta}_0=\bar{y}-\hat{\beta}_1\bar{x}\end{cases} \tag{6-8}$$

式中，$\bar{x}=\dfrac{1}{n}\displaystyle\sum_{i=1}^{n}x_i$；$\bar{y}=\dfrac{1}{n}\displaystyle\sum_{i=1}^{n}y_i$。

将参数带入方程，即可得到回归方程。

用以上方式得到的一元线性回归模型准确性怎样呢？常用的模型的方差估计来估计误差。线性回归方程中的误差项 ε_i 表示因变量中不能解释由 x_i 表达的部分，误差项方差 σ^2 代表了误差项 ε_i 的随机程度，有兴趣的读者请自行通过其他方式学习。

2. 多元线性回归分析

如果在回归分析中包括一个因变量和多个自变量，且因变量和自变量的关系可用式(6-9)来模拟，这种回归分析称为**多元线性回归分析**。回归线使用最佳的拟合直线，在因变量(Y)和一个或多个自变量(x_i)之间建立一种关系。

$$Y=k_1x_1+k_2x_2+\cdots+k_ix_i+\cdots+k_nx_n+b \tag{6-9}$$

残差平方和(residual sum of squares,RSS)为：

$$RSS=\sum_{i=1}^{n}(y_i-\hat{y}_i)^2 \tag{6-10}$$

最小二乘法即最小化残差评分和，为：

$$J_\beta(\beta)=\underset{\beta}{\mathrm{argmin}}(y-\boldsymbol{X}\beta)^{\mathrm{T}}(y-\boldsymbol{X}\beta) \tag{6-11}$$

求解为：

$$\beta=(\boldsymbol{X}^{\mathrm{T}}\boldsymbol{X})\boldsymbol{X}^{\mathrm{T}}y \tag{6-12}$$

多元线性回归的基本原理和计算过程与一元线性回归相同，为理解上述计算公式，建议读者复习《线性代数》中的相关内容。由于自变量个数多，计算相当麻烦，一般在实际应用时都要借助统计软件。线性回归的优点是简单易懂，计算效率高，但缺点是不能处理非线性的关系，也不能处理分类问题。

6.3.2 岭回归

在线性回归分析中，求解 β 需要假设 $\boldsymbol{X}^{\mathrm{T}}\boldsymbol{X}$ 为满秩矩阵，但是，在现实任务中 $\boldsymbol{X}^{\mathrm{T}}\boldsymbol{X}$ 往往不是满秩矩阵，或者说某些列之间的线性相关性比较大，$\boldsymbol{X}^{\mathrm{T}}\boldsymbol{X}$ 的行列式接近于0(奇异)，此时计算误差会很大，在多元回归分析中，可得到无穷多个解，即特征(属性)之间会出现多重共线问题，使用最小二乘法估计系数会出现系数不稳定问题，尽管最小二乘法测得的估计值不存在偏差，它们的方差也会很大，从而使得观测值与真实值相差甚远，这时就需要使用岭回归(ridge regression)分析。

为了解决这个问题，在矩阵 $\boldsymbol{X}^{\mathrm{T}}\boldsymbol{X}$ 的对角线元素上加入一个小的常数 λ，然后取其逆求得系数：

$$\hat{\beta}_{\mathrm{ridge}}=(\boldsymbol{X}^{\mathrm{T}}\boldsymbol{X}+\lambda\boldsymbol{I}_n)^{-1}\boldsymbol{X}^{\mathrm{T}}\boldsymbol{Y} \tag{6-13}$$

式中，$\boldsymbol{I}_n$ 是单位矩阵，对角线全部是1；λ 是岭系数，改变其数值可以改变单位矩阵对角线的值。

代价函数在RSS的基础上加入了对系数值的惩罚，成为：

$$J_\beta(\boldsymbol{\beta})=\mathrm{RSS}+\lambda\sum_{j=0}^{n}\beta_j^2=\mathrm{RSS}+\lambda\,||\boldsymbol{\beta}||^2 \tag{6-14}$$

矩阵形式为：

$$J_\beta(\boldsymbol{\beta})=\sum_{i=1}^{p}(y_i-X_i\boldsymbol{\beta})^2+\lambda\sum_{j=0}^{n}\beta_j^2 \tag{6-15}$$

式中，β_j 是 p 个特征中的第 j 个特征的系数；λ 是超参数，用来控制对 β_j 的惩罚强度，λ 值越大，生成的模型就越简单。

岭回归是一种改良的最小二乘估计，以损失部分信息、降低精度为代价获得回归系数，对存在离群点的数据的拟合要强于最小二乘法。

例6-14 随机生成25个存在多重共线性的数据点，并添加异常点，分别使用线性回归和岭回归来拟合数据点，运行效果图如图6-33所示，在拟合模型(直线)中引入少量偏差形成新拟合模型(虚线)，并以此为代价减少拟合模型的方差，使新拟合模型在测试数据中的表现更好，降低标准误差。

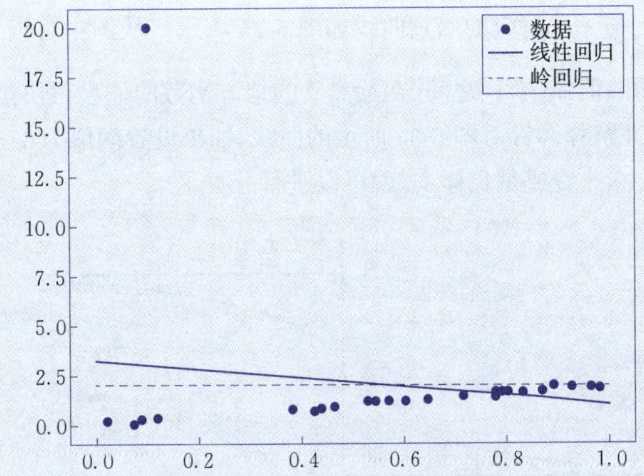

图 6-33　线性回归与岭回归案例

6.3.3　多项式回归

在线性回归中，是寻找一条直线来尽可能地拟合数据，但是在大部分情况下，并不能满足简单的线性回归，如图 6-34(a)所示，此时最佳拟合线不是直线，而是一个用于拟合数据点的曲线。回归方程中自变量的指数大于 1，方程形如 $y=a+bx^2$，如图 6-34(b)所示，这种特殊的回归方法被称为多项式回归。

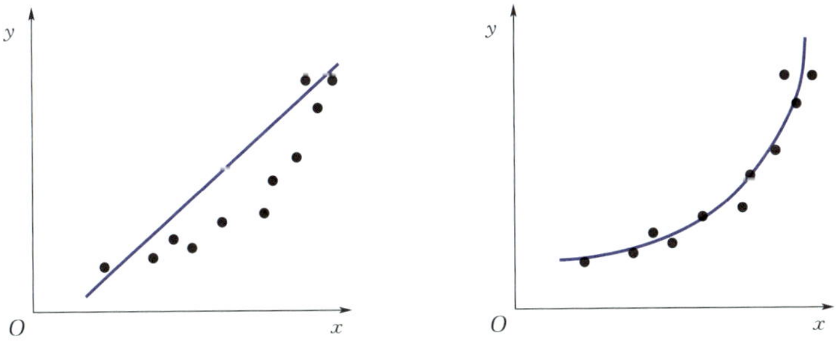

图 6-34　线性回归与多项式回归案例

多项式回归研究一个因变量与一个或多个自变量间的多项式关系，自变量只有一个时，称为**一元多项式回归**，自变量有多个时，称为**多元多项式回归**。

在一元回归分析中，如果变量 y 与自变量 x 的关系为非线性的，但是又找不到适当的函数曲线来拟合，则可以采用一元多项式回归。一元 m 次多项式回归方程为：

$$\hat{y}=b_0+b_1x+b_2x^2+\cdots+b_mx^m \tag{6-16}$$

二元二次多项式回归方程为：

$$\hat{y}=b_0+b_1x_1+b_2x_2+b_3x_1^2+b_4x_2^2+b_5x_1x_2 \tag{6-17}$$

6.3.4　逻辑回归

逻辑回归(logistic regression)是一种用于处理分类问题的监督学习算法，目的是找到一个逻辑函数，使得它能够最好地划分不同类别的输入。在介绍逻辑回归之前，先了解 Sigmoid 函数，

其数学表达是 $s(t)=\dfrac{1}{1+e^{-z}}$，对应的函数曲线如图 6-35 所示。从图中可以看到 sigmoid 函数是一个 S 形的曲线，它的取值在[0，1]之间，在远离 0 的地方函数的值会很快接近 0 或者 1，这个性质能够以概率的方式来解释。针对图 6-35 所示的曲线，如果设置阈值为 0.5，那么 s 大于 0.5 可以看成是正样本，小于 0.5 看成是负样本，就可以进行分类了。

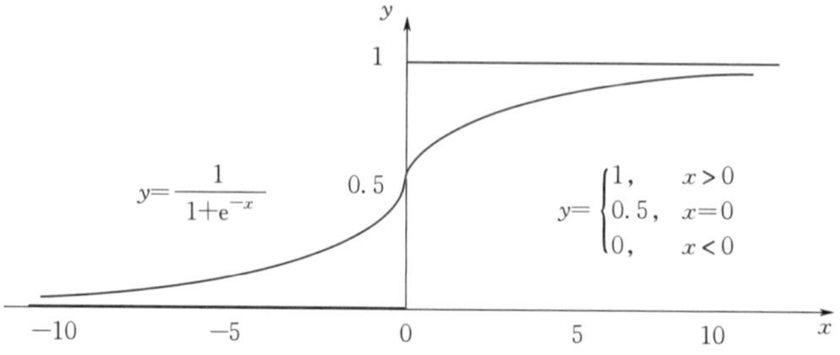

图 6-35　Sigmoid 函数

Sigmoid 函数具有这样的特点：当自变量大于某个值时，函数值越来越接近 1，当自变量小于某个值时，函数值越来越接近 0，换言之，随着自变量向两个方向变化，函数值要么奔向 1，要么奔向 0，显然是分成了 1 和 0 两大阵营，利用这个特性来进行分类。Sigmoid 公式中的 x 是自变量，但还可以将关于 x 的一个函数的值作为 Sigmoid 的自变量，如图 6-36 所示。

选择 0.5 作为阈值是一般的做法，实际应用时特定的情况可以选择不同阈值，如图 6-37 所示。如果对正例的判别准确性要求高，可以选择阈值大一些，如果对正例的召回要求高，则可选择阈值小一些。

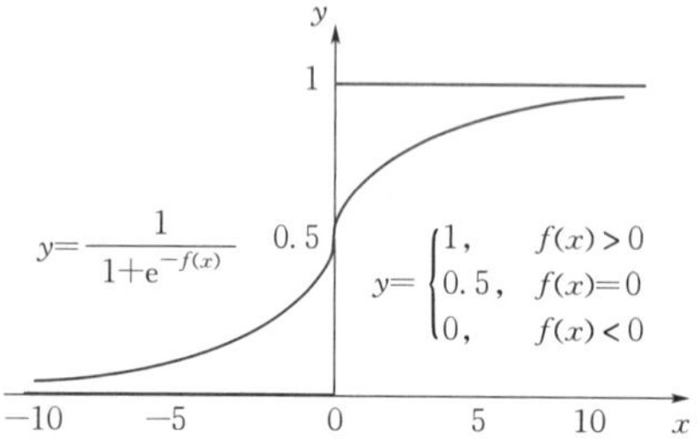

图 6-36　函数值作为自变量的 Sigmoid 函数

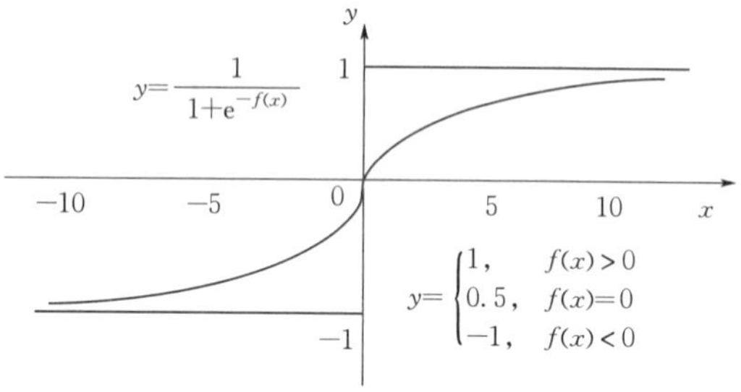

图 6-37　将 0 作为阈值的 Sigmoid 函数

逻辑回归的因变量可以是二分类的，也可以是多分类的，二分类的更为常用。当因变量的类型属于二元（1/0，真/假，是/否）变量时，应该使用逻辑回归。

6.3.5　逐步回归

前面的介绍中，首先都确定了 x 与 y，直奔主题去挖掘 x 与 y 之间的关系，事实上，这是一个比较理想化的情形，但拿到的数据很可能比较繁杂，在若干个 x 中，有些与 y 有关系，有些与 y 可能没有关系，或者关系不大，如果把所有的 x 项一起拿来做回归分析，杂质太多，很可能就得不到希望的结果。

关于苹果的数据项，得到了：形状 x_1、重量 x_2、甜度 x_3、颜色 x_4、色泽 x_5、斑点 x_6、脆度 x_7、蒂部凹陷程度 x_8、生长的纬度 x_9、灌溉树的水酸碱度 x_{10}、土壤酸碱度 x_{11} 等，如果此时要评估的是苹果的新鲜程度 y，显然，与其中的形状、甜度等数据项无关。面对纷繁复杂的数据项，到底应该选取哪些数据项参与回归分析呢?

逐步回归(stepwise regression)分析方法的基本思路是自动从大量可供选择的变量中选取最重要的变量,建立回归分析的预测或者解释模型。

将自变量逐个引入,引入的条件是其偏回归平方和经检验后是显著的。每引入一个新的自变量后,要对旧的自变量逐个检验,通常选一个偏回归平方和最小的变量,在预先给定的水平下进行显著性检验,若显著,则该变量不必从回归方程中剔除,这时方程中其他几个变量也都不需要剔除(因为其他几个变量的偏回归平方和都大于最小的一个,更不需要剔除)。相反,如果不显著,则该变量需要剔除,然后按偏回归平方和由小到大地依次对方程中其他变量进行检验。将对影响不显著的变量全部剔除,保留的都是显著的。这样一直边引入边剔除,直到既无新变量引入也无旧变量删除为止,其实质是建立"最优"的多元线性回归方程。

例 6-15　如图 6-38 所示,待测属性有 11 项,首先随机选取其中的一个属性进行回归分析,然后检测其显著性,如果显著,则保留该属性在当前测试属性集中。

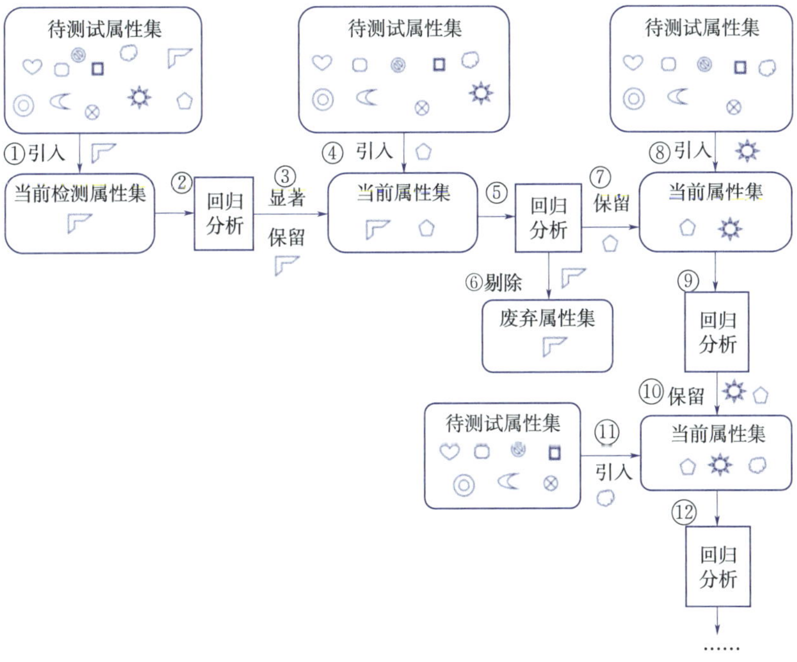

图 6-38　逐步回归示意

具体步骤如下:

①从待测属性集中选择属性 进入当前属性集,此时当前属性集中的属性有 。

②针对当前测试属性集中的属性进行回归分析。

③发现具备显著效果,因此,保留此属性(在当前属性集中)。

④继续从待测属性集中选择一个属性 ,进入当前属性集,此时当前属性集中的属性有 。

⑤针对当前测试属性集中的属性进行回归分析。

⑥回归分析发现属性 的效果不显著,因此,剔除该属性。

⑦回归分析发现属性 的效果显著,因此,保留该属性。

⑧继续从待测属性集中选择一个属性✲，进入当前属性集，此时当前属性集中的属性有⬠✲。

⑨针对当前测试属性集中的属性进行回归分析。

⑩回归分析发现属性⬠✲的效果显著，因此保留这些属性。

⑪继续从待测属性集中选择一个属性☁，进入当前属性集，此时当前属性集中的属性有⬠✲☁。

⑫针对当前测试属性集中的属性进行回归分析。

⑬重复上述处理，直到带测试属性集为空。

6.4 决策树学习

决策树是一种基本的分类与回归算法，它以一种树结构形式来表达预测分析模型。可以简单地将其概括为它是由一个个“决策”所组成的树，放“决策依据”的是非叶节点，放“决策结果”的是叶节点。

例6-16 图6-39所示是一棵旅游的决策树，是否旅游先要看看是否有时间，如果加班就不能旅游，如果放假就计划旅游；接下来订票，如果买到了车票就直接出发去旅游，如果没有买到车票就考虑自驾；自驾出发前还需要了解沿途的交通情况，如果交通拥挤就取消旅游计划，如果交通不拥挤就开启自驾游。

视频

决策树分析

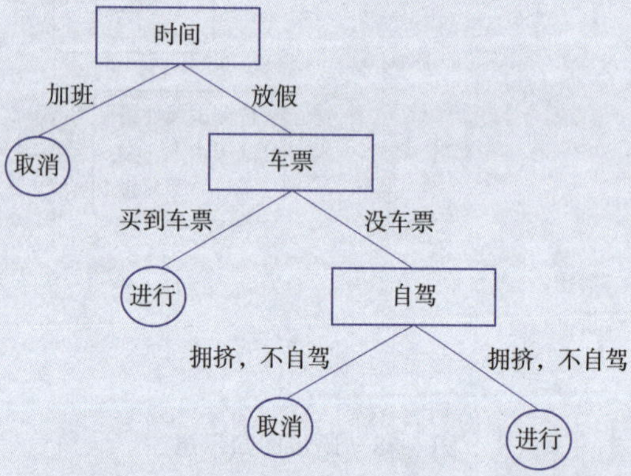

图6-39 关于旅游的决策树

在这个案例中，有“时间、车票、自驾”三个需要考虑的属性，有“进行、取消”两个结果，逐个检测每个属性，得到结果。按此思路，根节点包含全部训练样本，每个内部节点对应于一个属性测试，每个内部节点包含的样本集合根据属性测试的结果被划分到它的儿子节点中，叶子节点对应于决策结果，从根节点到每个叶子节点的路径对应了一条决策规则。

决策树学习的基本算法遵循自顶向下、分而治之的策略，步骤如下：

输入：包含 n 个属性及对应分类标签的数据集。
输出：树状分类结果。
步骤：
(1)选择最好的属性作为测试属性并创建树的根节点。
(2)为测试属性每个可能的取值产生一个分支。
(3)训练样本划分到适当的分支形成儿子节点。
(4)对每个儿子节点重复上面的过程，直到所有的节点都是叶子节点。

看起来构造决策树的步骤比较简单，但是，面对具有多项属性的大量数据样本时，构造一棵决策树似乎还需要考虑一些问题，看看图 6-40 展示的师生对话。

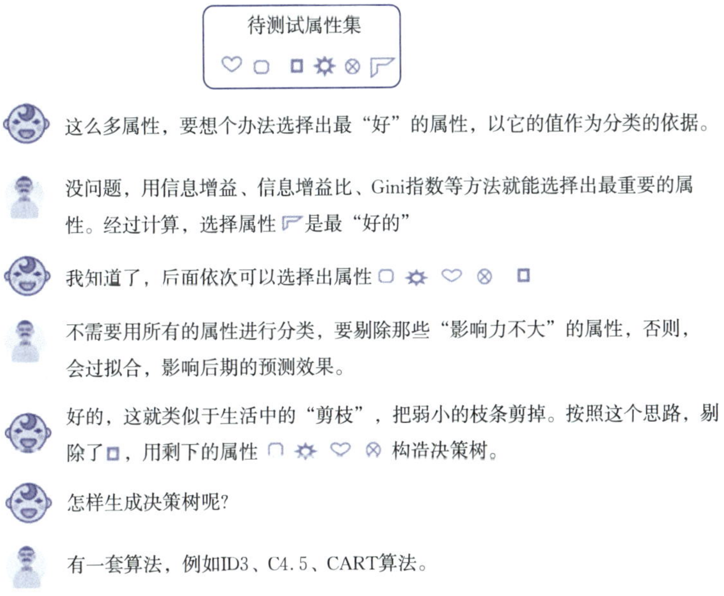

图 6-40　构造决策树需要考虑的问题

图 6-40 表示要构造一棵决策树需要解决以下三个问题：

(1)一是特征变量的选择，即选择最好的属性，面对大量的特征变量，如何选择合适的变量来构造决策树，直接决定了模型的最终预测效果，因此需要有学习方法或策略来确定特征变量的选择。通常通过信息增益、信息增益比、Gini 指数等方法来选择合适的分裂变量。

(2)决策树的生成，即如何从根节点开始来构造决策树？在什么样的情况下树应该停止进一步的生长？树如何对样本进行预测？需要有相应的算法，例如 ID3、C4.5、CART 算法提供了决策树生成的算法。

(3)决策树的剪枝，完全生长的树，在训练数据集中可能有最佳的预测效果，但同时也会带来过度拟合的问题，需要对决策树剪枝来避免过度拟合，提升在生产数据中的预测结果。

6.5　支持向量机

在车水马龙的街头，为了安全，交警用墩子组成一面“墙”将人群和汽车群分开(见图 6-41)，总结这样的分类方法，产生了“支持向量机”。

给定训练数据集，线性分类器最基本的想法是：在样本空间寻找一个超平面来表示它的决策边界，将不同类别的样本分开。如图 6-42 所示，能将训练样本分开的超平面可能有很多，直观上看，应该去找到集合边缘上的若干数据（称为支持向量），用这些点找出一个平面（称为决策面），使得支持向量到该平面的距离最大。因为该划分超平面对训练样本局部扰动的容忍性最好。换言之，这个划分超平面所产生的分类结果是最健壮的，对未见示例的泛化能力最强。

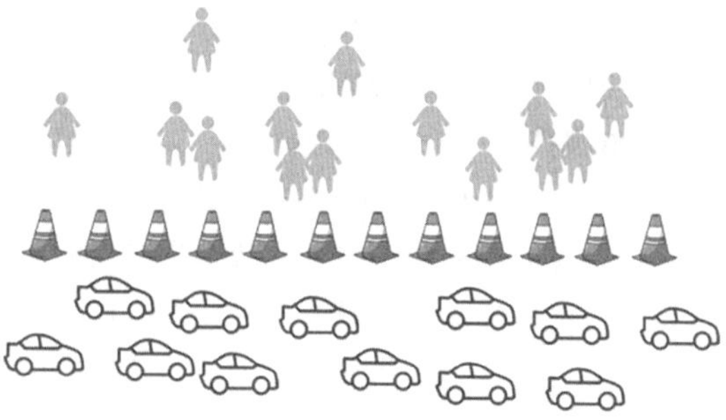

图 6-41　分开人群和汽车群的一堵“墙”

如图 6-43 所示，每个超平面 B_i 都对应着一对平行的超平面 b_{i1} 和 b_{i2}，它们之间的间隔称为超平面的边缘。图中，超平面 B_1 的边缘明显大于 B_2 的边缘。因此，在这个例子中，B_1 就是训练样本的最大边缘超平面，具有较大边缘的决策边界比那些具有较小边缘的决策边界具有更好的泛化误差。根据结构风险最小化原理，需要设计最大化决策边界的边缘的线性分类器，以确保最坏情况下的泛化误差最小，线性支持向量机（linear SVM）就是这样的分类器。

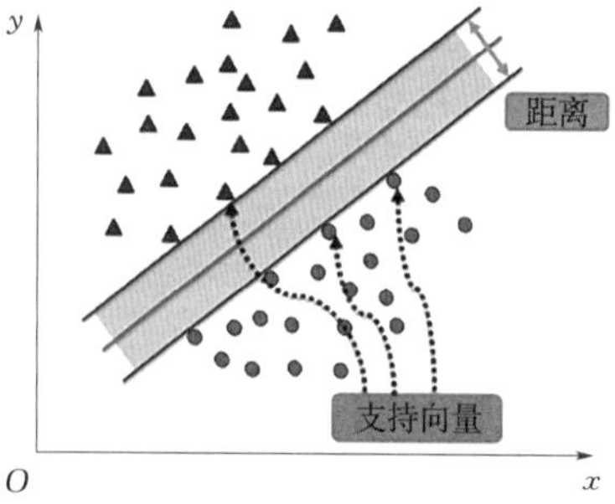

图 6-42　支持向量机示意

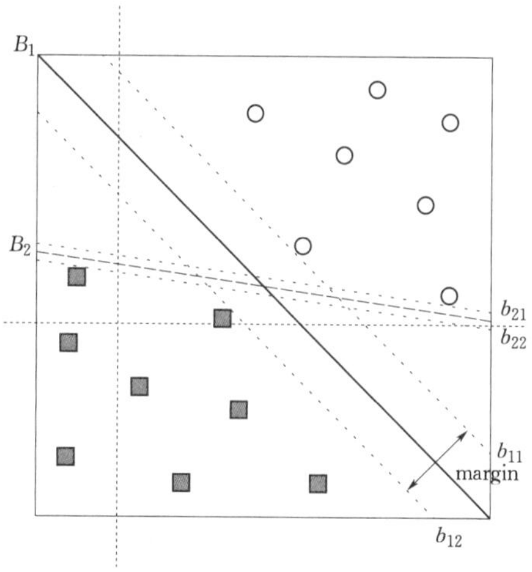

图 6-43　超平面的边缘

图 6-44 描述了四种不同的分割情形，假如数据是完全的线性可分的，那么学习到的模型可以称为硬间隔支持向量机。换个说法，硬间隔指的就是完全分类准确，不能存在分类错误的情况。软间隔，就是允许一定量的样本分类错误。

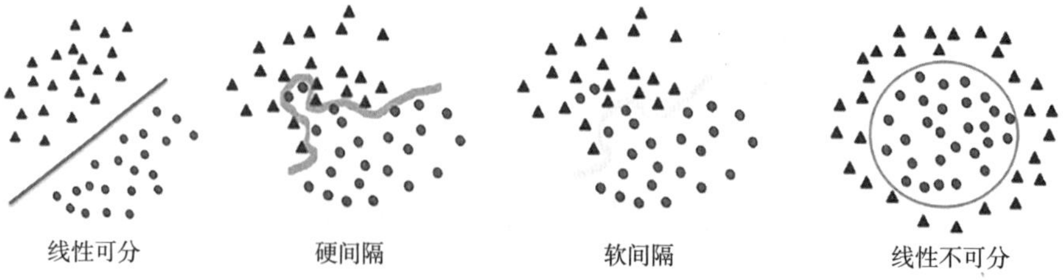

图 6-44　数据分割的四种情况

支持向量机分为三类：①线性可分支持向量机、硬间隔（hard-margin SVM）；②线性支持向量机、软间隔(soft-margin SVM)；③非线性支持向量机、Kernel SVM。

1. 线性可分支持向量机、硬间隔

如图 6-45 所示，如果用式(6-18)表示超平面，根据支持向量的定义可知：支持向量表示为式(6-19)和式(6-20)，支持向量到超平面的距离为 d，其他点到超平面的距离大于 d，于是有式(6-21)。

$$\boldsymbol{W}^{\mathrm{T}}x+b=0 \tag{6-18}$$

$$\boldsymbol{W}^{\mathrm{T}}x+b=1 \tag{6-19}$$

$$\boldsymbol{W}^{\mathrm{T}}x+b=-1 \tag{6-20}$$

$$\begin{cases} \dfrac{\boldsymbol{W}^{\mathrm{T}}x+b}{\|\boldsymbol{w}\|}\geqslant d, & y=1 \\ \dfrac{\boldsymbol{W}^{\mathrm{T}}x+b}{\|\boldsymbol{w}\|}\leqslant -d, & y=-1 \end{cases} \tag{6-21}$$

2. 线性支持向量机、软间隔

训练集线性可分太理想化了，现实中的数据往往是线性不可分的，例如训练集中含有噪声或特异点时，此时硬间隔最大化的 SVM 就不再适用了，而需要使用更一般化的软间隔最大化 SVM(见图 6-46)。换个说法，硬间隔指的就是完全分类准确，不能存在分类错误的情况。软间隔，就是允许一定量的样本分类错误。数据集不是线性可分的，除去少许特异点后，大部分样本组成的集合是线性可分的。

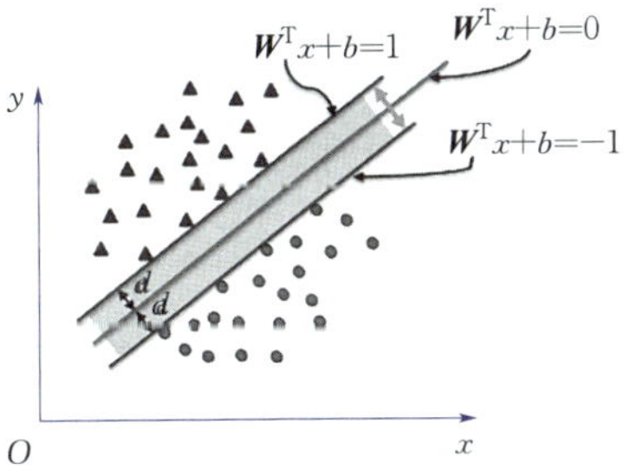

图 6-45　线性可分支持向量机、硬间隔示意

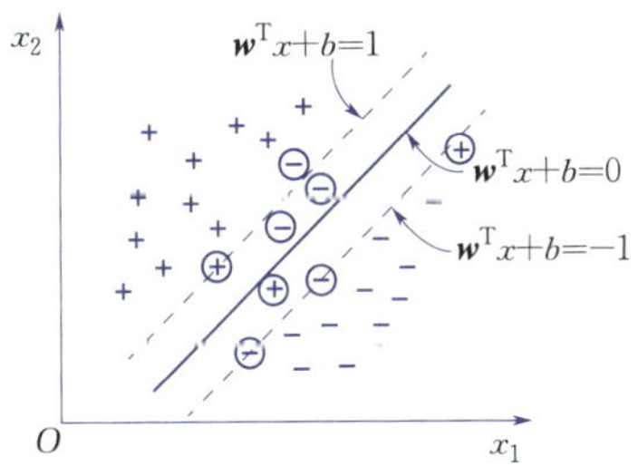

图 6-46　线性支持向量机、软间隔示例
(阴影圈表示一些不满足约束的样本)

3. 非线性支持向量机、Kernel SVM

若不存在一个能正确划分两类样本的超平面，怎么办？将样本从原始空间映射到一个更高维的特征空间，使样本在这个特征空间内线性可分(见图 6-47)。使用核函数可以将样本从原始空间映射到一个更高维的特质空间中，使得样本在新的空间中线性可分。

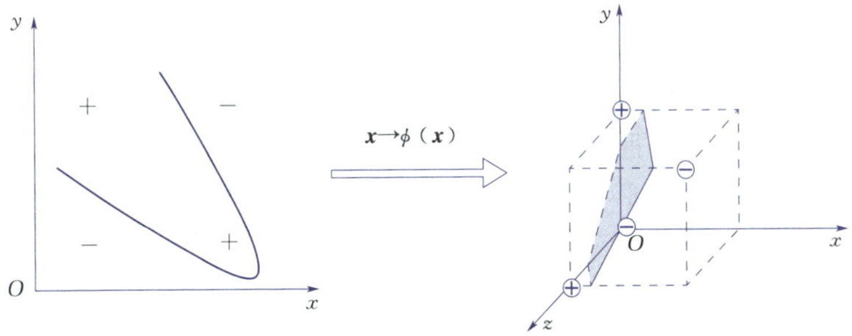

图 6-47　高维空间的超平面

6.6 贝叶斯学习

为了介绍贝叶斯学习，首先复习一些基础知识。

1. 贝叶斯学习的概率基础

贝叶斯定理是由英国数学家托马斯·贝叶斯(Thomas Bayes)提出的一个数学公式，用于描述两个条件概率之间的关系。

$P(A)$：事件 A 发生的概率。$P(B)$：事件 B 发生的概率。

对于图 6-48 所示的事件之间的关系，其概率遵从加法定理。

图 6-48 事件之间的关系

加法定理：两个互斥事件 A 和 B 的和事件的概率，等于事件 A 与 B 的概率之和，即

$$P(A+B)=P(A)+P(B) \tag{6-22}$$

广义加法定理：对于任意两个事件 A 和 B，有

$$P(A\cup B)=P(A)+P(B)-P(AB) \tag{6-23}$$

乘法定理：A 发生，且在 A 发生的前提下 B 也发生，A 和 B 同时发生的概率为 $P(AB)=P(A)P(B|A)$。

$P(A|B)$：在事件 B 发生的条件下事件 A 发生的概率。$P(B|A)$：在事件 A 发生的条件下事件 B 发生的概率，有

$$P(A|B)=P(B|A)\times P(A)/P(B) \tag{6-24}$$

全概率公式：设 $B_1,B_2,\cdots,B_n$ 是样本空间 Q 的一个划分(见图 6-49)，即 $P(B_i)>0$，且满足以下条件

(1)互斥：$B_1\cup B_2\cup B_3\cdots\cup B_i\cdots\cup B_n=S$，即满足 $\sum_{i=1}^{n}P(B_i)=1$。

(2)组成全集：$B_i\cap B_j=\phi,i\neq j$。

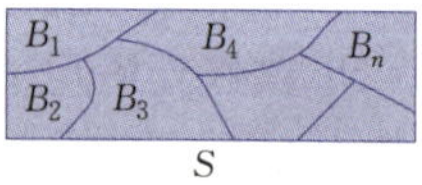

图 6-49 样本空间的划分

A 为任一事件，则有全概率公式：

$$P(A)=\sum_{j=1}^{n}P(B_j)P(A|B_j) \tag{6-25}$$

全概率公式的意义在于：当直接计算 $P(A)$ 较为困难，而 $P(B_i)P(A|B_i)(i=1,2\cdots)$ 的计算较为简单时，可以利用全概率公式计算 $P(A)$。思想就是，将事件 A 分解成几个小事件，求小事件的概率，然后相加，从而求得事件 A 的概率。而将事件 A 进行分割的时候，不是直接对 A 进行分割，而是先找到样本空间 Q 的一个个划分 $B_1,B_2,\cdots,B_n$，这样事件 A 就被事件 AB_1，$AB_2,\cdots,AB_n$ 分解成了 n 部分。

由全概率公式和乘法公式，可以推导出贝叶斯公式：

定理：设 $B_1,B_2,\cdots,B_n$ 为 S 的一个划分，且 $P(B_i)>0$，对于 $P(A)>0$，有贝叶斯公式

$$P(AB_i)=P(A)P(B_i|A)=P(B_i)P(A|B_i) \tag{6-26}$$

$$P(B_i|A)=\frac{P(AB_i)}{P(A)}=\frac{P(B_i)P(A|B_i)}{P(A)}=\frac{P(B_i)P(A|B_i)}{\sum_{j=1}^{n}P(B_j)P(A|B_j)} \tag{6-27}$$

A 表示数据，也就是说，在某一活动中观测到数据 A，例如嗓子哑。

B_i 代表导致数据 A 发生的假设，可以直观地理解为“原因”。多个不同假设可以产生同样的数据 A，例如：嗓子哑了，可能是用嗓不当造成的，也可能是生病造成的，还可能是极度疲劳造成的等。$P(B_i)(i=1,2\cdots)$ 表示各种原因发生的可能性大小，源自经验和知识，故称**先验概率**。

$P(B_i|A)(i=1,2\cdots)$ 指在观测到数据 A 时假设 B_i 成立的可能性。例如，P(生病|嗓子哑)就是嗓子哑这一事实发生时，发现其原因是由于生病的概率。由于 $P(B_i|A)$ 反映当试验产生了结果 A 之后，再对各种原因概率的新认识，故称**后验概率**。

$P(A|B_i)$ 被称为**似然概率**，是假设 B_i 成立的前提下观测到数据 A 的概率，例如生病时嗓子哑可能性。

$P(A)$ 是数据 A 发生的概率，这一项可以对 $P(A|B_i)$ 针对各种可能性积分而获得，被称为**边际概率**。

将贝叶斯公式改写如下，有可能可以帮助读者更好地理解：

$$\text{后验概率}=\frac{\text{先验概率}\times\text{似然概率}}{\text{边际概率}}$$

$$\text{现象发生是该原因导致的概率}=\frac{\text{该原因发生的概率}\times\text{该原因成立则现象出现的概率}}{\text{现象发生的概率}}$$

贝叶斯定理中的 $P(B_i)P(A|B_i)$ 说明在评判现象背后的原因时，不仅要看这个原因的可能性 $P(B_i)$ 有多大(先验概率)，也要看这一原因产生现象的概率 $P(A|B_i)$(似然概率)。

例 6-17　人们日常对天气的讨论和预测就用到了贝叶斯公式。请看图 6-50 所示的父子对话。

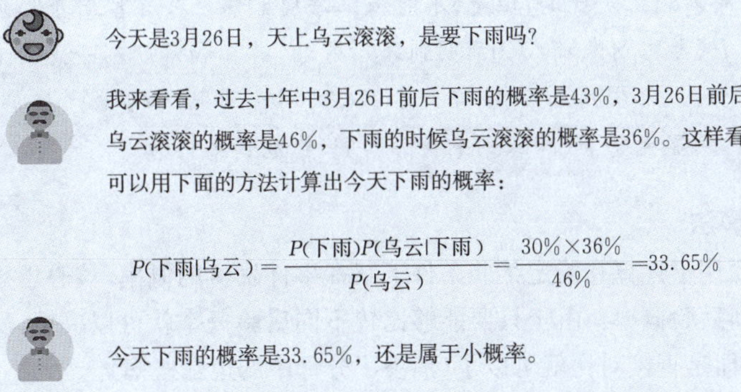

图 6-50　预测天气

实际分类工作中，分别计算出所有的 $P(B_i|A)(i=1,2\cdots)$，然后接受最大值作为分类标签。

例 6-18　星光村是一个风景秀丽的种植基地，与附近的农业大学建立了长期合作关系，每到周末，就会有大约 50 名师生到村里来参加种植实验。村里也时常会有游客来参观或者村民的亲朋好友到访。某个周末，父子俩看到大约 50 人组成的人群远远走来，好像还拿着东西，由此产生了图 6-51 所示的对话。

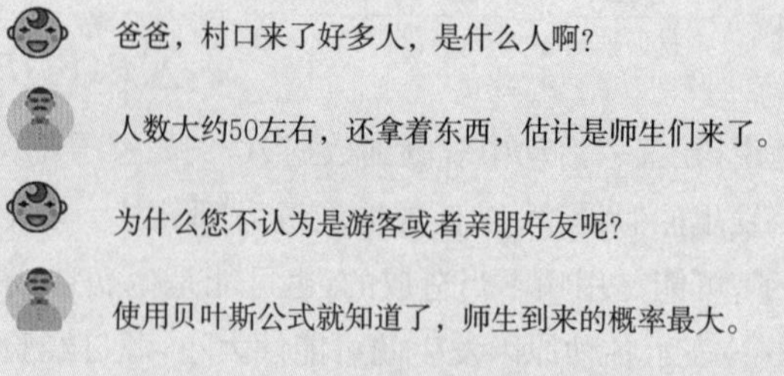

图 6-51　用贝叶斯公式判定来人

在这个案例中，设置这样的数据：

①A 代表看到 50 位左右拿着较大东西的人群到来。

②B_1 代表师生们到来，B_2 代表旅游团游客到来，B_3 代表亲朋到来。

由此，$P(A)$是人群到来的概率，$P(A|B_1)$是师生们到来时必定是 50 人左右而且大家都拿着较大东西的概率，$P(A|B_2)$是游客们到来时必定是 50 人左右而且大家都拿着较大东西的概率，$P(A|B_3)$是亲朋到来时必定是 50 人左右而且大家都拿着较大东西的概率。根据贝叶斯公式，有：

$$P(B_i|A)=\frac{P(B_i)P(A|B_i)}{P(A)} \quad (i=1,2,3)$$

将 B_i 代入公式，为看起来更简洁，不代入 A 的内容：

$$P(\text{师生到来}|A)=\frac{P(\text{师生到来})P(A|\text{师生到来})}{P(A)}$$

$$P(\text{游客到来}|A)=\frac{P(\text{游客到来})P(A|\text{游客到来})}{P(A)}$$

$$P(\text{亲朋到来}|A)=\frac{P(\text{亲朋到来})P(A|\text{亲朋到来})}{P(A)}$$

由于师生们每周末到来是规定，但是，不能保证每周末都会有游客或者亲朋到来，因此，P(师生到来)要大于 P(游客到来)和 P(亲朋到来)，另外，游客和亲朋不一定有 50 人拿着较大东西一起来，因此，$P(A|\text{师生到来})$也明显大于 $P(A|\text{游客到来})$和 $P(A|\text{亲朋到来})$，由此判定：$P(\text{师生到来}|A)$明显大于 $P(\text{游客到来}|A)$和 $P(\text{亲朋到来}|A)$。

2. 贝叶斯学习算法

贝叶斯公式主要用于计算在给定某些条件下某一事件发生的概率，核心思想是利用先验概率和样本信息来更新后验概率。由于只要能够比较不同后验概率就可以决策，所以常常不需要真正计算边际概率，而是直接对比就可以了(消去了分母中的边际概率)。

贝叶斯学习的训练过程(学习过程)就是求得先验概率 $P(y=?)$和似然概率 $P(x|y)$的过程；预测过程就是用前面求得的概率代入贝叶斯公式求得后验概率 $P(y|x)$的过程。如图 6-52 所示，收集大量的样本数据，一部分作为训练集用于学习(训练)，另一部分作为测试集。从训练集中学习到先验概率和似然概率，然后，将它们用于测试集进行测试检验，测试集中的数据都是有真实标签的，看看用训练结果计算出来的标签是否与真实标签吻合，如果不吻合，需要重新训练，如果吻合，可以用于预测(或者分类等应用)。

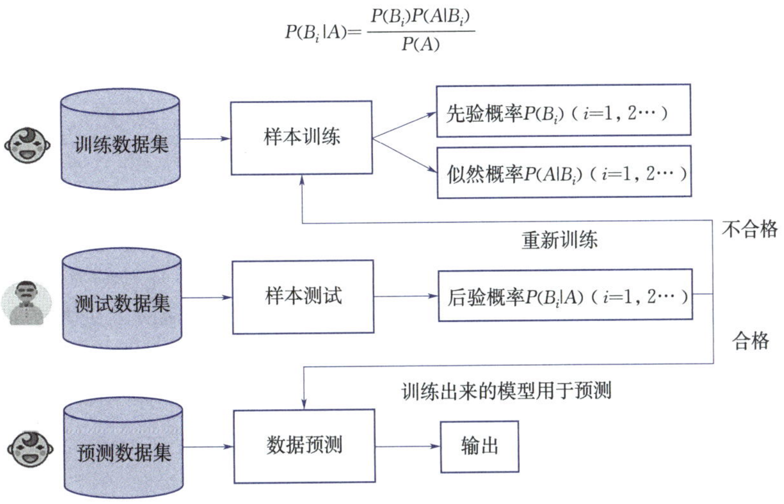

图 6-52　贝叶斯学习流程

例 6-19　经典的垃圾邮件过滤问题，一封垃圾邮件 X，由 d 个单词组成，分别为 x_1，x_2，…，x_d，分别代表 d 个特征，y 是标签，$y=1$ 表示是垃圾邮件，$y=0$ 表示不是，那么预测过程就是求：

$$P(y=1|X)=\frac{P(y=1)P(X|y=1)}{P(X)}$$

$$P(y=0|X)=\frac{P(y=0|)P(X|y=0)}{P(X)}$$

当 $P(y=1|X)>P(y=0|X)$时就判定 X 为垃圾邮件，否则判定 X 不是垃圾邮件。

如前所述，由于只需要比较大小，可以不理会，需要计算 $P(y=1)$和 $P(X|y=1)$、$P(y=0)$和 $P(X|y=0)$的值。计算过程如下：

(1)$P(y=1)$和 $P(y=0)$的计算。直接统计某样本在训练数据集中的分布即可。

(2)$P(X|y=1)$的计算。$P(X|y=1)$表示一封邮件是垃圾邮件的条件下，它会包含 X 中的那些词(特征)的概率是多少。即 $P(X|y=1)=P(x_1,x_2,\cdots,x_d|y=1)$，也就是说，这里的待预测样本点 X 包含的是一系列特征。

基于贝叶斯公式来估计后验概率 $P(c|x)$的主要困难在于：类条件概率 $P(x|c)$是所有属性上的联合概率，难以从有限的训练样本直接估计而得。即求这个概率需要到训练集中计算垃圾邮件中包含这些词的邮件数占总垃圾邮件数的比率，而且训练集的规模要求足够大才能避免遗漏。但是，由于难以有足够大规模的训练集，不得不降低要求。

解决的办法只能是在某种假设下进行近似计算，假设各个特征之间具备条件独立性，有

$$P(x_1,x_2,\cdots,x_d|y=1)=P(x_1|y=1)\times P(x_2|y=1)\times P(x_3|y=1)\cdots\cdots \tag{6-28}$$

这样只要统计 x_i 在训练数据集中出现的频率即可。

通过加入假设以减小问题复杂性，这就是朴素贝叶斯(naive bayesian，NB)的思路。NB 为了求解问题而强加了条件独立性假设，所以也使得准确率有所牺牲。

扩展到多分类：比如一共 $c_1,c_2,\cdots,c_k$ 类，某一类的后验概率为

$$P(y=c_k|X)=\frac{P(y=c_k)P(X|y=c_k)}{P(X)} \tag{6-29}$$

基于属性条件独立性假设，贝叶斯公式可重写为

$$P(c|x)=\frac{P(c)P(x|c)}{P(x)}=\frac{P(c)}{P(x)}\prod_{i=1}^{d}P(x_i|c) \tag{6-30}$$

式中，d 为属性数目；x_i 为 x 在第 i 个属性上的取值，实际上是一个“属性—值”对。

3. 朴素贝叶斯分类器

对分类任务来说，在所有相关概率都已知的理想情形下，贝叶斯决策论考虑如何基于这些概率和误判损失来选择最优的类别标记，决策问题可以通过概率的形式来描述，即支持某项属性的事件发生得愈多，则该属性成立的可能性就愈大。

比较每一类的后验概率，取后验概率最大的那一类作为输出的标签值，这也等价于期望风险函数最小化。

例6-20 小明要在四个箱子中寻找自己的铅笔（见图 6-53），假设四个箱子的编号分别为 1 号、2 号、3 号和 4 号，小明有可能打开任何一个箱子，概率分别为 p_1, p_2, p_3, p_4，统一记为 p_i $(i=1,2,3,4)$，如果找错了就要被扣分。小明找到自己的铅笔是有一定的风险的，错误地打开第 i 号箱子带来的惩罚为 q_i，则错误打开该箱子带来的惩罚还与打开该箱子的概率有关，小明承担的风险为 $\sum_{i=1}^{4}p_iq_i$，其中，如果小明的铅笔确实被放在第 j 号箱子中，则惩罚 $q_i=0$。

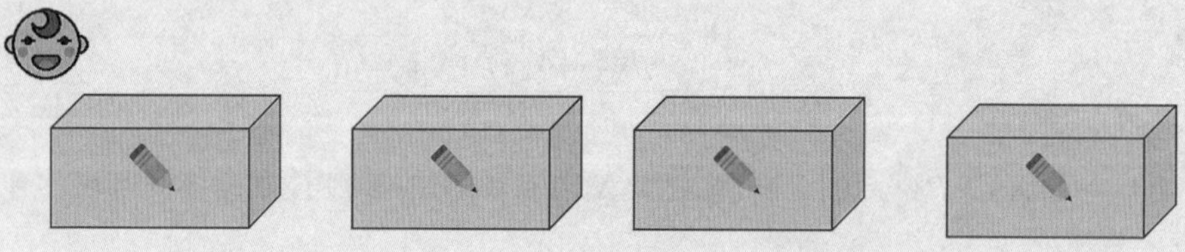

图 6-53　基于概率的分类

此案例可以作如下推广：假设有 N 种可能的类别，即 $\gamma=\{c_1, c_2, \cdots, c_N\}$，如果 S 是所有的分类样本空间的话，γ 就是 S 的一个划分（见图 6-54）。

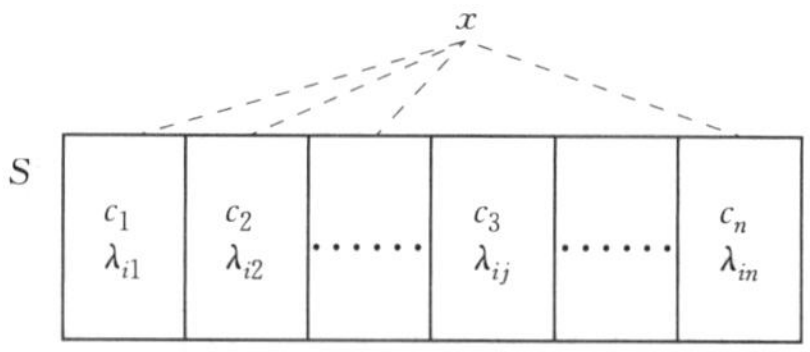

图 6-54　由类别主城的 S 的划分

将样本 x 分类为 c_j 的概率是 $P(c_j|x)$，这个分类有可能是正确的，也有可能是错误的，一旦是错误的就会有损失，λ_{ij} 是将一个真实标记为 c_j 的样本 x 误分类为 c_i 所产生的损失，则将一个真实标记为 c_j 的样本 x 误分类为 c_i 的风险是 $\lambda_{ij}P(c_j|x)$，由于 x 有可能被分类到任意一个类别，因此，在样本 x 上的条件风险如式(6-31)。

$$R(c_i|x)=\sum_{j=1}^{N}\lambda_{ij}P(c_j|x) \qquad \text{当 } i=j \text{ 时}, \lambda_{ij}=0 \tag{6-31}$$

当然希望找到风险最低的标记方案，这个方案记为 $h: X \rightarrow \gamma$，对每个样本 x，若 h 能最小化风险条件 $R(h(x)|x)$，则总体风险 $R(h)$ 也将被最小化，这就产生了**贝叶斯判定准则**：最小化总体风险，只需要在每个样本上选择那个能使条件风险 $R(c|x)$ 最小的类别标记，即 $h^*(x)=\underset{c\in y}{\operatorname{argmin}} R(c|x)$，此时，$h^*$ 称为**贝叶斯最优分类器**(Bayes optimal classifier)，与之对应的总体风险 $R(h^*)$ 称为**贝叶斯风险**，$1\text{-}R(h^*)$ 反映了分类器所能达到的最好性能，即通过机器学习所能产生的模型精度的理论上限。

由于对所有类别来说 $P(x)$ 相同，因此，基于最小化分类错误率的贝叶斯最优分类器有

$$h_{nb}(x)=\underset{c\in y}{\operatorname{argmax}} P(c)\prod_{i=1}^{d} P(x_i|c) \tag{6-32}$$

这就是**朴素贝叶斯分类器**的表达式。

朴素贝叶斯分类器的训练过程就是基于训练集 D 来估计类先验概率 $P(c)$，并为每个属性估计条件概率 $P(x_i|C)$。令 D_c 表示训练集 D 中第 c 类样本组成的集合，若有充足的独立同分布样本，则可估计出类先验概率，$P(c)=\frac{|D_C|}{|D|}$。对离散属性而言，令 D_{C,x_i} 表示 D_C 中在第 i 个属性上取值为 x_i 的样本组成的集合，则条件概率 $P(x_i|c)$ 可估计为

$$P(x_i|c)=\frac{|D_{c,x_i}|}{|D_c|} \tag{6-33}$$

4. 判别式模型与生成式模型

使用贝叶斯判定准则来最小化决策风险，首先要获得后验概率 $P(c|x)$，然而，在现实任务中这通常难以直接获得。从这个角度来看，机器学习所要实现的是基于有限的训练样本集尽可能准确地估计出后验概率 $P(c|x)$。大体来说，主要有两种策略：

(1)给定 x，通过直接建模 $P(c|x)$ 预测，这样得到的是“**判别式模型**”。

(2)考虑 $P(c|x)=\frac{P(xc)}{P(x)}=\frac{P(c)P(x|c)}{P(x)}$，先对联合概率分布 $P(xc)$ 建模，然后再由此获得 $P(c|x)$，这样得到的是“**生成式模型**”。

6.7　k 近邻学习

k 近邻(KNN)算法是一种常用的机器学习分类算法，它基于实例之间的相似性进行分类。该算法通过计算待分类样本与训练集中的样本之间的距离，选取距离最近的 k 个邻居，根据这 k 个邻居的标签进行投票，将待分类样本归类为票数最多的类别。

KNN 算法的步骤如下：

输入：待分类数据集。

输出：分类结果。

①数据准备：准备用于训练和测试的数据集。数据集由一系列特征向量和对应的标签组成，其中特征向量用于描述样本的属性，标签则表示样本的类别。

②计算距离：对于测试样本，需要计算它与训练集中每个样本的距离。常用的距离计算方法包括欧氏距离、曼哈顿距离等。

③选择 k 值：k 值表示选择 k 个邻居进行投票，较小的 k 值会使模型更加敏感，容易受到噪声的影响，而较大的 k 值会使模型更加平滑，忽略掉样本之间的细节。

④确定类别：根据 k 个最近邻居的标签进行投票，并将待分类样本归类为票数最多的类别。在处理多类别分类问题时，可以使用加权投票的方式，根据邻居与待分类样本的距离进行加权。

例6-21 假设有数据集，其中有三种样本点，分别用三角形、圆形、方形表示。其数据分布如图 6-55 所示，现在有一个新数据点(用星表示)，需要确定它的分类。

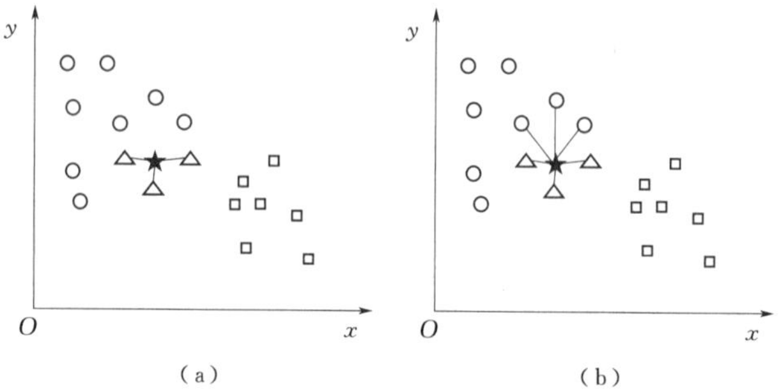

图 6-55 KNN 算法案例

设置 $k=3$，则计算新数据点与周边数据的距离，挑选出距离最近的 3 个样本点，发现这 6 个样本点都是三角形，因此，将新数据点划分为三角形所在的类。

设置 $k=6$，则计算新数据点与周边数据的距离，挑选出距离最近的 6 个样本点，发现这 6 个样本点是三角形或者圆形，因此，将新数据点划分为三角形或者圆形，具体是三角形还是圆形，需要继续投票，也可以根据后验概率来决策。

6.8 集成学习

6.8.1 集成学习概述

在生活中，面对某些比较重要的任务，人们感觉一人的能力不够，可能会组织多人合作，例如，在图 6-56 中多人协作拉动抛锚的汽车，相信“人多力量大”，集成多人的能力比单打独斗的效果更好，这就是“集成学习”的思路。

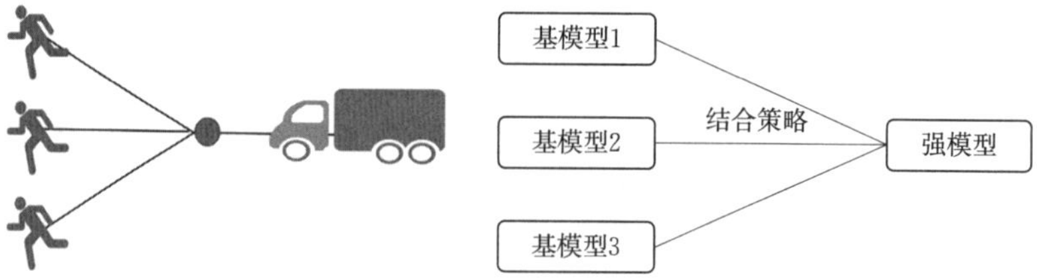

(a) 多人协作拉动汽车　　(b) 集成学习示意

图 6-56 集成学习

集成学习(ensemble learning)有时也被称为多分类器系统(multi-classifier system)、基于委员会的学习(committee-based learning)等。集成学习先由训练数据构建一组基模型，然后通过对每个基模型的预测进行投票来产生最终预测模型，通常一个集成学习器的分类性能会好于单个分类器，将多个分类方法聚集在一起，以提高分类的准确率。显然，这些基模型应该呈现出较大的多样性，否则，集成这些基模型就失去了意义。

团队力量一定大于个人力量吗？不一定！看图 6-57 就知道，团队中只有能贡献正向力量的人才对团队有贡献。

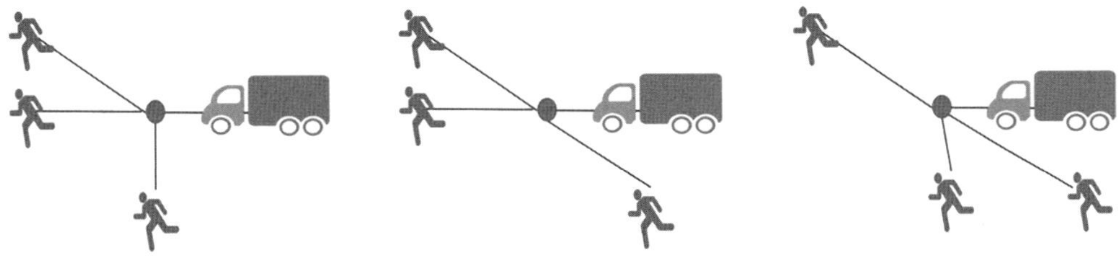

图 6-57　团队协作示意

同理，集成学习要显著优于单一基模型必须满足两个必要条件：

(1)基模型之间应该是相互独立的。

(2)基模型应当好于随机猜测学习器。

满足第①个条件往往比较困难，基模型是为解决同一个问题训练出来的，显然不可能互相独立。事实上，基模型的“准确性”和“多样性”本身就存在冲突。一般情况下，准确性很高之后，要增加多样性就需要牺牲准确性，因此，如何产生“好而不同”的基模型是集成学习研究的核心。

集成学习有两个主要的问题需要解决：①如何得到若干个基模型？②如何选择一种结合策略，将这些基模型集合成一个强学习器？下面分别针对这两个问题介绍思路。

1. 选择基模型的策略

从选择基模型的角度看，有两种选择：

1）同质集成

所有的基模型都是一个种类的或同质的。比如，都是决策树基模型，或者都是神经网络基模型。

2）异质集成

所有的基模型不全是一个种类的，或者说是异质的。比如，有一个分类问题，对训练集采用支持向量机基模型、逻辑回归基模型和朴素贝叶斯基模型来学习，再通过某种结合策略来确定最终的分类强学习器，这种集成学习称为 Stacking。

如何增强基模型多样性？一般的思路是在学习过程中引入随机性，常用方法主要包括：

(1)*训练样本扰动*：通常是用抽样的方法从原始训练样本集中产生出不同的样本子集，然后再利用不同的样本子集训练出不同的基模型。

(2)*输入属性扰动*：通常从初始属性集中抽取出若干个属性子集，再基于每个属性子集训练学习器。此类方法对包含大量冗余属性的数据集有效，但若数据集只包含少量属性或冗余属性很少，则不宜使用。

(3)*输出标记扰动*：通常是对训练样本的类标记稍作变动，如可将原来的多分类问题随机转化多个二分类问题来训练基模型。此类方法对类数足够多的数据集有效，但若数据集包含的类数较少，则不宜使用。

(4)*算法参数扰动*：通常是通过随机设置不同的参数来训练差别较大的基模型。此类方法对参数较多的算法有效，对参数较少的算法，可通过将其学习过程中某些环节用其他类似方式代替，从而达到扰动的目的。

(5)混合扰动:是指在同一个集成算法中同时使用上述多种扰动方法。比如,随机森林就同时使用了训练样本扰动和输入属性扰动。

2. 学习模式

学习模式解决上述第二个问题,即如何选择一种结合策略,将这些基模型集合成一个强学习器。集成学习的学习模式一般分为 Boosting、Bagging、Stacking 三大类。

Boosting 串行地训练一系列前后依赖的同类模型,即后一个模型用来对前一个模型的输出结果进行纠正。

Bagging 并行地训练一系列各自独立的同类模型,然后再将各个模型的输出结果按照某种策略进行聚合(例如分类中可采用投票策略,回归中可采用平均策略)。

Stacking 并行地训练一系列各自独立的不同类模型,然后通过训练一个元模型来将各个模型的输出结果进行结合。注意:Stacking 不是组织结果,而是组织基模型本身,该方法看起来更灵活,也更复杂。

6.8.2 Boosting 算法

公司召开年会,需要撰写年会计划(见图 6-58),这个任务交给了公司行政办公室,负责人针对此项工作做出了安排,由秘书小刘撰写初稿,组长小王针对初稿进行修改和完善,形成二稿,再由科长针小宋对二稿进行修改和完善,最后呈送经理,这样的工作模式就是 Boosting 算法的思想。串行地训练一系列前后依赖的同类模型,后一个模型对前一个模型的输出结果进行纠正,逐步提升。

图 6-58 Boosting 算法思想案例

Boosting 算法要求基模型能对特定的数据分布进行学习,这可通过“重赋权法”实施,如图 6-59 所示,在训练过程的每一轮中,根据样本分布为每个训练样本重新赋予一个权重。Boosting 算法先从初始训练集训练出一个基模型,再根据基模型的表现对训练样本分布进行调整,使得先前基学习器做错的训练样本在后续受到更多关注,然后基于调整后的样本分布来训练下一个基模型:如此重复进行,直至基模型数据达到事先指定的值 n,最终将这些基模型进行加权组合。

Boosting 算法在训练的每一轮都要检查当前生成的基模型是否满足基本条件,一旦条件不满足,则当前基模型被抛弃,且学习过程停止。在此种情形下,初始设置的学习轮数 n 也许还远未达到,可能导致最终集成中只包含很少的基模型而性能不佳。

图 6-59 所示的 Boosting 算法工作机制为:

(1)从训练集用初始权重训练出一个基模型 1。

(2)根据基模型 1 的学习误差率表现来更新训练样本的权重,使之前基模型 1 学习误差率高的训练样本点的权重变高,即让误差率高的点在后面的基模型 2 中得到更多的重视。

(3)基于调整权重后的训练集来训练基模型 2。

(4)如此重复进行,直到基模型数达到事先指定的数目 $n+1$。

(5)最终将这 $n+1$ 个基模型通过集合策略进行整合,得到最终的强学习器。

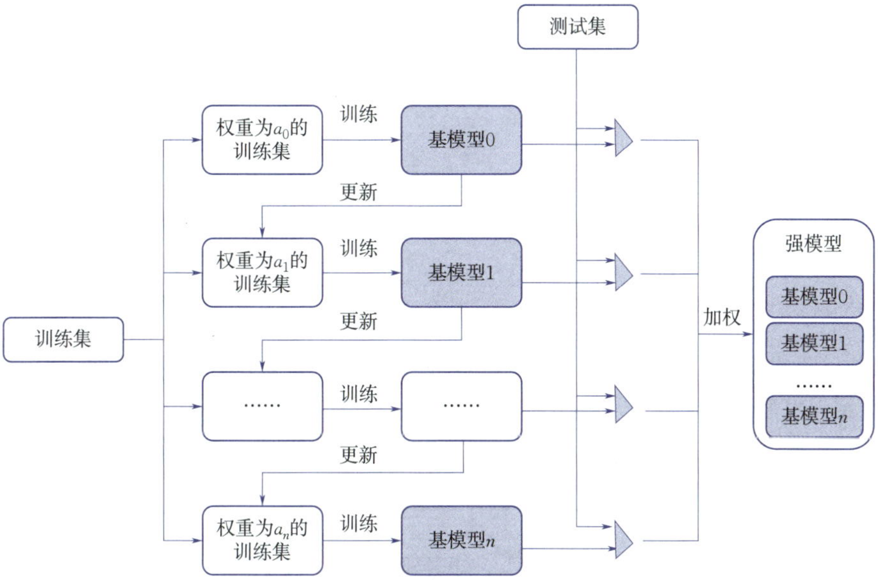

图 6-59　采用"重赋权法"的 Boosting 算法框架

Boosting 通过提高那些在前一轮被基模型分错样例的权值，减小前一轮分对样例的权值，来使得模型对误分的数据有较好的效果，并通常通过加法模型将基模型进行线性组合。

对无法接受带权样本的基模型，Boosting 算法通过"重采样法"来处理（见图 6-60），在每一轮学习中，根据样本分布对训练集重新进行采样，再用重采样而得的样本集对基模型进行训练。

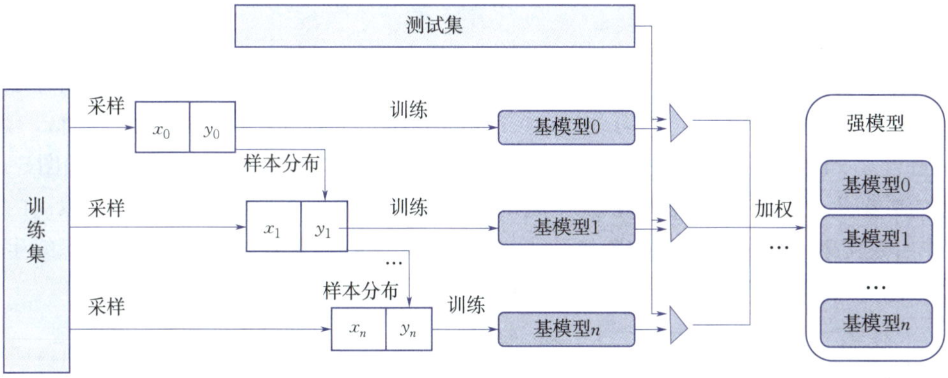

图 6-60　采用"重采样法"的 Boosting 框架

同样在训练的每一轮都要检查当前生成的基模型是否满足基本条件，一旦条件不满足，则当前基模型被抛弃，在抛弃不满足条件的当前基模型之后，可根据当前分布重新对训练样本进行采样，再基于新的采样结果重新训练出基模型，从而使得学习过程可以持续到预设的 n 轮完成。

6.8.3　Bagging 算法

在图 6-61 所示的跳水比赛中，共有 5 名裁判，运动员每次跳水，先由 5 名裁判各自给出评分，最后按照平均分作为选手本次跳水的得分，这样的工作模式就是 Bagging 算法的思路。

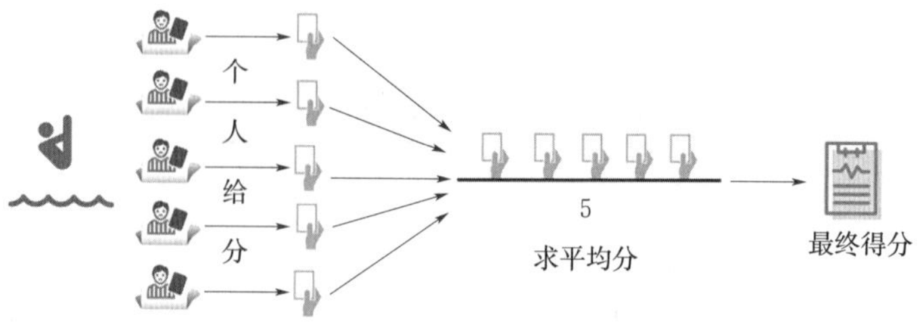

图 6-61　多名裁判并行给分

Bagging 集成学习的框架如图 6-62 所示，在独立的训练集上分别训练基模型，然后结合这些基模型得到强模型。

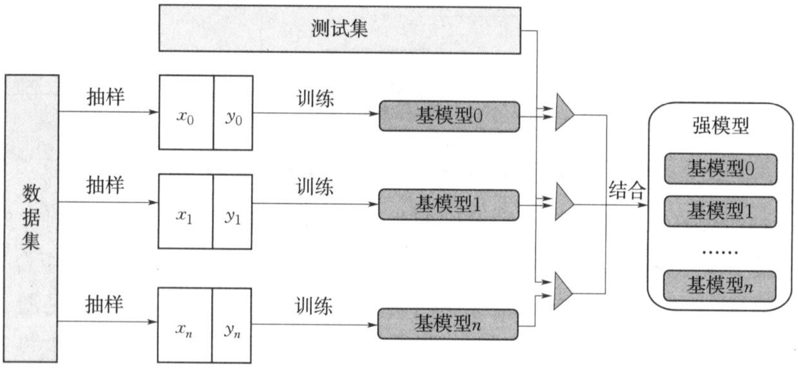

图 6-62　Bagging 集成学习流程示意

1. 生成训练集

Bagging 算法需要采用放回的方式从原始样本集中抽取多组训练集，每轮从原始样本集中抽取 k 个训练样本，在训练集中，有些样本可能被多次抽取到，而有些样本可能一次都没有被抽中，共进行 $n+1$ 轮抽取，得到 $n+1$ 个训练集($n+1$ 个训练集之间是相互独立的)。如图 6-63 所示，原始数据集中有 19 个数据，每次从中随机选取 6(k)个数据生成第 1 个训练集，取出的数据放回原始数据集，第 2 次依然从中随机选取 6 个数据生成第 2 个训练集，依此类推，最终生成所需要的 $n+1$ 个训练集，这样的训练集生成方式被称为 bootstrapping 方法。

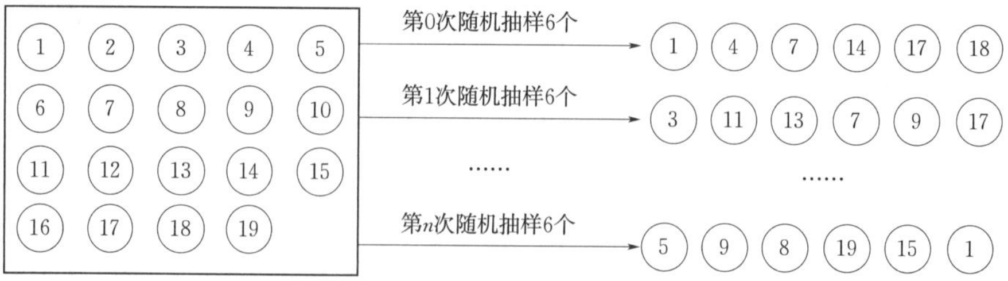

图 6-63　bootstrapping 方法生成训练集的示意

对一个样本空间，Bagging 算法随机有放回地抽样出若干独立的训练样本，以此来增加样本扰动，多轮次抽样训练后形成多个估计，然后平均多个估计，达到降低一个估计的方差，也就是增强学习器的泛化特性。

2. 确定基模型

可以根据具体问题采用不同的分类或回归方法，如决策树、感知器等，选定模型类别后，每个具体的基模型均由这些模型在不同的训练集上训练而得到。

基于每个采样集训练出一个独立的基模型，$n+1$ 个训练集共得到 $n+1$ 个独立的基模型，再将这些基模型进行结合。

3. 结合

在对预测输出进行结合时，Bagging 通常对分类任务使用简单投票法，对回归任务使用简单平均法，若分类预测时出现两个类收到同样票数的情形，则最简单的做法是随机选择一个，也可进一步考查学习器投票的置信度来确定最终胜者。

Bagging 的性能依赖于基模型的稳定性，如果基模型不稳定，Bagging 有助于降低训练数据的随机波动导致的误差；如果稳定，则强模型的误差主要由基模型的偏倚引起。Bagging 在过于简单模型集合中表现并不好，因为 Bagging 是从总体数据集随机选取样本来训练模型，过于简单的模型可能会产生相同的预测结果，失去了多样性。

随机森林是 Bagging 的一个特化进阶版，包括四个部分：随机选择样本（放回抽样）、随机选择特征、构建决策树和随机森林投票（平均）。随机森林具备两个特点：

（1）随机森林的基模型都是决策树。

（2）随机森林在 Bagging 的样本随机采样基础上，又加上了特征的随机选择。

很多个决策树并行放在一起，数据采样随机，特征选择随机，都是有放回的随机选取，因此，随机森林产生的偏差略有增加，但是由于对相关性较小的树计算平均值，估计方差减小了，导致模型的整体效果更好。

Bagging 方法的随机性仅仅来自样本扰动，随机林模型中引入了属性扰动，这样使得最终模型的泛化性能可以通过基模型之间的差异度的增加而进一步提升。和 Bagging 相比，随机森林的起始性能往往比较差，然而随着基模型数目的增加，随机森林会收敛到更小的误差。随机森林的训练效率优于 Bagging，因为 Bagging 中的每棵树是对所有特征进行考查，而随机森林仅仅考虑一个特征子集。

6.8.4 Stacking 算法

Stacking 是一种常见的集成学习框架（见图 6-64）。一般来说，Stacking 将训练一个多层（一般是两层）的模型结构，第一层（也叫学习层）包含 n 个不同的基模型，将得到的预测结果合并为新的特征集，并作为下一层模型（元模型）的输入，由下一层模型再次根据对应的数据标签进行训练，得到一个新的模型。

结合图 6-64，Stack 集成工作机制为：

（1）把原始数据集分成两部分——训练集与测试集，用训练集来训练基模型。

（2）用训练集训练多个不同的基模型（基模型 0，基模型 1，基模型 2，…，基模型 n）。

（3）把基模型（基模型 0，基模型 1，基模型 2，…，基模型 n）的输出作为元模型的输入组成新的训练集，该新的训练集用于训练元模型，元模型用于组合其他各个基模型，以得到一个最终的输出。

新训练集的生成方式为：将训练好的所有基模型对训练基进行预测，第 j 个基模型对第 i 个训练样本的预测值将作为新的训练集中第 i 个样本的第 j 个特征值。

（4）同理，预测的过程也要先经过所有基模型的预测形成新的测试集，最后再对测试集进行预测。

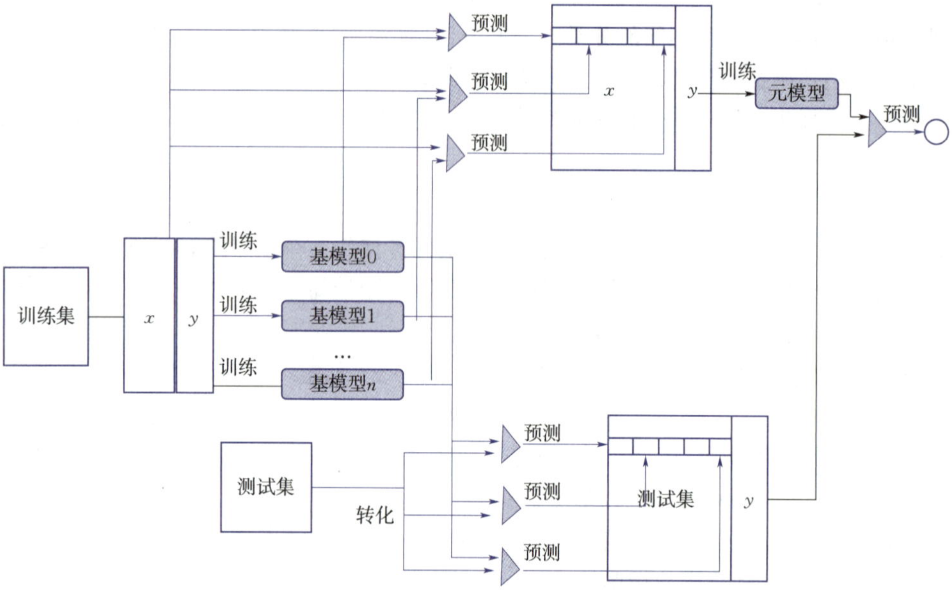

图 6-64　Stack 集成学习框架

第一层模型能针对原始训练数据得出有差异性(相关性低)且预测能力好的输出值,通过第二层模型进一步学习后,能够在多个第一层模型中取长补短,提升预测的准确度和稳定性。

注意,它不是把模型的结果组织起来,而把模型组织起来。理论上,Stacking 可以组织任何模型,实际中常使用单层 logistic 回归作为模型。

通常情况下,Stacking 中第一层的模型可以认为是从原始数据中自动提取有效特征的过程,是 Stacking 能够成功的关键,会使用拟合度高的模型,以追求对训练数据的充分学习(如 XGBoost、神经网络、SVM 等)。但是,由于第一层模型中于使用了复杂的非线性变化提取特征,Stacking 更易产生过拟合的情况,为了降低过拟合的风险,第二层模型倾向于使用简单的模型,例如逻辑回归、Lasso 回归等广义线性模型。

传统 Stacking 集成学习中第一层模型都使用相同的训练集数据,从不同的角度对相同的训练数据进行学习,得到具有差异性的输出值,再通过第二层的逻辑回归得到输出值。为了进一步增大模型输出值之间的差异性(相关性低),可以使用有差异的训练数据,增强预测的稳定性,适用于训练数据和预测数据不是同分布的领域。

6.9　其他机器学习算法

6.9.1　强化学习及分类

1. 认识强化学习

养过宠物狗的人都知道,小奶狗刚到家时,听不懂人话,不能理解主人的指令,想教狗狗握手,狗狗如果做对了,就要及时给予食物奖励,如图 6-65 所示,狗狗得到了奖励就知道是做对了,它会继续练习这个动作,不断强化此意识,直到养成了习惯,这就是强化学习的思路。

强化学习又称再励学习、评价学习或增强学习，用于描述和解决智能体(agent)在与环境的交互过程中通过学习策略以达成回报最大化或实现特定目标的问题。如图 6-66 所示，在强化学习中，智能体选择一个动作作用于环境，环境接收该动作后发生变化，同时产生一个强化信号 reward(奖或罚)反馈给智能体，智能体再根据强化信号和环境的当前状态选择下一个动作，选择的原则是使受到奖赏值的概率增大。强化学习的目的就是寻找一个最优策略，使得智能体在运行中所获得的累计期望回报最大。

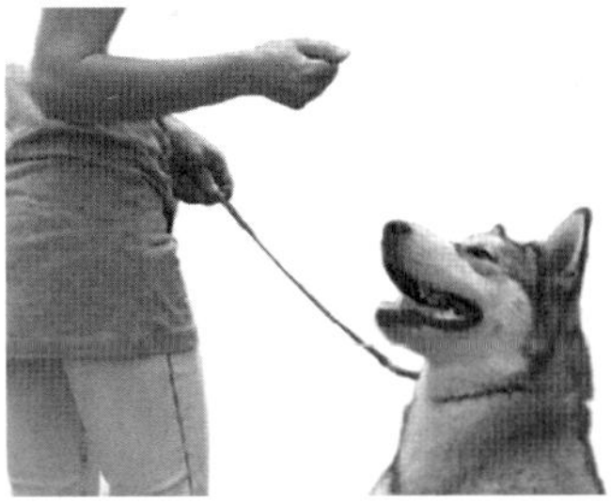

图 6-65　用奖励的方法训练宠物

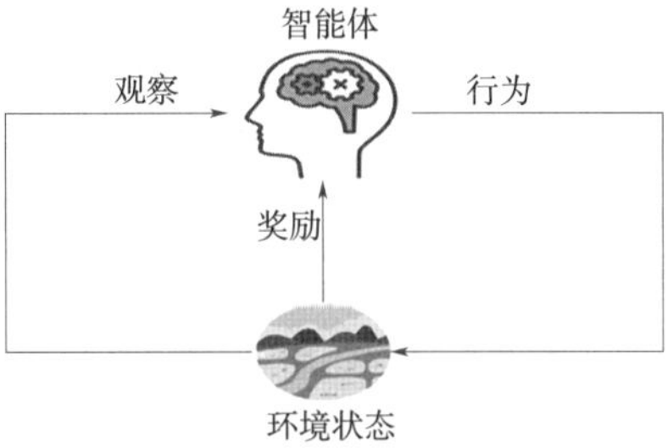

图 6-66　强化学习框架

学习者并不会被告知采取哪个动作，而只能通过尝试每个动作，获得环境对所采取动作的反馈信息，从而指导以后的行动。强化学习的问题不存在这样一个普适正确的“标签”，围绕着如何与环境交互学习，在“行动—评价”的环境中获得改进的行动方案，通过一次次在环境中的尝试，学习到通过哪些数据能够对应哪些标签，获取这些数据和标签，以适应环境，达到预想的目的，通过学习到的这些规律，尽可能地选择带来高分的行为。

在强化学习中主要涉及以下三个问题：

(1)试错搜索：智能体通过尝试多个动作，搜索最优策略。

(2)延迟回报：其反馈信号是延迟的而非瞬间的。

(3)适应性：智能体不断利用环境中的反馈信息来改善其性能。

2. 强化学习分类

可以从不同的角度对强化学习进行分类：

1)基于概率的强化学习和基于价值的强化学习

基于概率的强化学习(policy-based RL)能通过感官分析所处的环境，直接输出下一步要采取的各种动作的概率，然后根据概率采取行动，每种动作被选中的概率不同。常见的方法有 Policy Gradients。

基于价值的强化学习(value-based RL)基于价值的方法输出所有动作的价值，根据最高价值来选择动作，基于价值的决策部分更为稳妥，就选价值最高的。而基于概率的，即使某个动作的概率最高，还是不一定会选到它。常见的方法有 Q Learning、Sarsa。

结合上述两类方法的优势，创造了一种方法叫作 Actor-Critic。Actor 会基于概率做出动作，而 Aritic 会对做出的动作给出动作的价值，这样就在原有的 policy gradients 上加速了学习过程。

2)回合更新的强化学习和单步更新的强化学习

回合更新的强化学习将强化学习类比于玩游戏，游戏回合有开始和结束，游戏开始后要等待游戏结束再总结这一回合中的所有转折点，更新行为准则。常见的方法有 Monte-carlo learning 和基础版的 policy gradients。

单步更新的强化学习则是在游戏进行中每一步都在更新，不用等待游戏的结束，这样就能边玩边学习了。常见的方法有 Qlearning、Sarsa、升级版的 policy gradients 等。

3）在线学习的强化学习和离线学习的强化学习

在线学习的强化学习指必须本人在场，并且一定是本人边玩边学习。常见的方法有 Sarsa 和 Sarsa lambda。

离线学习的强化学习指可以选择自己玩，也可以选择看着别人玩，通过看别人玩来学习别人的行为准则，离线学习同样是从过往的经验中学习，但是这些过往的经历没必要是自己的经历，任何人的经历都能被学习。也不必要边玩边学习，可以白天先存储下来玩耍时的记忆，然后晚上通过离线学习来学习白天的记忆。常见的方法有 Q Learning 和 Deep-Q-Network。

4）基于模式的强化学习和无模式强化学习

按给定条件，强化学习可分为基于模式的强化学习和无模式强化学习，以及主动强化学习和被动强化学习。强化学习的变体包括逆向强化学习、阶层强化学习和部分可观测系统的强化学习。求解强化学习问题所使用的算法可分为策略搜索算法和值函数算法两类。深度学习模型可以在强化学习中得到使用，形成深度强化学习。

6.9.2 演化学习及遗传算法

1. 认识演化学习

在 3.7 亿～3.6 亿年前，肉鳍鱼依靠自身优势慢慢爬上了陆地，经过漫长而艰难的历程，在连续不断的世代演变中，它们逐渐变成了两栖动物，陆地上开始有了新的生机，爬行动物、恐龙、鸟类、哺乳动物都相继出现了，最后出现了人类。在漫长的进化过程中，人类依然遵循着适者生存的法则，其间不断进行基因交叉和变异（见图 6-67），适应大自然的人种得以留存和进化，这正是演化学习的思路，只不过将群体中每一个个体都视作问题的备选解，用损失函数（loss function）评估这些个体对于环境的适应度。

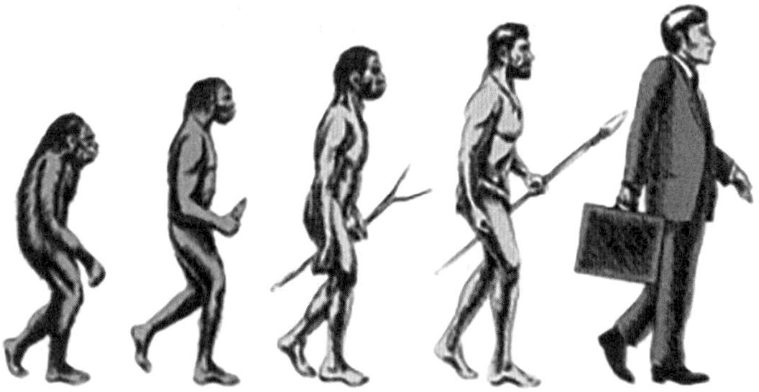

图 6-67　人类进化

演化学习利用演化算法求解机器学习中的复杂优化问题，而演化算法使用了各种模拟生物演化机制的操作，有不同的遗传基因表达方式、不同的交叉和变异算子，以及不同的再生和选择方法，不断在群体中进行繁衍、变异、重组、选择这些操作，进而找出最优解。在这个过程中，重组（recombination）、突变（mutation）和交换（crossover）创造了必要的多样性，从而促进了新颖性，而选择（choose）带来的优胜劣汰则是一种提高质量的力量。

由于重组和突变而改变的信息片段是随机选择的，但选择操作可以是确定性的也可以是随机的。在随机选择的情况下，适合度较高的个体比适合度较低的个体有更大的机会被选中，但通常即使是适应度较差的个体也有机会成为父本或生存下来。

为了理解演化算法，先看看如下案例。

例6-22　在遥远的大山里住着几户人家，在夏天的时候，就需要储备冬天食用的萝卜，目标是存储 500 kg，小雨的妈妈接到储备萝卜的任务。

如图 6-68 所示，为了节约经费，妈妈从市场上买来了一些萝卜，从中挑选出一些品相好的作为种子在家院子里种植，收获的萝卜和原来的萝卜放在一起，妈妈会小心地检查，选出不太好的（不易储存的）萝卜给家里的狗狗吃，剩下的萝卜收集在一起，继续选出好萝卜种植，直到完成了准备 500 kg 萝卜的任务，集中送到仓库。

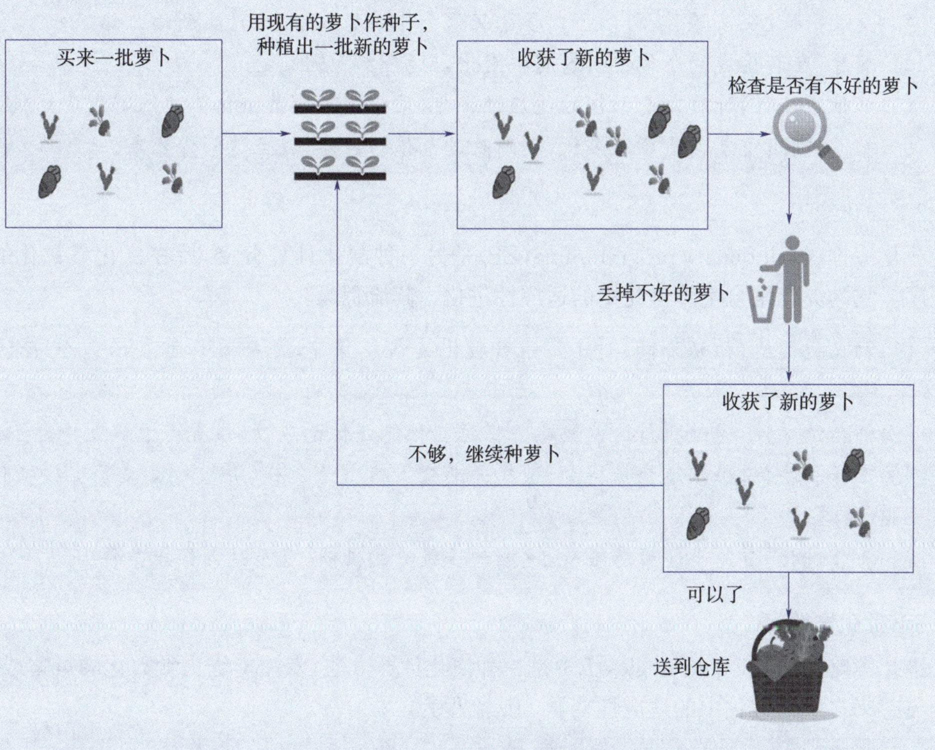

图 6-68　种植萝卜示意图

以上种植萝卜的过程就是典型的演化计算过程，萝卜是解，选出萝卜种植就是不断地演化产生新的解，检查萝卜的品质就是评估解，丢掉部分品质差的萝卜就是删除性能较差的解，直到达到设定的停止目标。

总结以上工作，演化算法的算法流程为：

(1)产生初始解集合，并计算解的目标函数值。

(2)使用启发式算子从解集合产生一批新解，并计算目标函数值，并加入解集合。

(3)根据启发式评价准则，将解集合中较差的一部分解删除。

(4)重复第(2)步，直到设定的停止准则满足。

(5)输出解集合中最优的解。

演化算法通常维护一个解的集合，并通过启发式算子来从现有的解产生新解，并通过挑选更好的解进入下一次循环，不断提高解的质量。不同的演化算法，主要在于其启发式算子、评价准则、停止准则等部件的设计不同。

1）遗传算法

遗传算法(genetic algorithms，GA)是演化计算的最早和最广泛使用的分支之一。它的灵感来自生物遗传学中的遗传机制。遗传算法通过模拟自然选择、交叉和变异等过程，逐代改进和优化一组候选解。其流程为：

(1)初始化种群：初始阶段，创建一个包含多个个体(候选解)的种群，每个个体都表示一个可能的解决方案。

(2)选择：根据个体的适应性评分，选择一部分个体作为父代，通常采用锦标赛选择等策略。

(3)交叉：通过交叉操作，将两个或多个父代个体的基因组合，产生新的个体。

(4)变异：在新生成的个体中引入随机变化，以增加多样性。

(5)评估适应性：计算每个个体的适应性得分，用于确定哪些个体将被保留到下一代。

(6)重复进化：重复上述步骤多代，逐渐改进个体的性能，直至达到停止条件。

2）演化编程

演化编程(evolutionary programming，EP)是另一种演化计算分支，旨在优化参数化的策略或程序。它的灵感来自生物进化中的适应性进化。其流程为：

(1)初始化策略：初始阶段，创建一组参数化策略或程序，每个策略都表示一个可能的解决方案。

(2)评估适应性：通过执行这些策略并根据其性能评估适应性，通常用于解决特定任务。

(3)选择和演化：根据适应性得分，选择一部分策略作为父代，并进行交叉和变异操作，生成下一代策略

(4)重复进化：重复上述步骤多代，逐渐改进策略的性能，直至达到停止条件。

3）进化策略

进化策略(evolution strategies，ES)是一种演化计算方法，专注于优化参数化的策略或模型，它的灵感来自生物进化中的适应性变异。其流程为：

(1)初始化策略：初始阶段，创建一组参数化的策略，每个策略都是一个可能的解决方案。

(2)评估适应性：通过执行这些策略并根据其性能评估适应性。

(3)选择和演化：根据适应性得分，选择一部分策略作为父代，并进行重采样和变异操作，生成下一代策略。

(4)重复进化：重复上述步骤，逐渐改进策略的性能，直至达到停止条件。

4）遗传编程

遗传编程(genetic programming，GP)是演化计算的一种变体，旨在进化计算机程序，而不仅仅是参数化策略。它的灵感来自生物进化中的基因表达和遗传。其流程为：

(1)初始化程序：初始阶段，创建一组随机生成的计算机程序，每个程序代表一个潜在的解决方案。

(2)评估适应性：通过执行这些程序并根据其性能评估适应性。

(3)选择和演化：根据适应性得分，选择一部分程序作为父代，并进行交叉和变异操作，生成下一代程序。

(4)重复进化：重复上述步骤多代，逐渐改进程序的性能，直至达到停止条件。

2. 理解遗传算法

遗传算法是模拟生物在自然环境中的遗传和演化过程而形成的一种自适应全局优化概率搜索算法。基本思想是：从初始种群出发，采用优胜劣汰、适者生存的自然法则选择个体，并通过杂交、变异来产生新一代种群，如此逐代演化，直到满足目标为止。

想象这样的场景：发生了洪灾，水漫大地，一群袋鼠需要攀登到最高峰才能安全(见图 6-69)，这些袋鼠从起点出发，一路上需要克服各种障碍，还需要忍饥挨饿，袋鼠们不得不根据眼前的情况去调整自己的行为，由于水势不断上涨，很多路都被淹没了，要小心翼翼地不断选择高地势，以免跌入谷底而被洪水吞没，只有最后找到最高峰袋鼠才最终获得安全。

图 6-69　袋鼠找到最高峰示意

袋鼠寻找最高峰的过程就是遗传算法寻找最优解的过程，路途中数不清的“山峰”是局部最优解，最高峰就是全局最优解，遗传算法的任务就是尽量爬到最高峰，而不是陷落在一些小山峰。

从案例中还可以发现遗传算法具备如下特点：

(1)袋鼠们各自踏上寻找最高峰的路途，表示遗传算法是从问题解空间多点并行搜索，而非从单个解开始搜索。

(2)在路途中，那些不能适应恶劣环境的袋鼠就会半途而废，只有适应了环境的袋鼠才可能坚持到最后。

(3)在路途中，袋鼠们需要随机应变，而不是仅仅遵循出发前的某个确定方法。

有人把这个问题称为“袋鼠跳”，希望它们不断向着更高处跳去，直到跳到最高的山峰。

遗传算法利用目标函数的适应度这一信息来指导搜索，适应度函数给个体打分，以此评估袋鼠是否适应环境，利用选择、交叉、变异等算子而不是利用确定性规则进行操作，以此来模仿袋鼠的随机应变。

有几种典型的袋鼠跳的方式：

1) 模拟爬山

袋鼠们注重于环顾四周，在周边寻找更高的山峰后，选择一个最高的山峰跳上去，即从搜索空间中随机产生邻近的点，从中选择对应解最优的个体，替换原来的个体，不断重复上述过程。

这种“鼠目寸光”的方式常常只能收敛到离开初始位置比较近的局部最优解上面，对于存在很多局部最优点的问题，通过一个简单的迭代找出全局最优解的机会非常渺茫。

2) 模拟退火

“退火”来自金属热加工过程的启发，在金属热加工过程中，将高热的金属放进冷水中突然降温，开始时，金属的温度超过它的熔点，原子具有很高的能量，原子就会激烈地随机运动，趋向于寻找其能量的极小状态。随着温度不断降低，原子的能量越来越小，最后达到所有可能的最低点。

开始时，袋鼠吃饱喝足，具有大跳跃的能力，它们兴奋地、随机地大跳跃了很长时间，大概率地从一个山峰跳过山谷，到了另外一个更高的山峰上，当它发现已经到了最高峰附近时，逐渐地减小跳跃量，以便“落脚”到最高峰上。

类似地，模拟退火，让算法从较大的跳跃开始，使它有足够的“能量”逃离可能“路过”的局部最优解而不至于限制在其中，最终找到最优解。

3）模拟被动迁徙

模拟物竞天择的生物进化过程，通过维护一个潜在解的群体执行了多方向的搜索，并支持这些方向上的信息构成和交换。

有很多袋鼠，它们生活在群山里面，这些袋鼠并不知道它们的任务是寻找最高峰，由于海拔越低生物越多，生存竞争越激烈，还可能遭到猎人猎杀，有些处于低海拔的袋鼠被猎杀，或因病因饿而死亡，慢慢地，部分袋鼠明白了要往海拔高的地方迁徙，而越是在海拔高的袋鼠越是能活得更久，也越有机会生儿育女。就这样经过许多年，这些袋鼠们竟然都不自觉地聚拢到了更高的山峰上，最终找到了最高峰。

人类的进化也是如此，遗传算法的实现过程就像自然界的进化过程那样：

(1)寻找一种对问题潜在解进行“数字化”编码的方案(建立表现型和基因型的映射关系)。

(2)用随机数初始化一个种群(第一批袋鼠就被随意地分散在山脉上)，种群里面的个体就是这些数字化的编码。

(3)通过适当的解码过程之后(得到袋鼠的位置坐标)，用适应性函数对每一个基因个体作一次适应度评估(袋鼠爬得越高，越是受人们的喜爱，所以适应度相应越高)。

(4)用选择函数按照某种规定择优选择(人们要每隔一段时间，在山上射杀一些所在海拔较低的袋鼠，以保证袋鼠总体数目持平)。

(5)让个体基因变异(让袋鼠随机地跳一跳)。

(6)产生子代(希望存活下来的袋鼠是多产的，并在那里生儿育女)。

遗传算法并不保证能获得问题的最优解，但是使用遗传算法的最大优点在于不必去了解和操心如何去“找”最优解，而只要简单的“否定”一些表现不好的个体就行了。

小　结

机器学习是对研究的问题进行模型假设，利用算法从训练数据中学习得到模型参数，并最终对数据进行预测和分析的一门学科，是人工智能的基础算法。机器的“智力”来自人类，人类将自己的学习方式用程序表达出来，由计算机执行，让机器像人一样学习。相比传统的计算方法，机器学习更加注重从数据中自动提取规律，而不是依赖固定的规则编写，使计算机能够根据新的数据不断调整模型，提高决策的准确性。如今，机器学习已经广泛应用于图像识别、自然语言处理、医疗诊断、金融分析等多个领域，极大地提升了这些行业的智能化水平。在本章，首先力图用贴近生活的案例、通俗的语言介绍机器学习算法的基本思想，并结合实际案例，帮助读者更直观地理解机器学习如何在现实世界中发挥作用。

习　题

1. 机器学习算法通常可以分为哪些类别？请简要说明各类别的特点。

2. 监督学习与无监督学习的主要区别是什么？请举例说明。

3. 什么是聚类？聚类算法的主要目标是什么？

4. 线性回归的基本假设有哪些？

5. 什么是岭回归？它是如何解决普通线性回归问题中的多重共线性问题的？

6. 朴素贝叶斯算法的基本假设是什么？这种假设是否合理？

7. k 近邻算法(KNN)的工作原理是什么？它有哪些优缺点？如何选择 K 值？K 值的大小对 KNN 结果有什么影响？

8. 使用 Python 实现 K-Means 聚类：生成一个二维数据集(如 100 个样本点)，每个样本具有两个特征。使用 sklearn. cluster. KMeans 进行聚类，并绘制聚类结果的散点图。

9. 使用 Python 实现决策树分类器：选择 sklearn. datasets 提供的鸢尾花数据集(Iris)。训练一个 DecisionTreeClassifier 并绘制决策树结构。

10. Q-Learning 简单实现：在 gym 环境中实现一个简单的 Q-Learning 强化学习算法，让智能体学会走迷宫。

第7章

Python基础

作为机器学习领域的核心编程工具，Python凭借其简洁的语法结构、丰富的第三方库和高效的开发效率，已成为人工智能领域的首选语言。本章系统介绍Python基础语法与核心工具链，旨在为后续算法实践构建扎实的编程基础。内容涵盖环境搭建、数据类型、流程控制、函数与类定义、异常处理等基础语法，并重点解析numpy、pandas、matplotlib等工具库的核心功能。通过翔实的代码示例与工具配置指南，读者可掌握数据预处理、特征工程及可视化等关键技能。同时，本章强调代码规范与模块化设计原则，为高效编写机器学习代码奠定基础。无论是零基础入门者还是需强化工具链的研究者，均可通过本章快速提升Python实战能力，为第8章的机器学习算法实践内容打好基础。详细的Python内容请读者阅读专门的教材，或者阅读Python官网提供的资料。

学习目标

- 掌握Python开发环境搭建与工具使用。
- 理解Python基础语法与核心概念。
- 掌握运用numpy与pandas进行数据处理。
- 掌握数据可视化核心技能。

7.1 系统安装

7.1.1 安装Python

1. 下载Python的安装包

进入Python的官方下载页面，选择Downloads下的Windows。或者选择Windows installer(64-bit)进行下载，如图7-1所示，下载后双击打开安装包。

2. 安装Python

勾选Add python.exe to PATH复选框(见图7-2)，单击Install Now选项开始安装Python，安装后如果有Disable path length limit选项，单击进行解除限制(见图7-3)，没有的话直接关闭即可，直到显示安装完成。

3. 检查是否成功安装

安装成功后，打开命令提示符窗口(使用键盘组合键【Win+R】，输入cmd后回车)，在cmd窗口中输入 python,如图 7-4 所示,出现 Python 的信息情况则表明安装成功了。如没有出现 Python 的版本信息,则表示在安装的时候漏勾选了 Add python. exe to PATH 选项。

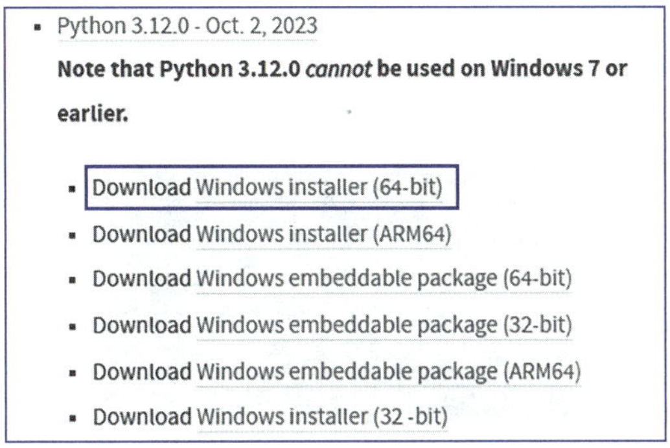

图 7-1　选择 Python 版本

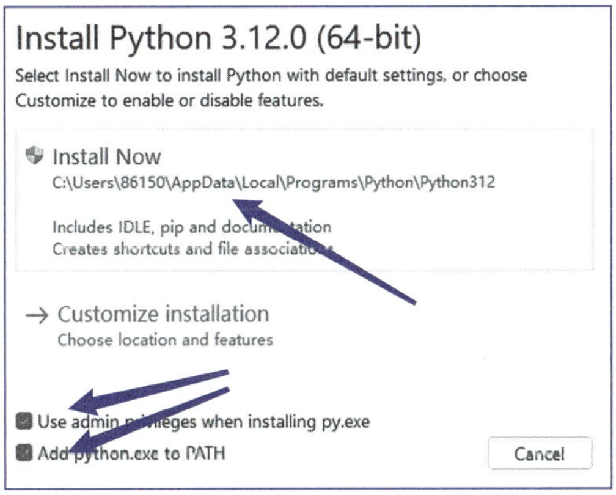

图 7-2　安装 Python

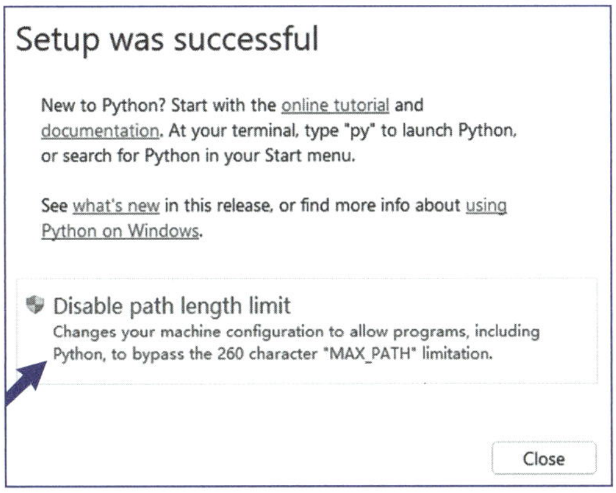

图 7-3　解除限制

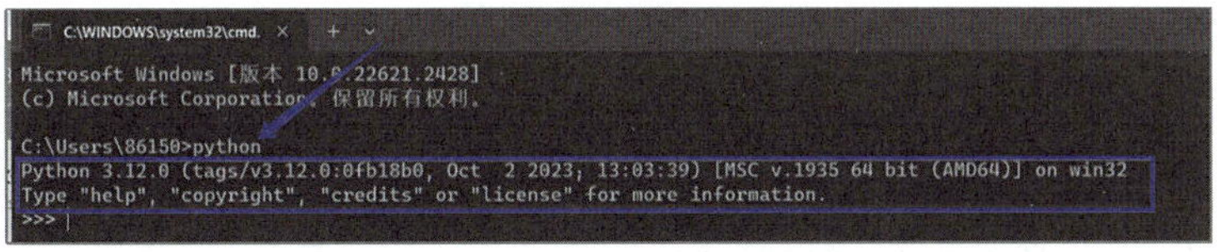

图 7-4　检查是否成功安装

7.1.2 安装 PyCharm

1. 下载 PyCharm 的安装包

进入 PyCharm 下载网页，找到社区版(标识有 Free，built on open source)，单击 Download 按钮开始下载(见图 7-5)。社区版本适合日常学习使用，专业版是收费的，但功能更强大。

图 7-5 选择社区版下载

2. 安装 PyCharm

(1)下载完后打开安装程序，单击“下一步”按钮，如图 7-6 所示。

图 7-6 安装程序

(2)选择 PyCharm 所要安装到的位置，然后单击“下一步”按钮，如图 7-7 所示。

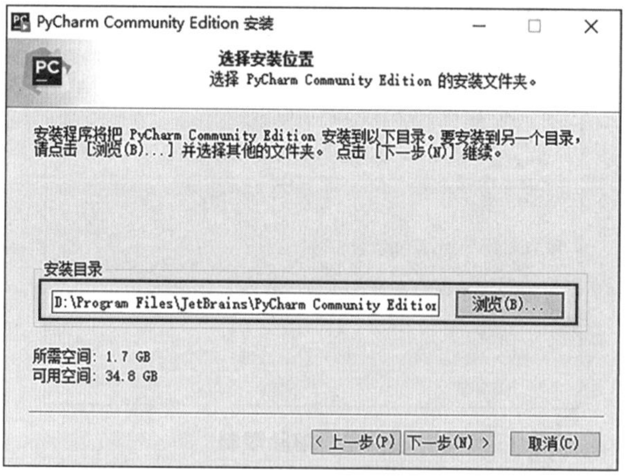

图 7-7 选择 PyCharm 所要安装到的位置

(3)在图 7-8 窗口中勾选所有选项，单击“下一步”按钮。

(4)单击 Install 按钮开始安装，如图 7-9 所示。

(5)完成安装后选择“否”，单击“完成”按钮。

图 7-8　配置安装选项

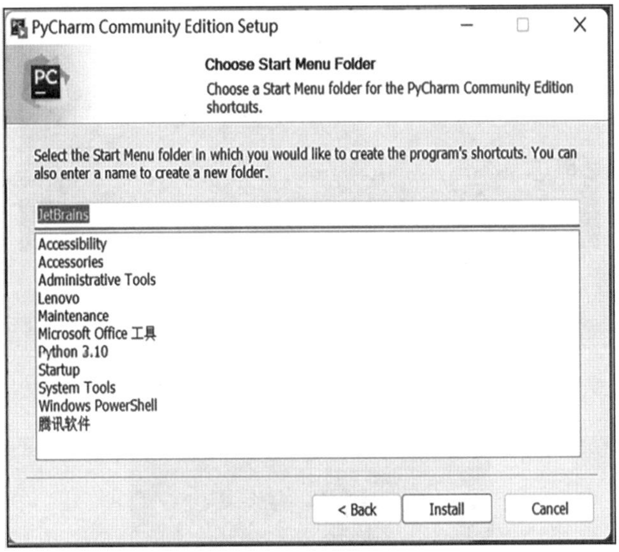

图 7-9　开始安装

3. 运行 PyCharm

(1)双击桌面的 PyCharm 快捷方式，勾选接受条款，选择“继续”。

(2)选择“Skip Import”后打开 PyCharm。

4. 配置 PyCharm

(1)单击 New Project(新建一个项目)。

(2)图 7-10 中，输入项目名称，选择项目所在路径(项目要放到的位置)，选择 Custom environment 和 Select existing 选项，在 Python path 中选择 Python 的安装位置(可以在 cmd 中输入 where python 查询)，单击 Create 按钮。

5. 新建 Python 文件

(1)在最左侧的窗口中右击你的项目文件夹，选择 new 下面的 Python file(见图 7-11)。

(2)输入文件名后按【Enter】键创建 Python 文件，然后就能编写自己的 Python 程序了(见图 7-12)。

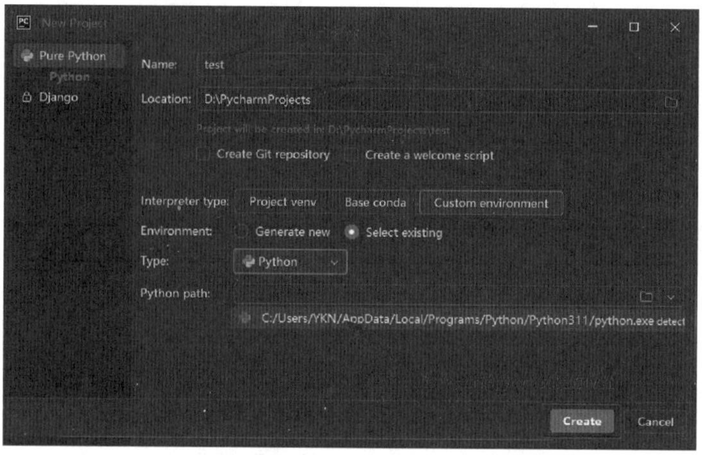

图 7-10　配置 PyCharm

图 7-11　新建 Python 文件

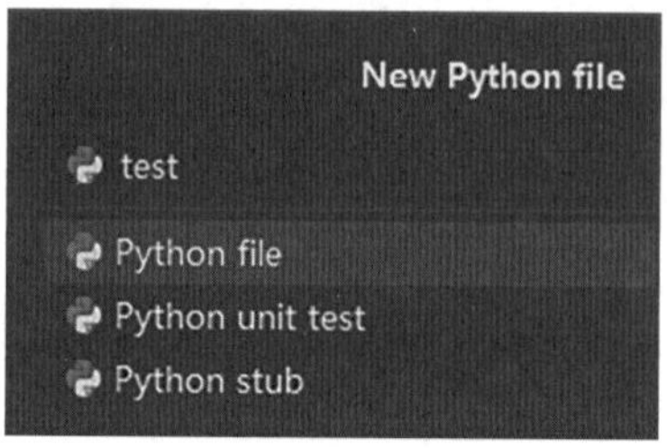

图 7-12　输入文件名后成功创建 Python 文件

6. 检查 PyCharm 是否成功配置

在新建的 Python 文件中输入 print('Hello word!')，在空白右击处，选择 Run 'test'（见图 7-13），查看是否正确输出，正确输出表明配置成功（见图 7-14）。

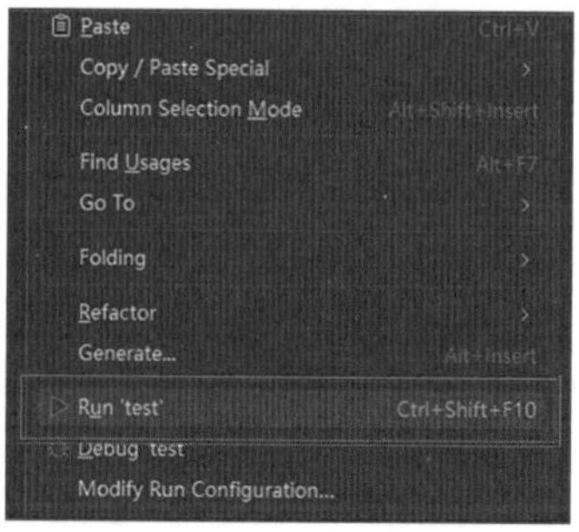

图 7-13　运行新建的 Python 文件

图 7-14 运行成功

7. 删除项目

(1)查看项目所在的位置(见图 7-15)。

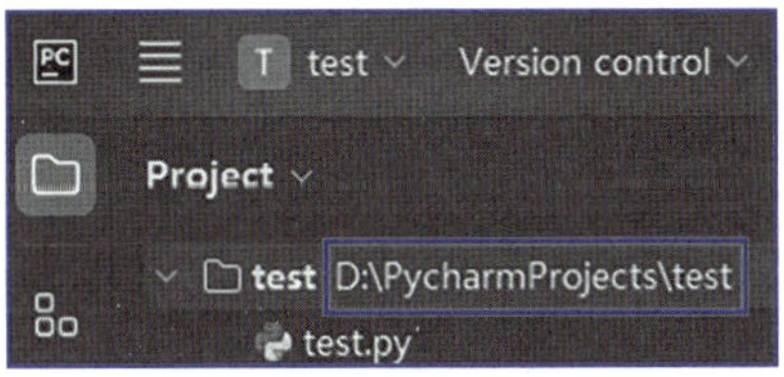

图 7-15 查看项目所在的位置

(2)在资源管理器中找到该项目(见图 7-16),按下【Delete】键删除。

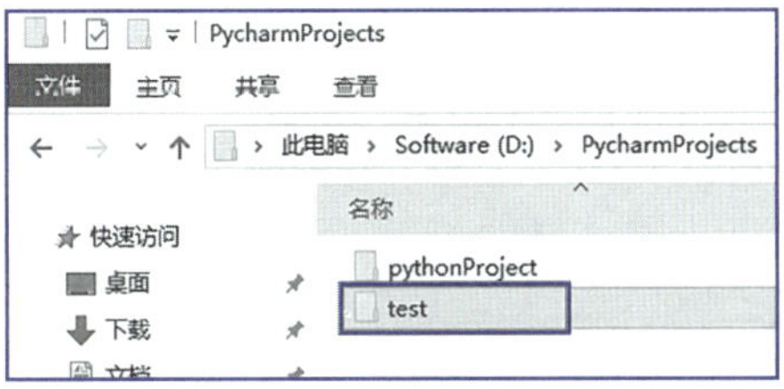

图 7-16 资源管理器中找到 test 项目

8. 切换至经典 UI 界面

选择设置下面的"Switch to Classic UI..."选项(见图 7-17),在弹出的页面中单击 Restart 按钮。

图 7-17 选择"Switch to Classic UI..."选项

7.1.3 安装库

1. 安装 scikit-learn 库

在 PyCharm 经典 UI 界面的最底端找到终端(Terminal),在终端中输入 pip install-i https://pypi.tuna.tsinghua.edu.cn/simple scikit-learn 后按【Enter】键开始安装 scikit-learn 库(见图 7-18)。

图 7-18　安装 scikit-learn 库

2. 安装 matplotlib 库

在 PyCharm 经典 UI 界面的最底端找到终端(Terminal),在终端中输入 pip install-i https://pypi. tuna. tsinghua. edu. cn/simple matplotlib 后按【Enter】键开始安装 matplotlib 库。

3. 安装 seaborn 库

在 PyCharm 经典 UI 界面的最底端找到终端(Terminal),在终端中输入 pip install-i https://pypi. tuna. tsinghua. edu. cn/simple seaborn 后按【Enter】键开始安装 seaborn 库。

7.2　Python 简介

Python 由 Guido van Rossum 于 1989 年开发,其设计哲学强调代码的可读性,并允许程序员用更少的代码表达想法。Python 的语法清晰简洁,易于学习和使用,因此迅速流行起来。至今,Python 已经成为最受欢迎的编程语言之一,是一种功能强大、易于学习和使用的编程语言,具有广泛的应用领域。

7.2.1　Python 基本语句

1. 标识符与关键字

需要为在 Python 中定义的各种对象命名,例如变量、函数等,这就是标识符,标识符的命名规则是:

(1)不能用 Python 的关键字和函数名作为标识符,Python 的关键字见表 7-1。

(2)标识符只能包含字母、数字和下画线,但不能以数字开头。

(3)标识符不能包含空格,通常使用下画线来分隔其中的单词。

(4)标识符严格区分大小写,age 和 Age 表示不同的标识符。

表 7-1　Python 关键字

False	None	True	is	and	async	elif	yield	def	pass	import	or
await	break	class	in	continue	lambda	del	not	from	raise	global	as
else	except	finally	if	for	nonlocal	while	with	try	return	assert	

2. 注释

Python 中的注释主要分为单行注释和多行注释两种。

1)单行注释

以#开头,#号后面内容为注释,例:

```
width=20                # 矩形的宽度
```

2）多行注释

用三个单引号'''或者三个双引号"""将注释括起来，例：

```
"""
作者:python
时间:2024 年 12 月 10 日
"""
```

3. 变量与赋值

变量不需要声明类型，但在使用前必须赋值，赋值的目的是将值与名称进行关联。语句的格式为：

```
<变量名>=<表达式>
```

例如：

```
name="张三"
```

Python 首先对表达式求值，再将结果存储到变量中。一个变量如果未赋值，则称该变量是"未定义的"，在程序中使用未定义的变量会导致错误。Python 语言允许同时对多个变量赋值。变量的类型是动态变化的，可通过 type()函数查看变量类型。例如：

```
x=10                            # 将整数值 10 赋值给变量 x
a=b=c=10                        # 将整数值 10 同时赋值给 a,b,c
print(type(x))
```

复合赋值运算是一种简写的方式，表 7-2 列出了 Python 提供的复合赋值运算符案例。

表 7-2 复合赋值运算符案例

运算符	名 称	等价于	案 例	运算符	名 称	等价于	案 例
+=	加赋值	a=a+b	a+=b	//=	地板除法赋值	a=a//b	a//=b
-=	减赋值	a=a-b	a-=b	&=	位与赋值	a=a&b	a&=b
*=	乘赋值	a=a*b	a*=b	|=	位或赋值	a=a|b	a|=b
/=	除赋值	a=a/b	a/=b	^=	位异或赋值	a=a^b	a^=b
%=	取余赋值	a=a%b	a%=b	<<=	左移赋值	a=a<<b	a<<=b
**=	幂赋值	a=a**b	a**=b	>>=	右移赋值	a=a>>b	a>>=b

4. 基本数据类型

1）int 整型

int 表示整数，如 1024，-100，0o11（八进制），0b11（二进制），0x11（十六进制）等。Python 不限制整型数值的大小，但由于机器内存有限，整型数值不可能无限大。

0b 或 0B 开头表示二进制（数字 0，字母 b），0o 或 0O 开头表示八进制（数字 0，字母 o），0x 或 0X 开头表示十六进制（数字 0，字母 x）。

函数 int(x,base=10)将 base 进制的字符串 x 转换成十进制整数，base 的有效值范围为

0 和 2～36。

当第 1 个参数为字符串时，可以指定第 2 个参数 base 来说明这个数字字符串是什么进制，不接受带小数的数字字符串。当 base 取 0 时，会根据 x 字符串表示的数字含义自动确定对应的进制，如果字符串表示的进制与对应的 base 取值不一致时，将会出错。

2）float 浮点类型

float 浮点类型用于存储小数数值，有两种表示方式：小数和科学计数法。科学计数法中使用大写字母 E 或小写字母 e 表示 10 的指数，后面跟一个整数，如 3.14，2.35E4，6.18E-2 等。

Python 中提供了 float(x)函数将一个数字或字符串 x 转换成浮点数。函数 round(x，d)对浮点数 x 进行截断，d=0 时表示取整，d=1 时表示保留一位小数，依此类推，同时进行四舍五入。

3）bool 布尔类型

bool 布尔类型用来表示逻辑"是"和"非"，它只有两个值：True 和 False。bool 布尔类型是 int 类型的子类，布尔数值可以隐式转换为整数类型，布尔值 True 转换为整数 1，布尔值 False 转换整数 0。

函数 bool(x)将 x 转换成布尔类型，对于数值来说只有零为 False，其他数值都为 True，对于字符串来说，只有空字符串为 False，其他字符串都为 True。None 类型被看作 False。

4）字符串类型 str

字符串属于不可变序列，是用单引号(')、双引号(")、三单引号(''')或三双引号(""")等界定符括起来的字符序列。Python 中字符串表示方式三种：

(1)普通字符串：采用单引号(')或双引号(")括起来的字符串。

(2)原始字符串(raw string)：在普通字符串前加 r，字符串中的特殊字符不需要转义，按照字符串的本来"面目"呈现。

(3)长字符串：字符串中包含了换行缩进等排版字符，可以使用三重单引号(''')或三重双引号(""")括起来，这就是长字符串。

函数 str(x)将 x 转换成字符串类型，可以通过 len()函数获取字符串的长度。

所有的字符串都是 Unicode 字符串，对于单个字符的编码，可以通过 ord()函数获取该字符的 Unicode 码，通过 chr()函数把编码转换为对应的字符。表 7-3 所示为字符串的常见操作。

表 7-3 字符串的常见操作

操作符	描 述
+	字符串连接
*	重复输出字符串
[]	通过索引获取字符串中的字符，从左向右以 0 开始，从右向左以-1 开始
[a:b]	截取字符串中的一部分，包含 a 不包含 b
in	成员运算符，如果字符串中包含给定的字符串返回 True
not in	成员运算符，如果字符串中不包含给定的字符串返回 True
r/R	原始字符串，在字符串的第一个引号前加上字母 r 或 R，字符串中的所有的字符直接按照字面的意思来使用，不再转义为特殊或不能打印的字符
%	格式化字符串

表 7-4 所示为一些常见的转义字符。

表 7-4　一些常见的转义字符

字符表示	Unicode 编码	说　明	字符表示	Unicode 编码	说　明
\t	\u0009	水平制表符	\"	\u0022	双引号
\n	\u000a	换行	\'	\u0027	单引号
\r	\u000d	回车	\\	\u005c	反斜线

例如：

```
s="Name\tAge"
print(s)
```

输出结果为：

```
Name    Age
```

表 7-5 所示为一些常见的控制符及其含义。

表 7-5　一些常见的控制符及其含义

控制符	说　明	控制符	说　明
s	字符串格式化	e/E	科学计数法表示浮点数
d	十进制整数	o	八进制整数，符号是小写英文字母
f/F	十进制浮点数	x/X	十六进制整数，x 是小写表示，X 是大写表示
G/G	十进制整数或浮点数		

5）复数

复数由实部与虚部构成，复数的虚部以 j 或 J 为后缀。例如：

```
a=3+0.5j
b=6-0.3j
print(a+b)          // 输出结果为 9+0.2j
```

5. 基本运算

1）算术运算符

表 7-6 所示为 Python 的算术运算符。

表 7-6　Python 的算术运算符

运算符	名　称	说　明	案　例
+	加	用于数字、序列等类型数据操作，数字类型是求和，其他类型是链接	a+b
−	减	求 a 减 b 的差	a−b
*	乘	用于数字、序列等类型的数据操作，数字类型是求积，其他类型是重复	a * b
/	除	求 a 除以 b 的商	a/b

续上表

运算符	名 称	说 明	案 例
%	取余	求 a 除以 b 的余数	a%b
**	幂	求 a 的 b 次幂	a**b
//	地板除法	求小于 a 除以 b 的商的最大整数	a//b

2）逻辑运算

逻辑操作符 and 和 or 也称作短路操作符，表达式从左向右解析，一旦结果可以确定就停止。表 7-7 所示为 Python 的逻辑运算符。

表 7-7 Python 的逻辑运算符

运算符	名 称	说 明	案 例
not	逻辑非	a 为 True 时，值为 False，a 为 False 时，值为 True	not a
and	逻辑与	a、b 全为 True 时，计算结果为 True，否则为 False	a and b
or	逻辑或	a、b 全为 False 时，计算结果为 False，否则为 True	a or b

3）关系运算

表 7-8 列出了 Python 的关系运算，关系运算符的执行结果为 True 或 False。

表 7-8 Python 的关系运算

运算符	名 称	说 明	案 例
==	等于	a 等于 b 时返回 True，否则返回 False	a==b
!=	不等于	与==相反	a!=b
>	大于	a 大于 b 时返回 True，否则返回 False	a>b
<	小于	a 小于 b 时返回 True，否则返回 False	a<b
>=	大于等于	a 大于等于 b 时返回 True，否则返回 False	a>=b
<=	小于等于	a 小于等于 b 时，返回 True，否则返回 False	a<=b

4）成员运算符

成员运算符测试给定值是否为序列中的成员，例如判断一个字符是否在字符串中。表 7-9 所示为成员运算符。

表 7-9 成员运算符

成员运算符	逻辑表达式	描 述
in	x in y	如果 x 在 y 序列中返回 True，否则返回 False
not in	x not in y	如果 x 不在 y 序列中返回 True，否则返回 False

5）身份运算符

身份运算符比较两个对象的内存位置是否一致，见表 7-10。

表 7-10　身份运算符

运算符	描　述	实　例
is	判断两个标识符是否引用自同一对象	x is y，如引用的是同一对象则返回 True，否则返回 False
is not	判断两个标识符是否引用自不同对象	x is not y，如引用的不是同一个对象则返回 True，否则返回 False

6）位运算

常见位运算见表 7-11，其运算原理示例如图 7-19 至图 7-21 所示。

表 7-11　Python 的位运算符

运算符	名　称	说　明	案　例
~	位反	将 x 的值按位取反	~x
&	位与	x 与 y 位进行位与计算	x&y
|	位或	x 与 y 位进行位或计算	x|y
∧	位异或	x 与 y 位进行位异或计算	x∧y
>>	有符号右移	x 右移 a 位，高位采用符号补位	x>>a
<<	左移	x 左移 a 位，低位用 0 补位	x<<a

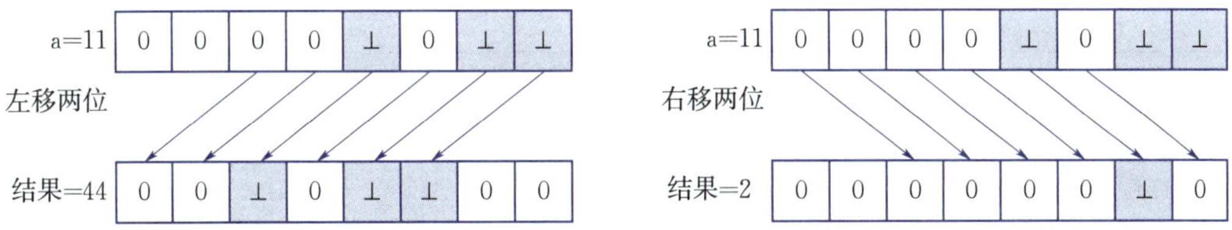

图 7-19　左移与右移运算效果示意

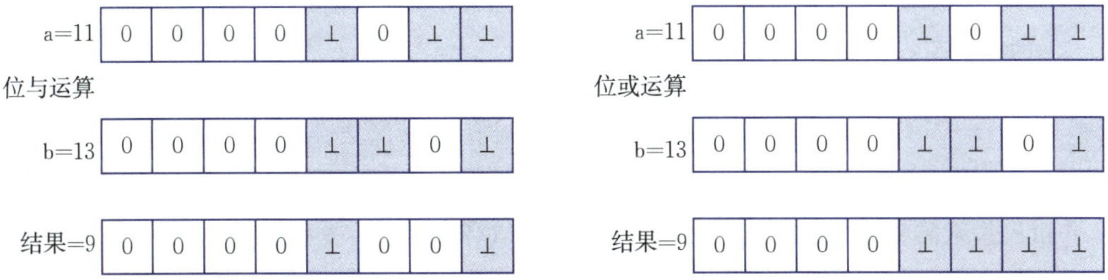

图 7-20　二进制位与、位或运算效果示意

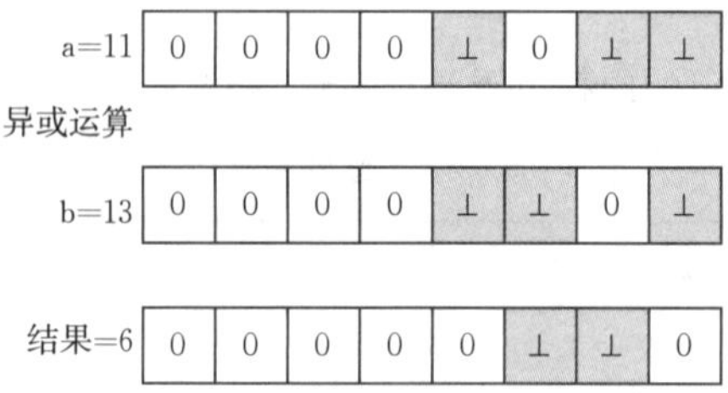

图 7-21　二进制位异或运算示意

7）运算符的优先级

运算符优先级见表 7-12。

表 7-12　运算符优先级

优先级	运算符	说　明	优先级	运算符	说　明
1	()	小括号	11	<<,>>	位移
2	f(参数)	函数调用	12	&	位与
3	[start:end], [start:end:step]	分片	13	∧	位异或
4	[index]	下标	14	|	位或
5	in,not in,is,is not, <,<=,>,>=, <>,! =,==	比较	15	.	引用类成员
6	**	幂	16	not	逻辑非
7	~	位反	17	and	逻辑与
8	+,-	正负号	18	or	逻辑或
9	*,/,%	乘法、除法、取余	19	lambda	lambda 表达式
10	+,-	加法、减法			

6. 输入语句 input()函数

```
input(prompt= None)
```

其中，prompt 表示提示信息，默认为空，如果不空，则显示提示信息。然后等待用户输入，输入完毕后按[Enter]键。将用户输入作为一个字符串返回，自动忽略换行符，可以将返回结果赋予变量。

7. 输出语句 print()

```
print(value,...,sep='',end='\n',file=sys.stdout,flush=False)
```

其中：

value：表示需要输出的对象，一次可以输出多个对象(其中...表示任意多个对象)，对象之间用逗号(,)分隔。

sep：表示输出时对象之间的间隔符，默认用一个空格分隔。

end：表示输出以何字符结尾，默认值是换行符。

file：表示输出位置，可输出到文件，file 指定的对象要有“写”的方法，默认值是 sys. stdout。

flush：将缓存里面的内容是否强制刷新输出，默认值是 False。

8. 流程控制——条件语句

1）单向 if

语法形式：

```
if 条件表达式:
      语句块
```

语句只有 if 没有 else，只针对满足条件的情况做一些额外操作，执行流程如图 7-22 所示。

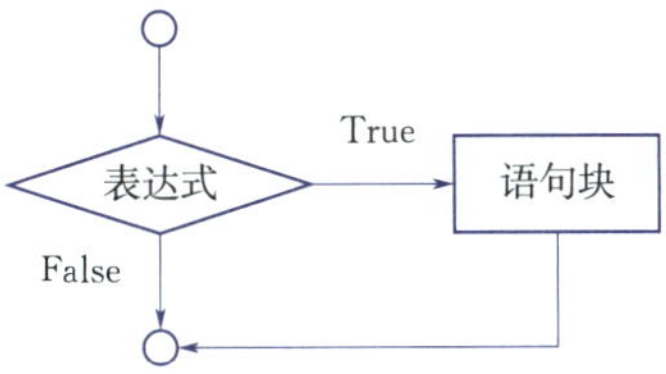

图 7-22　单 if 语句执行流程

语句块只有当表达式的值为 True 时才会执行；否则，程序就会直接跳过这个语句块，去执行紧跟在这个语句块之后的语句。这里的语句块，既可以包含多条语句，也可以只有一条语句。当语句块由多条语句组成时，要有统一的缩进形式，否则就会出现逻辑错误，即语法检查没错，但是结果却非预期。

2）双向 if…else 语句

if 布尔表达式：

```
    语句块 1(当 condition 为真时执行的代码块)
else:
    语句块 2(当 condition 为假时执行的代码块)
```

如表达式结果为 True 则执行语句块 1，否则执行语句块 2，执行流程如图 7-23 所示。

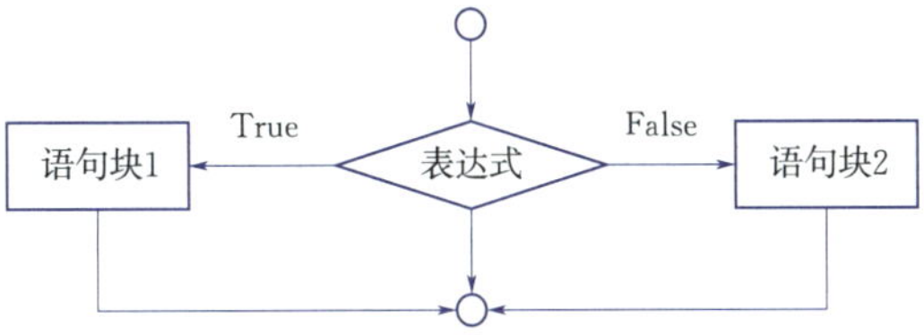

图 7-23　if…else 语句执行流程

3）多分支 if…elif…else 语句

```
if  条件表达式 1:
          语句体 1
elif 条件表达式 2:
          语句体 2
          …
```

```
elif 条件表达式 n:
        语句体 n
else:
        语句体 n+1
```

如果需要在多组操作中选择一组执行，就会用到多选结构，即 if... elif... else 语句。该语句利用一系列布尔表达式进行检查，并在某个表达式为真的情况下执行相应的代码。

if... elif... else 语句的备选操作较多，但有且只有一组操作被执行。流程如图 7-24 所示。

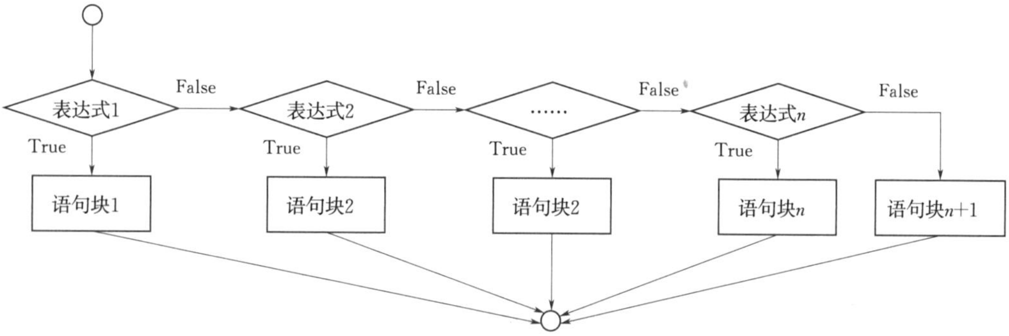

图 7-24　多分支 if... elif... else 语句执行流程

```
if x> y:
print("x is greater than y")
elif x< y:
print("x is less than y")
else:
print("x is equal to y")
```

4）条件表达式

```
表达式 1  if  布尔表达式  else  表达式 2
```

如果布尔表达式为 True，则表达式的结果是表达式 1；否则，表达式的结果就是表达式 2。

若想将变量 number1 和 number2 中较大的值赋给 max，可以使用下面的条件表达式简洁地完成：

```
max=number1    if number1 >number2  else  number2
```

9. 循环语句——for 循环

for 是一种遍历型的循环，它会依次对某个序列中全体元素进行遍历，遍历完所有元素之后便终止循环（常用于循环次数确定的场景）。

for 循环的一般格式如下：

```
for 控制变量 in 可遍历序列:
    循环体
```

（1）“可遍历序列”里保存了多个元素，如列表、元组、字符串等。

(2)“可遍历序列”被遍历处理，每次循环时，都会将“控制变量”设置为“可遍历序列”的当前元素，然后执行循环体。当“可遍历序列”中的元素被遍历一遍后，即没有元素可供遍历时，退出循环。

```
# for 循环
for i in range(5):
    print(i)
```

for 循环语句经常结合 range()函数一起使用，range()函数用于生成整数数字序列，函数声明如下：

```
range(start,stop[,step])
```

start：计数从 start 开始，默认为 0。

stop：计数到 stop 结束，但不包括 stop，该参数必填。range(a,b)函数返回连续整数 a、a+1、…、b-2 和 b-1 的序列。

step：步长，表示每次变化的数，默认为 1，正数表示递增，负数表示递减。

start、stop、step 只能为整数，不能为浮点数。

返回值为 range 类型，需通过循环遍历其元素或通过下标访问其元素。

range(a)等价于 range(0,a,1)，range(a,b)等价于 range(a,b,1)。

10. 循环语句——while 循环

在某条件下循环执行某段程序，重复处理某一任务。语句格式为：

```
while 循环继续条件：
    循环体
```

循环体可以是一个单一的语句或一组具有统一缩进的语句。

while 循环是一种条件控制循环，它是根据一个条件的真假来控制的。每个循环都包含一个循环继续条件，如果它的计算结果为真，则执行循环体；否则，终止整个循环并将程序控制权转移到 while 循环后的语句。例如：

```
count=0
while count<5:
    print(count)
    count+=1
```

11. 循环控制

break 语句终止整个循环语句，如果使用嵌套循环，break 语句将停止执行最深层的循环，并开始执行循环语句下一行代码。continue 语句终止当前迭代，忽略 continue 之后的语句，进入下一次迭代。

12. 循环语句中的 else

循环语句也可以带有 else 子句，else 子句在序列遍历结束(for 语句)或循环条件为假(while 语句)时执行，但循环被 break 终止时不执行。带有 else 子句的 while 循环语句格式：

```
while 循环继续条件：
    循环体
```

```
        else:
            语句体
```

带有else子句的for语句格式：

```
for 控制变量 in 可遍历序列:
        循环体
          else:
            语句体
```

13. 函数调用

1）函数定义的一般形式

函数是指具有一定功能的代码块，定义函数的格式为：

```
def 函数名([形参列表]):
        函数体
        [return[返回值]]
```

函数名：从语法角度来看，只要是一个合法的标识符即可；从可读性角度来看，函数名应见名知意，由小写字母组成，多个单词间用下画线隔开。

形参列表：函数可包含0个或多个参数，形参不用指定类型，多个参数用逗号隔开，调用时赋值。

函数体：由一条或多条语句组成的代码块。

return：返回函数结果，可选。可以同时返回多个值，多个值以元组形式存放。

实参是函数调用时实际传递的值，实参与形参通常个数相同。

2）参数类型

根据函数参数赋值特点、形式划分，可大致将函数参数分为位置参数、关键字参数、默认值参数、可变长度参数、序列解包参数等。

(1)位置参数是指函数调用时，根据函数定义时形参的位置顺序依次将实参的值赋值给形参。要求实参和形参的个数必须一致，而且实参和形参必须一一对应。

(2)关键字参数是指函数调用时，以“键-值”形式指定实参，此时将会根据关键字匹配相应的形参变量名，并对该变量其进行赋值，实参顺序和形参顺序可以不一致。传递的关键字一定要在形参列表中，否则将报错。

(3)默认值参数是指函数定义时，在形参列表中直接为参数赋值来指定该参数的默认值。函数调用时，对于有默认值的参数，可传值也可不传值。未传值时将采用默认值；传值时将用新的值替换默认值。

(4)可变长度参数是指函数定义时，无法确定参数的个数。

(5)序列解包参数：实参为序列对象，传值时将序列中的元素依次取出，然后按照一定规则赋值给相应变量。主要有两种形式：*序列对象、**字典对象。

当传递的实参为“*序列对象”时，将会取出序列中的每个元素，然后按照位置顺序依次赋值给每一个形参。当实参为“序列对象”时，会将其看作一个整体赋值给某个形参。当传递的实参为“**字典对象”时，将会根据关键字来匹配相应的形参，如果没有匹配到则报错，如果匹配到，则将相应的值赋值给该形参。当实参为字典对象时，会将其看作一个整体赋值给某个形参。实参传值时，既可通过位置传值，也可通过关键字传值，但可变参数后面的参数只能通过关键字传值，一般建议可变参数放在形参的最后。

函数定义时，不能同时包含多个相同类型的可变参数，即多个“ * 参数”或多个“ ** 参数”，但可同时包含“ * 参数”“ ** 参数”，且“ * 参数”要放在“ ** 参数”前面。

当既有可变参数又有普通参数时，会先给普通参数赋值，最后将多余的值存放在可变参数中，可变参数可以不赋值，此时可变参数为空。带有默认值的参数后面不能包含没有默认值的参数，但可以包含可变参数，可以理解为可变参数的默认值为空。

3）匿名函数：lambda 表达式

Python 使用 lambda 表达式创建匿名函数，即没有函数名字的临时使用的函数，可以将 lambda 表达式看成是函数的简写形式。lambda 表达式的语法：

```
lambda 参数列表:表达式
```

lambda 表达式的主体是一个表达式，而不是一个代码块，在表达式中可以调用其他函数，并支持默认值参数和关键字参数，表达式的结果相当于函数的返回值；可以直接把 lambda 定义的函数赋值给一个变量，用变量名来表示 lambda 表达式所创建的匿名函数，这样就可以多次使用该函数。

所有通过 lambda 表达式实现的效果，都可以通过相应的函数形式实现，反之则不一定。

4）map()函数

map()函数是 Python 的内置函数，用于多次调用某一函数，并将可迭代对象中的元素作为实参传入，最终返回结果为函数运行结果的迭代器。方法声明为：

```
map(func,*iterables)
```

func 参数表示需调用的函数，可以是已定义好的函数名，也可以是 lambda 表达式。

* iterables 参数表示可迭代对象，即每次调用时传递的实参，如果函数需要传递多个参数时，此时需要多个可迭代对象。

5）filter()函数

filter()函数是 Python 的内置函数，用于过滤可迭代对象中的元素，保留使得函数调用结果为 True 或结果可转化为 True 的元素，最终结果为符合要求的元素组成的迭代器。方法声明为：

```
filter(func,iterable)
```

func 参数表示需调用的函数，可以是已定义好的函数名，也可以是 lambda 表达式，函数返回值通常为 True 或 False；iterable 参数表示可迭代对象，即每次调用时传递的实参。

6）导入模块和使用模块中的函数

```
import math
  x=math.sqrt(16)                # 使用 math 模块中的 sqrt()函数计算平方根
  print(x)
```

14. 异常处理(try...except 语句)

异常是指程序语法正确，但执行中因一些意外而导致的错误，异常并不是一定会发生。默认情况下，程序运行中遇到异常时将会终止，并在控制台打印出异常出现的堆栈信息。Python

中通常将可能发生异常的代码放在 try 语句中，如果发生异常通过 except 语句来捕获异常并做一些额外处理，如果没有发生异常，则执行后面的 else 语句，最后执行 finally 语句做一些收尾操作。

1）try… except… 结构异常处理

Python 异常处理最基本的结构是 try… except… 结构，语法如下：

```
try:
        语句块
except 异常名称 1:
        处理异常的代码块
…
except 异常名称 n:
        处理异常的代码块
…
```

其中，如果未发生异常，try 子句中的语句依次执行，如果发生异常，则忽略下面的语句，并匹配 except 语句；try 子句后可接多个 except 语句，发生异常时，按照 except 语句顺序从上到下依次匹配，如果匹配成功，则执行该 except 子句中的代码块，异常处理结束，不再匹配后面的 except 语句。

如果所有 except 语句都不匹配，那就相当于未捕获异常，此时将采用默认处理方式，程序终止，打印异常堆栈信息。通常会在 except 子句的最后加上一个不带异常名称的 except 子句或异常名称为 Exception 的 except 子句，此时可捕获所有的异常，避免程序意外终止；通常会将捕获到的异常赋值给某个变量，然后通过该变量获取异常的信息，例如：

```
except 异常名称 as 变量
```

2）try… except… finally… 异常处理结构

```
  try:
        语句块
except 异常名称 1:
        处理异常的代码块
…
except 异常名称 n:
        处理异常的代码块
finally:
        语句块
…
```

与前面结构相比，多了一个 finally 子句，无论是否发生异常都会执行 finally 子句，主要用来做收尾工作，如关闭前面打开的文件，保证前面打开的文件一定会被关闭。

try 子句不能独立存在，后面必须要有 except 子句或 finally 子句。若 try 或 except 中存在 break、continue、return 语句，finally 子句将在这些语句执行前执行。如果 finally 子句包含 return 语句，则函数返回值为 finally 子句中 return 语句的返回值。

3）try...except...else...finally...异常处理结构

```
try:
        语句块
except 异常名称 1:
        处理异常的代码块
...
except 异常名称 n:
        处理异常的代码块
else:
        语句块
finally:
        语句块
...
```

如果 try 子句中没有出现异常且没有 return 语句，则执行 else 子句。else 语句不能独立存在，必须在 except 语句后面，else 语句中的内容也可以直接放在 try 语句的最后，效果是等价的。

Python 中提供了 raise 语句，允许用户主动抛出异常，raise 关键字后面需要提供一个异常实例或者异常类，如果传递的是异常类，则会调用无参数的构造方法来实例化对象。如果捕获到了异常，但是暂时不处理，可以直接通过 raise 语句抛出异常，此时 raise 关键字后面什么都不用写。

15. 定义类和实例化对象

1）类的定义

在 Python 中，通过 class 关键字定义类，然后通过定义的类创建实例对象。语法如下所示：

```
class  <类名>:
       类属性 1
       ...
      类属性 n
      <方法定义 1>
      ...
      <方法定义 n>
```

class 关键字后是类名，名字由用户自由指定，通常首字母大写。类名后跟冒号，类体由缩进的语句块组成。类的成员分为两种类型：描述属性的数据成员和描述行为的函数成员。

类是一种抽象的概念，要使用类定义的功能，就必须进行类的实例化，即创建类的对象。

创建类的对象的方式类似函数调用方式：

```
对象名=类名(参数列表)
```

类中通常包含一个特殊方法：__init__。在创建和初始化一个新对象时被系统自动调用，用于完成对象的初始化工作，如成员变量赋值等。程序通过类的__init__()方法接收“参数列表”中的参数，参数列表中的参数要与__init__()方法中除了 self 以外的参数匹配。调用对象的属性和方法的格式：

```
对象名.对象的属性
对象名.对象的方法()
```

以下是一个简单的例子，定义了一个名为 Person 的类，该类具有 name 和 age 两个属性，以及一个 greet()方法：

```
# 定义一个名为 Person 的类
class Person:
  def __init__(self,name,age):        # 初始化方法，当创建类的实例时自动调用
        # 设置实例的属性
        self.name=name
        self.age=age

def greet(self):                       # 定义一个 greet 方法
      # 打印问候语
      print(f" my name is {self.name} and I am {self.age} years old.")

# 创建名为 john 的 Person 实例，name 属性为'John Doe',age 属性为 30
john=Person('John Doe',30)
john.greet() # 调用 greet()方法，输出:my name is John Doe and I am 30 years old.
jane=Person('Jane Smith',25)           # 创建另一个名为 Jane 的 Person 实例
jane.greet()  # 调用 greet()方法 ,输出:my name is Jane Smith and I am 25
years old
```

2）类中的变量

成员变量用于存储描述类或对象属性的值，根据位置不同可分为类变量和实例变量。成员变量可以被该类中定义的方法访问，也可以在外部通过对象进行访问，而在方法体中定义的局部变量，则只能在方法内进行访问。

实例变量是在方法内部通过“self. 变量名”定义的变量，注意和局部变量的区别，实例变量在类的内部通过“self. 变量名”访问，在外部通过“对象名．变量名”来访问。实例变量一般是在__init__()方法中进行初始化，self. 变量名＝__init__()方法传递实参，也可以在其他方法中定义或创建对象后添加。

可通过 dir(对象)查看该对象所有的成员名称，访问一个不存在的实例变量时，将会抛出属性异常：AttributeError。对一个不存在的实例变量赋值，将会为该对象添加一个实例变量。

类变量是在类中所有方法之外定义的变量，可以在所有实例之间共享，类变量可以通过“类名．类变量名”进行访问，也可以通过“对象名．类变量名”进行访问，但一般不建议这么做。

对类变量的赋值只能通过“类名．类变量名”来执行，对“对象名．类变量名”进行赋值相当于创建了一个同名的实例变量。访问一个不存在的类变量时，将会抛出属性异常：AttributeError。对一个不存在的类变量赋值，将会为该类添加一个类变量。

当类变量名和实例变量名相同时，通过“对象名．变量名”访问时，访问的是实例变量。如果确实想要访问类变量，只能通过“类名．类变量名”访问。如果类变量名以两个下画线开始，

即“_ _类变量名”，表示该变量属于私有变量，只允许在这个类的内部调用，在外部无法直接调用。案例如下：

```
class MyClass:
    def __init__(self):
        # 使用两个下画线进行名称修饰，表示该变量为私有变量
        self.__private_var_double="I'm a truly private variable"
    def get_double_private(self):
        # 注意：即使使用了双下画线，仍然可以在类内部访问它
        return self.__private_var_double

obj= MyClass()                                  # 创建一个实例
# 尝试直接访问通过两个下画线标记的私有变量(这将会失败)
#  print(obj.__private_var_double)              # 这将引发 AttributeError
# 使用 getter()方法访问通过两个下画线标记的“私有”变量
print(obj.get_double_private())                 # 这是访问双下画线私有变量的
                                                  正确方式
# 外部不能直接访问__private_var_double，但可以通过_ClassName__private_
var_double 访问
# 注意：这种做法破坏了封装性，通常不建议这样做
print(obj._MyClass__private_var_double)         # 打印出变量的值，但违反了封
                                                  装原则
```

Python 中提供@property 装饰器把类中的方法“装饰”成属性使用，@property 装饰器默认提供一个读取成员变量值的接口，如果需要修改成员变量的值，可搭配使用@属性名 . setter 装饰器。如果需要删除成员变量，可搭配使用@属性名 . deleter 装饰器。案例如下：

```
class Circle:
    def __init__(self, radius=0):
        self._radius=radius
  @ property
    def radius(self):
        """Getter for radius. """
        return self._radius
  @ radius.setter
    def radius(self, value):
        """Setter for radius. """
        if value <0:
            raise ValueError("Radius cannot be negative!")
        self._radius=value
    @ radius.deleter
    def radius(self):
```

```
        """Deleter for radius."""
        raise AttributeError("Can't delete attribute")
c=Circle(5)                 # 创建一个 Circle 对象
print(c.radius)             # 访问属性(实际上是调用了 getter()方法),输出:5
```

3）类的方法

方法是与类相关的函数,类中方法的定义与普通的函数大致相同。类中定义的方法大致分为三类:实例方法、类方法和静态方法。

实例方法至少包含一个对象参数,在内部通过"self. 方法()"调用,在外部通过"对象名 . 方法()"调用,执行时,自动将调用方法的对象作为参数传入;实例方法和函数定义类似,但第一个参数必须为实例对象,参数名通常为 self,表示当前调用这个方法的对象。实例方法定义语法如下:

```
def 实例方法名(self,[形参列表]):
    方法体
```

在类的内部通过"self. 方法名(参数)"来调用实例方法,在类的外部需通过"对象名 . 方法名(参数)"调用实例方法。调用时无须传递 self 参数。如果方法名以两个下画线开始,即"_ _方法名",表示该方法属于私有方法,只允许在这个类的内部调用,在外部无法直接调用。

类方法至少包含一个类参数,由类调用,调用类方法时,自动将调用该方法的类作为参数传入;类方法定义前一般添加"@classmethod"装饰器,第一个参数必须为类对象,参数通常为 cls,表示当前类。

类方法只能访问类变量,不能访问实例变量。使用类方法时,既可以通过"对象名 . 类方法名"来访问,也可以通过"类名 . 类方法名"来访问。类方法通常用于定义与该类相关而与具体对象无关的操作。

```
@ classmethod
def 类方法名(cls,[形参列表]):
    方法体
```

静态方法由对象或类直接调用,对参数没有特殊要求。静态方法主要作为一些工具方法,通常与类和对象无关。静态方法定义前一般添加"@staticmethod"装饰器。形式上与普通函数无区别。静态方法只能访问属于类的成员,不能访问属于对象的成员。使用静态方法时,既可以通过"对象名 . 静态方法名"来访问,也可以通过"类名 . 静态方法名"来访问。

```
@ staticmethod
def 静态方法名([形参列表]):
    方法体
```

类中有两个特殊的方法,_ _new_ _()和_ _init_ _(),用于创建并初始化一个对象。当实例化一个类对象时,最先被调用的是_ _new_ _()方法。_ _new_ _()方法创建完对象后,将该对象传递给_ _init_ _()方法中的 self 参数。而_ _init_ _()方法是在对象创建完成之后初始化对象状态。这两个方法都是在实例化对象时被自动调用的,不需要程序显式调用。

_ _new_ _()方法在 object 类中定义,该方法至少需要一个参数 cls 表示需要实例化的类。

__new__()方法必须要有返回值,返回实例化对象。Python 中的类都直接或间接继承自 object 类。如果类定义中没有提供__new__()方法,将使用从父类继承而来的__new__()方法。

__init__()方法有一个参数 self,该参数是__new__()方法返回的实例对象。若__new__()方法没有正确返回当前类 cls 的实例对象,那么__init__()方法将无法被调用。__init__()方法在__new__()方法的基础上完成一些初始化工作,不需要返回值。

如果用户在类中未提供__init__()方法,系统将默认调用父类的初始化方法。所有类都直接或间接继承于 object 类,该类中提供了__init__()方法。

4)类的继承

继承是一种创建新类的方式,新建的类可以继承一个或多个父类,父类又可称为基类或超类,新建的类称为派生类或子类。子类可以继承父类的公有成员,不能继承其私有成员。如果需要在子类中调用父类的方法,可使用内置函数 super()或者通过“基类名.方法名()”。类的多重继承的语法格式:

```
class 子类名(父类1,父类2,....,父类n):
    类体
```

通过类提供的__bases__属性可以查看该类的所有直接父类。

如果在类定义中没有指定父类,则默认其父类为 object,object 是所有类的根基类。此时,可以省去类名后面的圆括号。注意圆括号中父类的顺序,使用类的实例对象调用一个方法时,若在子类中未找到,则会从左到右查找父类中是否包含该方法。

object 类中定义的所有方法名都是以两个下画线开始、以两个下画线结束,其中比较重要的方法有__new__()、__init()、__str__()、__eq__()和__dir__()等。

__str__()方法会返回一个描述该对象的字符串。默认情况下,它返回一个由该对象所属的类名以及该对象十六进制形式的内存地址组成的字符串。__eq__()方法用于比较两个对象是否相等,默认是比较两个对象是否指向同一引用,可根据业务需求重写该方法,使用“==”判断两个对象是否相等时将会调用该方法。__dir__()方法用于显示对象内部所有的属性和方法。__dict__属性以字典的形式显示对象内部存储的所有属性名和属性值。

当父类的方法不能满足子类的要求时,可在子类中重写父类的方法,也就是在子类中写一个和父类的方法名相同的方法。创建子类对象时,将会默认按顺序创建所有父类的对象,即调用父类的__new__()方法。但并不会调用所有父类的__init__()方法。如果子类没有提供自己的__init__()方法,将会默认调用第一个父类的__init__()方法;如子类提供了__init__()方法,则默认不会调用父类的__init__(),此时,父类的成员变量将无法初始化,因此,通常会在子类的__init__()方法中,显示调用父类__init__()方法。

赋值符号“=”使得两个对象引用相同,此时一个对象的变化也会影响另一对象。如果想将原对象的内容复制一份,可用 copy 模块的 copy()函数,如 b=copy.copy(a),此时 a 和 b 对象内容相同,但是引用不同。copy 函数是浅拷贝,只拷贝当前对象,不会拷贝对象内部的其他对象。如果要递归拷贝对象中的其他对象,可用 copy 模块的 deepcopy()进行深拷贝,如 b=copy.deepcopy(a),此时,b 完全复制了 a 对象及其子对象,a 和 b 是完全独立的。

7.2.2 文件处理

1.文件处理基本流程

为了保存数据,方便修改和分享,数据通常以文件的形式存储在磁盘等外部存储介质中。

根据逻辑上编码不同可将文件大致分为两类：文本文件和二进制文件。

文本文件：基于字符编码，存储的是普通字符串，不包括字体、字号、样式、颜色等信息，可通过文本编辑器显示和编辑，例如 txt 文件。

二进制文件：基于值编码，以字节形式存储，其编码长度根据值的大小可变。通常在文件的头部相关属性中定义，表示值的编码长度。例如视频、音频等。

Python 中对文件的操作通常按照以下三个步骤进行：

(1)使用 open()函数打开(或建立)文件，返回一个 file 对象。

(2)使用 file 对象的读/写方法对文件进行读/写的操作。

(3)使用 file 对象的 close()方法关闭文件。

Python 中提供 open()方法用于打开一个文件，并返回文件对象，在对文件进行处理过程都需要使用这个函数，如果该文件无法被打开，会抛出 OSError 错误。open()方法的声明如下：

```
open(file,mode='r',buffering=None,encoding=None,errors=None,newline
=None,closefd=True)
```

其中：file 表示文件名或路径，mode 表示打开模式，encoding 表示文件编码。

(1)file 参数示例：

• 使用原始字符串来避免转义字符：r'd:\test.txt'。
• 使用双反斜杠来转义单个反斜杠：'d:\\test.txt'。
• 使用正斜杠代替反斜杠(Windows 和 UNIX/Linux 系统都支持)：'d:/test.txt'。

(2)mode 参数说明：

• 'r'：只读模式(默认)，文件不存在时抛出错误。
• 'w'：只写模式，文件不存在时创建文件，存在时清空内容。
• 'x'：排它性创建，文件不存在时创建文件，存在时抛出错误。
• 'a'：追加模式，文件存在时在末尾追加内容。
• 'b'：二进制模式，用于二进制文件。
• 't'：文本模式(默认)，用于文本文件。
• '+'：更新模式，既可读又可写，通常与'r'、'w'、'a'、'x'结合使用。

2. Excel 文件操作

Excel 文件是一种二进制文件。Python 官方发布版本中没有读写 Excel 文件的模块。需要安装第三方模块来实现对 Excel 文件的读写。常用的第三方库为 xlrd(读取 Excel 文件)、xlwt(向 Excel 文件中写入内容)。安装第三方库的方法为：

```
pip install xlrd
pip install xlwt
```

Excel 文件读取的操作步骤：

(1)导入模块：xlrd。

(2)打开 Excel 工作簿：Book。

(3)指定工作簿中的表单：Sheet。

(4)根据行列序号读取内容。

表 7-13 所示为 Excel 读取操作核心方法。

表 7-13　Excel 读取操作核心方法

Excel 读取时主要的方法和属性	Excel 写入时主要的方法和属性
xlrd. open_workbook(文件名):打开 Excel 文件	xlwt. Workbook():创建 Excel 文件
sheet_by_index(索引):依索引获取表单(Book 类)	add_sheet(名称):添加表单(Workbook 类)
sheet_by_name(名称):根据名称获取表单(Book 类)	xlwt. XFStyle():定义样式
nrows:一共有多少行(Sheet 类)	xlwt. Font():定义字体
ncols:一共有多少列(Sheet 类)	xlwt. Alignment():定义对齐方式
cell_value(行序,列序):获取单元格内容(Sheet 类)	write(行序,列序,内容,样式):向单元格添加内容(Worksheet 类)
row_values(行序):获取某一行的内容(Sheet 类)	write_merge(行序 1,行序 2,列序 1,列序 2,内容,样式):合并指定范围单元格并指定内容
……(更多内容查看帮助文档)	……(更多内容查看帮助文档)

Excel 文件写入的操作步骤:

(1)导入模块:xlwt。

(2)构造工作簿:Workbook。

(3)为工作簿添加表单:Worksheet。

(4)根据行列序号写入内容。

(5)保存文件。

7.2.3　Python 常用模块

在 Python 中,存在大量的库用于支持各种开发任务,从数据处理、科学计算到 Web 开发等。以下是 Python 中常用的库,按照不同的功能领域进行分类:

1. 数据处理和科学计算

• numpy:用于科学计算的基础库,提供了多维数组、数学函数等功能。

• pandas:提供高性能、易于使用的数据结构和数据分析工具,可以处理各种类型的数据。

• scipy:用于数学、科学和工程的库,包含多种数学算法和函数。

2. 数据可视化

• matplotlib:用于创建高质量图形的 Python 库,支持多种图形类型。

• seaborn:利用了 matplotlib,用简洁的代码来制作好看的图。

• ggplot:基于 R 的一个作图库 ggplot2,允许叠加不同的图层来完成一幅图,并不适用于制作非常个性化的图像,为操作的简洁度而牺牲了图像的复杂度。

• boke:能用于制作可交互、可直接用于网络的图表。

• plotly:可以通过 Python notebook 使用,但提供在别的库中几乎没有的几种图表类型,如等值线图、树形图和三维图表。

• pygal:提供可直接嵌入网络浏览器的可交互图像。用几行代码就可以很容易地制作出漂亮的图表。

• geoplotlib:用于制作地图和地理相关数据的工具箱。可用来制作多种地图,比如等值区域图、热度图、点密度图。必须安装 pyglet(一个面向对象编程接口)方可使用。

• missingno:用图像的方式快速评估数据缺失的情况,可根据数据的完整度对数据进行排序或过滤,或者根据热度图或树状图对数据进行修正。

3. 机器学习和深度学习

• Scikit-Learn:提供了大量的机器学习算法和工具,用于分类、回归、聚类等任务。

• TensorFlow:由 google 开发的开源机器学习库,用于构建和训练神经网络模型。

• Keras:在 TensorFlow 之上的高级神经网络应用程序编程接口(application programming interface,API),提供简洁易用的接口。

• PyTorch:由 Facebook 开发的开源机器学习库,灵活且易于使用。

4. Web 开发

• Django:一个高级的 Python Web 框架,支持快速开发,提供从模板引擎到对象关系映射(object-relational mapping,ORM)所需的一切东西,使用该库构建 App 时,必须遵循 Django 的方式。

• Socket:一个套接字通信底层库,用于在服务器和客户端间建立 TCP 或 UDP 连接,通过连接发送请求与响应。

• Flask:一个基于 werkzeug、jinja 2 的 Python 轻量级框架(microframework)默认配备 Jinja 模板引擎,也包含其他模板引擎或 ORM 供选择,适合用来编写 API 服务(RESTful services)。

• Twisted:一个使用 Python 实现的基于事件驱动的网络引擎框架,建立在 Deferred Object 之上,一个通过异步架构实现的高性能的引擎,不适用于编写常规的 Web Apps,更适用于底层网络。

• Tornado:一个由 Friendfeed 开发的 Python Web 框架和异步网络库,采用非阻塞网络 I/O 模型,可以处理数以千计的网络连接。

5. 网络和爬虫

• requests:用于发送超文本传输协议(hypertext transfer protocol,HTTP)请求的库,支持多种请求方法和认证方式。

• beautifulsoup:用于解析超文本标记语言(hypertext markup language,HTML)和可扩展标记语言(extensible markup language,XML)文档的库,常用于网络爬虫和数据采集。

• scrapy:用于网络爬虫的框架,支持分布式爬虫和大规模数据抓取。

6. 数据存储和查询

• sqlalchemy:SQL 工具包和对象关系映射器,用于与数据库进行交互。

• pymongo:mongodb 的 Python 驱动,用于与 mongodb 数据库进行交互。

7. 图像处理

• pillow:图像处理库,支持多种图像格式和操作。

• opencv:计算机视觉库,包含多种图像处理和计算机视觉算法。

8. 命令行和界面

• click:命令行界面工具,用于构建命令行应用程序。

• colorama:在终端使用颜色的工具,适用于 Python 脚本。

9. 测试和代码质量

• pytest:测试框架,用于编写和运行单元测试。

• nose2:继承了 nose 的测试框架。

• tox:自动化测试工具,支持多 Python 版本和环境。

• andit:安全扫描工具,用于查找 Python 代码中的安全漏洞。

- pyflakes、pylint、pycodestyle、mypy：代码分析工具，用于检查代码质量、风格和类型。

10. 打包和部署

- pyinstaller：生成可执行文件的工具。
- cx_freeze：跨平台可执行文件打包器。
- py2exe：用于 Windows 的 Python 扩展打包器。

11. 其他常用库

- pygame：用于开发游戏的库，支持音频、图像和事件处理。
- dash：用于构建数据可视化应用的库，基于 Flask 和 plotly. js。
- jmespath：使 Python 处理 JSON 更加容易，允许从 JSON 文档中提取元素。
- pywin32：用于 Windows 的 API 封装。
- lxml：高效的 HTML/XML 处理库，支持 xpath。
- pysocks：socksipy 的更新版本，支持 socket 模块的替换。
- robobrowser、mechanicalsoup、mechanize：用于网络浏览和自动化的库。
- unirest for python：轻量级的 HTTP 库，支持多种 HTTP 请求方法。
- hyper：Python 的 HTTP/2 客户端。
- pyscp：剪贴板操作库。
- pyminifier、pyobfuscate：代码压缩和混淆工具，用于保护代码安全。

不同模块间相互调用的前提是要先导入相关内容，借助 import 关键字，语法如下：

```
import 模块名                   # 导入整个模块，此时可根据“模块名.内容”进行访问
import 模块名 as 别名           # 导入整个模块，并给模块取个别名，可通过“别名.内容”
                                  进行访问
from 模块名 import 函数或类     # 从模块中导入某一部分内容，此时可直接访问内容
```

使用 import 语句导入模块时，按照 sys. path 变量的值搜索文件，如果没找到，则程序报错。可通过 sys. path 查看搜索目录，通常包含当前目录、Python 安装目录等，搜索顺序与目录在列表中的顺序相同（一般来说当前目录优先级最高）。如果需要访问的模块不在默认的搜索目录中，则需要手动将其添加到搜索目录中。如果在多个模块中包含相同的内容，访问时可用“模块名.内容”进行区分，否则根据导入的顺序，取最后导入的。以下是一些 Python 标准库中常用的函数和它们所属的模块：

1. math 模块：提供数学函数和常量

- math. sqrt(x)：计算平方根。
- math. pow(x,y)或 x**y：计算 x 的 y 次方。
- math. sin(x)，math. cos(x)，math. tan(x)：三角函数。
- math. exp(x)：计算 e 的 x 次方。
- math. log(x[,base])：计算对数，可选 base 参数指定底数。
- math. pi：π 的近似值。
- math. e：自然对数的底数 e 的近似值。

2. 随机数库

在 Python 中，生成随机数通常使用 random 库。这个库包含了许多用于生成随机数的函数。以下是一些常用的函数和它们的基本用法：

- random():生成一个[0.0,1.0)之间的随机浮点数。
- randint(a,b):生成一个[a,b]之间的随机整数(包括 a 和 b)。
- randrange(a,b[,step]):生成一个[a,b)之间的随机整数,步长为 step(默认为 1)。
- choice(seq):从非空序列(如列表、元组或字符串)中随机选择一个元素。
- shuffle(list):将列表中的元素随机排序。
- sample(population,k):从指定序列中随机选择 k 个不重复的元素。
- uniform(a,b):生成一个[a,b]之间的随机浮点数。这个函数与 randint 类似,但生成的是浮点数。

3. 集合库

在 Python 中,并没有一个专门的"集合库"(像 numpy 用于数值计算,pandas 用于数据处理这样的库),但 Python 内置了集合(set)数据类型,它提供了许多用于集合操作的方法和功能。

Python 的集合是一个无序的、不重复的元素序列。它的基本功能包括成员关系测试和消除重复元素。集合对象还支持并集、交集、差集和对称差集等常见的数学运算。

4. os 模块:提供与操作系统交互的功能

- os.getcwd():获取当前工作目录。
- os.chdir(path):改变当前工作目录。
- os.listdir(path):列出指定目录下的文件和文件夹。
- os.path.exists(path):检查路径是否存在。
- os.path.isdir(path):检查路径是否为目录。
- os.path.isfile(path):检查路径是否为文件。
- os.remove(path):删除文件。
- os.makedirs(path):创建多级目录。
- os.rmdir(path):删除空目录。

5. sys 模块:提供对 Python 解释器的访问

- sys.argv:命令行参数列表。
- sys.exit(n):退出 Python 程序,n 为 0 时表示正常退出,其他都为非正常退出。
- sys.path:Python 模块的搜索路径。
- sys.version:Python 解释器的版本信息。
- sys.stdin,sys.stdout,sys.stderr:标准输入、输出和错误流。

6. random 模块:生成随机数

- random.random():返回 0 到 1 之间的随机浮点数。
- random.randint(a,b):返回[a,b]之间的随机整数。
- random.choice(seq):从序列 seq 中随机选择一个元素。
- random.shuffle(lst):将列表 lst 中的元素打乱顺序。

7. re 模块:正则表达式操作

- re.search(pattern,string):在字符串中搜索正则表达式模式,返回匹配对象。
- re.match(pattern,string):从字符串开始处匹配正则表达式模式,返回匹配对象。
- re.findall(pattern,string):在字符串中找到正则表达式模式的所有非重叠匹配项,返回一个列表。
- re.sub(pattern,repl,string):使用 repl 替换字符串中所有正则表达式模式的匹配项。

8. datetime 模块:日期和时间操作

- datetime. datetime. now():获取当前日期和时间。
- datetime. timedelta(days=d,seconds=s,...):表示时间间隔。
- datetime. datetime. strptime(string,format):根据指定格式解析日期时间字符串。
- datetime. datetime. strftime(format):将日期时间对象格式化为字符串。

9. json 模块:处理 JSON 数据格式

- json. dumps(obj):将 Python 对象编码为 JSON 字符串。
- json. loads(s):将 JSON 字符串解码为 Python 对象。
- json. dump(obj,fp):将 Python 对象编码为 JSON 格式并写入文件。
- json. load(fp):从文件中读取 JSON 数据并解码为 Python 对象。

7.2.4　迭代器、生成器、装饰器

1. 迭代器

迭代器是 Python 中逐个访问集合元素的对象,如图 7-25 所示,迭代器不会像列表那样一次性全部加载到内存,而是将数据按照需要逐渐加载到内存中,有一点内容就放到内存里一点,因此可以等到用的时候才生成,节省了大量的内存资源。

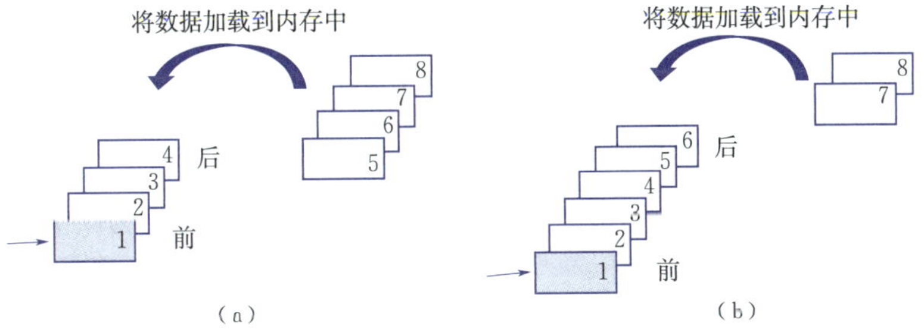

图 7-25　迭代器的数据加载

迭代器访问数据时如图 7-26 所示,只要迭代器中有数据,其中的数据就可以被访问,从第一个元素开始访问,直到所有的元素被访问完,关键是只能从前向后访问,不能从后面回到前面访问,在图中,开始时当前数据是 1,依次是 2、3、4、5、6。如果当前数据已经是 2,则不可能再访问 1。从用户的角度看,迭代器是访问集合元素的一种方法,从集合的第 1 个元素开始访问,直到所有的元素都被访问,这个完全可以用循环达到一样的效果,不同的是:迭代器只能向前而不能往后退。似乎有一个指针,从前向后定位,需要注意的是:这个定位是迭代器自身确定的,我们不能控制。

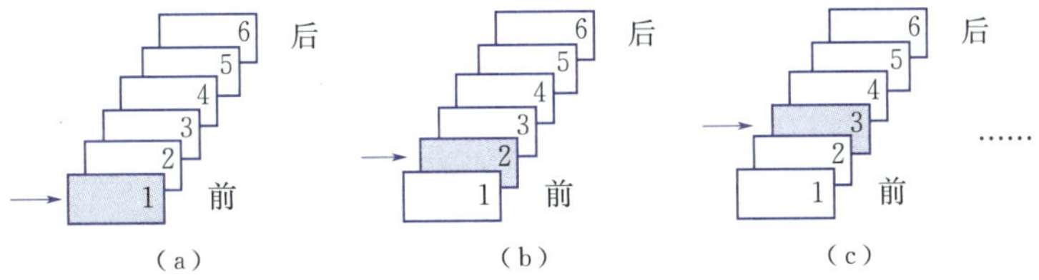

图 7-26　迭代器的数据访问

迭代器实现了迭代协议,包括两个重要的方法:

1）iter()

iter()方法用于生成一个迭代器，迭代器对象可以通过调用内置的 iter()函数来获取，它可以应用于可迭代对象（如列表、元组、字符串等）或自定义的实现了_iter_()方法的对象。如前所述，迭代器具有以下两个特点：

①按需加载，有一点内容就放入内存一点。

②无须等待所有内容加载到内存中才使用，提升效率。

2）next()

next()方法用于返回迭代器的下一个元素，如果没有元素可供返回，则抛出 StopIteration 异常。

示例如下：

```
lists=[1,2,3,4,]
it=iter(lists)                     # 共创建一个迭代器对象并返回给 t
print(next(it))                    # 输出结果为 1
print(next(it))                    # 输出结果为 2
#  以下使用循环语句输出
i=0
print(i)                           # 输出 i 的值,为 0
for i in it:                       # 依次将迭代器的当前值传给 i
  print(i)                         # 输出 i 的值,结果为 3 和 4
  print(i)                         # 输出 i 的值,结果为 4
```

next()函数可以接收两个参数，第 1 个参数为迭代对象，第 2 个参数为默认值，当发现没有下一个元素时返回默认值。示例如下：

```
lists=[1,2,3,4]
it=iter(lists)
i=0
while i<6:
  print(next(it,"w"))               # 将默认值设置为 w,输出结果为:1234w
i=i+1
```

如果不设置默认值且又没有下一个元素，则会触发 StopIteration 异常，示例如下：

```
lists=[1,2,3,4]
it=iter(lists)
i=0
while i<6:
  try:
    print(next(it,"w"))             # 输出结果为:1234 已结束
except StopIteration:
  print("已结束")
i=i+1
```

2. 生成器

生成器是特殊的迭代器，与普通迭代器的最大区别是生成器对延迟操作提供了支持，比迭代器更加高效，它只在需要时才生成值，而不是将所有值存储在内存中，如图 7-27 所示，对于有 4 个数据元素的集合而言，逐个数据被加载到内存中，而不是像迭代器一样，成串数据被加载到内存中，这使得生成器在处理大型数据集时更加节省内存。

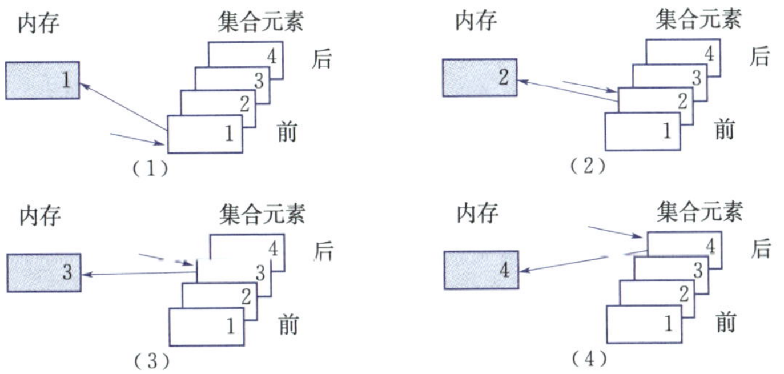

图 7-27　生成器的数据加载

生成器在迭代过程中只会生成当前需要的值，而不是一次性生成一批值，所以它可以处理大数据集，而不会耗尽内存。生成器在每次产生一个值后会自动保存当前的状态，下次调用时会从上次离开的地方继续执行，迭代器则不会自动保存状态，它依赖于用户显式地请求下一个值。迭代器可以被多次迭代，每次迭代都会从头开始。而生成器只能被迭代一次，因为它不保存整个序列，只保存当前的状态。

生成器是带有 yield 关键字的函数，它不仅记得上一次返回时的数据状态，还记住了程序执行的位置。这使得生成器在每次调用 next()时，可以从上次停止的地方继续执行，而不是重新开始执行函数。

生成器除了支持基本的迭代操作外，还提供了与内部状态交互的方法，如 send()、close()和 throw()，这些方法允许在遍历过程中与生成器进行更复杂的交互。生成器可以使用任何种类的控制流语句(如 if，while 等)，更加灵活，而迭代器则需要在_next_()方法中实现所有的控制流逻辑。

简单地说，生成器是一次生成一个值的特殊类型函数，可以将其视为可恢复函数，调用该函数将返回一个连续 x 值的生成。在函数的执行过程中，yield 语句会把需要的值返回给调用生成器的地方，然后退出函数，下一次调用生成器函数的时候又从上次中断的地方开始执行，而生成器内的所有变量参数都会被保存下来，供下一次使用。

```
def func(count):
    i=0
    while i<=count:
        a=i                     # 或者 a+=i,但这在 i 递增时等同于 a=i
        yield a
        i+=1
print(type(func(10)))           # 输出结果为<class 'generator'>
for num in func(10):            # 使用生成器
    print(num,end=')            # 这将打印从 0 到 10(包括 10)的整数
```

输出结果为：

```
0 1 2 3 4 5 6 7 8 9 10
```

可以在函数内使用 yield 来定义一个生成器，在调用生成器的过程中当每次遇到 yield 时，函数会暂停执行，保存当前所有的运行信息并返回 yield 的值，使用生成器实现斐波那契数列，示例如下：

```
def fibonacci(n):
a,b=0,1
while a<n:
yield a
a,b=b,a+b
for num in fibonacci(10):     # 使用生成器
    print(num,end='')
```

输出结果为：

```
0 1 1 2 3 5 8
```

3. 装饰器

装饰器是用于扩展原函数功能的一种函数，其返回值也是一个函数，使用装饰器的好处就是在不用更改原函数代码的前提下给函数增加新的功能。装饰器在日志管理、性能测试、事务处理、缓存及权限校验等场景被广泛使用。下面的例子使用了装饰器，在不修改原函数的情况下测试 func()函数的执行时间。示例如下：

```
import time
from functools import wraps
def timer_decorator(func):
    @ wraps(func)
    def wrapper(*args, **kwargs):
        start_time=time.time()
        result=func(*args, **kwargs)
        end_time=time.time()
        print(f"Function {func.__name__} took {end_time- start_time:.6f}
seconds to execute.")
        return result
    return wrapper
@ timer_decorator
def func():
for i in range(1000000):  # 这里是函数的具体实现,比如一些计算或者操作
        pass              # 只是一个示例,实际中可以替换为复杂的计算或操作
func()                    # 调用 func(),由于装饰器的存在,会打印执行时间
```

输出结果为：

```
Function func took 0.046875 seconds to execute
```

注意：@wraps(func)确保 wrapper 函数的元信息（如函数名、文档字符串等）与原始函数 func 保持一致。

当前程序中如有多个函数使用同一个装饰器，则每个函数的参数数量都不一致，此时就需要传入不定长度的参数，可将嵌套函数的参数设置为 *args 与 ** kwargs，表示接收任意数量和类型的参数，示例如下：

```
import time
from functools import wraps
  def timer_decorator(func):
    @ wraps(func)
    def wrapper(*args, ** kwargs):
        start_time=time.time()
        result=func(*args, ** kwargs)  # 传递任意数量和类型的参数给原函数
        end_time=time.time()
        print(f"Function {func.__name__} took {end_time-start_time:.6f}
seconds to execute with arguments:{args},{kwargs}")
        return result
    return wrapper

@ timer_decorator
def greet(name,times):  # 示例函数 1:接收两个位置参数
    for _ in range(times):
        print(f"Hello,{name}!")

@ timer_decorator
def multiply(a,b=1):  # 示例函数 2:接收一个位置参数和一个关键字参数
    return a*b

@ timer_decorator
def display_info(**kwargs):  # 示例函数 3:接收任意数量的关键字参数
    for key,value in kwargs.items():
        print(f"{key}:{value}")

greet("Marry",3)  # 调用这些函数,并传入不同的参数
print(multiply(5,2))
display_info(name="John",age=30,city="New York")
```

输出结果为：

```
Hello,Marry!
Hello,Marry!
```

```
    Hello,Marry!
    Function greet took 0.000000 seconds to execute with arguments:('Marry',3),{}
    Function multiply took 0.000000 seconds to execute with arguments:(5,2),{}
    10
    name:John
    age:30
    city:New York
    Function display_info took 0.000000 seconds to execute with arguments:(),
{'name':'John','age':30,'city':'New York'}
```

7.3 numpy 简介

1. numpy 安装

numpy(numerical Python)是高性能科学计算和数据分析的基础包,简化了多维数组的操作和处理,大部分数据处理软件包都依赖于 numpy。例如 pandas、matplotlib、scikit-learn 等都是基于 numpy 的。

numpy 提供了对数组和矩阵进行快速运算的标准数学函数,提供了很多向量运算的接口,比编程用循环实现速度要快很多。numpy 开放源代码,由许多协作者共同维护开发。

Python 标准库中默认不包含 numpy,需要安装,推荐两种安装方式:

(1)使用 anaconda 软件简化包的管理,自带 numpy、matplotlib 等数据处理包。

(2)使用 pip 命令安装:

```
pip install numpy
```

2. 数组对象

numpy 的核心是数组(ndarray)对象,它封装了 Python 原生的、同数据类型的 n 维数组,数组中元素的类型通常情况下为数字类型。在 numpy 数组中没有负索引,只有正索引。在 numpy 中维度称为轴。ndarray 对象示例如图 7-28 所示。

axis 1 →

axis 0 ↓

	col 1	col 2	col 3	col 4
row 1	2	3	5	7
row 2	3	7	1	2
row 3	6	11	9	3

图 7-28 ndarray 对象示例

numpy 最重要的一个特点是其 n 维数组对象 ndarray,用于存放同类型元素,ndarray 中的每个元素在内存中占有相同大小的区域。创建 ndarray 对象时,可以通过 dtype 指定数据类型,如果没有指定,则会根据元素内容自动确定。ndarray 的常用属性为:

- ndarray.ndim:为数组的轴(维度)的个数,在 Python 中,维度的数量被称为 rank。
- ndarray.shape:为数组的维度。返回值为整数类型的元组,表示每个维度中数组的大小。

对于有 n 行和 m 列的矩阵，shape 返回值为 (n,m)，因此 shape 元组的长度就是 rank 或维度的个数 ndim。

- ndarray. size：用于返回数组元素的总数。
- ndarray. dtype：用于描述数组中元素的类型。
- ndarray. itemsize：用于返回数组中元素的大小。
- ndarray. data：表示该缓冲区包含数组的实际元素。通常使用索引访问元素，而不是通过此属性。

创建数组有多种方法，主要方法如下：

1）通过 array 函数显式地创建指定的数组

```
import numpy
arr=numpy.array([(2,3,5,7),(3,7,1,2),(6,11,9,3)])# 创建一个数组
print(arr)                                       # 输出结果
```

输出结果：

```
[[ 2   3   5   7]
 [ 3   7   1   2]
 [ 6  11   9   3]]
```

如果想要在创建时指定数组的类型，则可以使用 dtype 参数进行指定，示例如下：

```
import numpy
arr=numpy.array([1,2,1],dtype=float)          # 创建一个数组
```

2）使用 zeros()函数创建指定大小的数组

数组元素以 0 来填充，包含 3 个主要参数：

- shape：代表要创建的数组的行与列。
- dtype：为可选参数，表示创建的数组的数据类型，默认为浮点数。
- order：取值为 C 则行优先存储，取值为 F 则列优先存储。

示例如下：

```
import numpy
arr=numpy.zeros((6,),dtype=int)# 创建一个长度为 6 的一维数组，类型是 int
print(arr)
```

输出结果为：

```
[0 0 0 0 0 0]
```

3）用 ones()函数创建指定大小的数组

数组元素以 1 来填充，包含了 3 个主要参数，分别为 shape、dtype、order，其含义与 zeros()函数中的参数一样。

```
import numpy
arr=numpy. ones((9,),dtype=int)# 创建元素长度为 9 的一维数组，类型为 int
print(arr)
```

输出结果为：

```
[1 1 1 1 1 1 1 1 1]
```

4）使用 empty()函数创建指定大小的数组

数组元素以随机值来填充，包含了 3 个主要参数，分别为 shape、dtype、order，其含义与 zeros()函数中的参数一样。示例如下：

```
import numpy
arr1=numpy.empty((7,),dtype=int)# 创建元素长度为 7 的一维数组，类型为 int
print(arri)
```

输出结果为：

```
[1 0 6 6 0 1 3]
```

5）使用 arange()函数创建指定数值范围的数组

包含 4 个主要参数：

• start：为起始值，默认值为 0。
• stop：为终止值，注意，终止的数值不包含该值。
• step：为步长，即每次的增量数，默认为 1。
• dtype：为数据类型，默认为 int。

使用 arange()创建数组的示例如下：

```
import numpy
arr=numpy.arange(2,13,3)          # 创建一个数组，起始为 2，终止为 13，步长为 3
print(arr)
```

输出结果为：

```
[2 5 8 11]
```

6）使用 linspace()创建一个一维等差数列数组

包含 6 个主要参数，分别为：

• start：数列的起始值。
• stop：为序列的终止值，如果 endpoint 为 True 则该值包含于数列中。
• num：为要生成的等步长的样本数量，默认为 50。
• endpoint：如果 endpoint 为 True，则 stop 值包含于数列中。
• retstep：为 True 时生成的数组会显示间距，反之不显示。
• dtype：为数据类型。

linspace()创建数组的示例如下：

```
import numpy
arr=numpy.linspace(2,9,8)
print(arr)
```

输出结果为：

```
[2. 3. 4. 5. 6. 7. 8. 9.]
```

7）使用 logspace( )创建一个等比数列数组

包含 6 个主要参数，分别为：

- start：为序列的起始值。
- stop：为序列的终止值，如果 endpoint 为 True，则该值包含于数列中。
- num：为要生成的等步长的样本数量，默认为 50。
- endpoint：如果 endpoint 为 True，则 stop 值包含于数列中。
- base：为对数 log 的底数。
- dtype：为数据类型。

```
import numpy as np
# 定义起始和结束的对数值(以 10 为底)
start=0         # 起始值对应的对数值(10^0=1)
stop=3          # 结束值对应的对数值(10^3=1000,但最后一个元素会小于这个值)
num=10          # 生成 10 个元素
# 使用 logspace 创建等比数列数组
equiratio_sequence=np.logspace(start,stop,num)
print("等比数列数组:")
print(equiratio_sequence)
# 如果想以 2 为底数创建等比数列,可以设置 base 参数
start_base_2=0       # 起始值对应的对数值(2^0=1)
stop_base_2=11       # 注意这里 stop 值需要调整,以确保最后一个元素接近 2^11
num_base_2=10        # 生成 10 个元素
# 使用 logspace 创建以 2 为底数的等比数列数组
equiratio_sequence_base_2=np.logspace(start_base_2,stop_base_2,num_
base_2,base=2)
print("以 2 为底数的等比数列数组:")
print(equiratio_sequence_base_2)
```

输出结果为：

```
等比数列数组:
[   1.          2.15443469   4.64158883     10.         21.5443469
   46.41588834      100.       215.443469   464.15888336     1000.        ]
以 2 为底数的等比数列数组:
[1.00000000e+00 2.33305808e+00 5.44316000e+00 1.26992084e+01
 2.96279908e+01 6.91238233e+01 1.61269894e+02 3.76252030e+02
 8.77817838e+02 2.04800000e+03]
```

3. 索引和切片

numpy 可以进行切片或者通过索引进行访问。

1）对一个一维数组进行切片访问

示例如下：

```
import numpy as np
array_1d=np.array([0,1,2,3,4,5,6,7,8,9])                    # 创建一个一维数组
# 使用切片访问数组中的元素,访问从索引 0 到索引 4 的元素
slice_1=array_1d[0:5]
print("Slice 1:",slice_1)
# 访问从索引 5 到最后的元素(省略结束索引默认为数组最后一个索引)
slice_2=array_1d[5:]
print("Slice 2:",slice_2)
# 访问从索引 2 开始,每隔一个元素取一个(步长为 2)
slice_3=array_1d[2:9:2]
print("Slice 3:",slice_3)
# 访问从索引-1(即最后一个元素)开始的 3 个元素(从后向前切片)
slice_4=array_1d[-3:]
print("Slice 4:",slice_4)
# 访问从索引-3 到索引-1(不包括索引-1)的元素(同样是从后向前切片)
slice_5=array_1d[-3:-1]
print("Slice 5:",slice_5)
```

输出结果为：

```
Slice 1:[0 1 2 3 4]
Slice 2:[5 6 7 8 9]
Slice 3:[2 4 6 8]
Slice 4:[7 8 9]
Slice 5:[7 8]
```

2）对多维数组的切片访问

示例如下：

```
import numpy as np
array_2d=np.array([[1,2,3,4],                       # 创建一个二维数组(矩阵)
                   [5,6,7,8],
                   [9,10,11,12],
                   [13,14,15,16]])
# 访问第 1 行到第 3 行(不包括第 3 行),以及所有列
slice_1=array_2d[0:3,:]
print("Slice 1:\n",slice_1)
# 访问所有行,以及第 1 列到第 3 列(不包括第 3 列)
slice_2=array_2d[:,1:3]
print("Slice 2:\n",slice_2)
```

```
# 访问第1行和第3行，以及第1列到第3列(不包括第3列)
slice_3=array_2d[[0,2],1:3]
print("Slice 3:\n",slice_3)
```

输出结果为：

```
Slice 1:
[[ 1   2   3   4]
 [ 5   6   7   8]
 [ 9  10  11  12]]
Slice 2:
[[ 2   3]
 [ 6   7]
 [10  11]
 [14  15]]
Slice 3:
[[ 2   3]
 [10  11]]
```

3）使用整数数组索引访问数组元素

示例如下：

```
import numpy as np
array_2d=np.array([[1,2,3,4],            # 创建一个二维数组(矩阵)
                   [5,6,7,8],
                   [9,10,11,12],
                   [13,14,15,16]])
  # 使用整数数组索引访问数组的行
rows_to_select=np.array([0,2])          # 选择第1行和第3行(索引从0开始)
selected_rows=array_2d[rows_to_select]
print("Selected rows:\n",selected_rows)

# 使用整数数组索引访问数组的列
cols_to_select=np.array([1,3])          # 选择第2列和第4列
selected_cols=array_2d[:,cols_to_select]
print("Selected columns:\n",selected_cols)
# 同时使用整数数组索引访问数组的行和列
rows_cols_to_select=(np.array([0,2]),np.array([1,3]))
selected_elements=array_2d[rows_cols_to_select]
print("Selected elements:\n",selected_elements)
# 使用整数数组索引访问数组中的特定元素
indices=np.array([[0,1],[2,3]])  # 类似于矩阵索引，但这里是整数数组索引
```

```
selected_elements_specific=array_2d[indices[0,:],indices[1,:]]
print("Selected specific elements:\n",selected_elements_specific)
```

输出结果为：

```
Selected rows:
[[ 1   2   3   4]
 [ 9  10  11  12]]
Selected columns:
[[ 2   4]
 [ 6   8]
 [10  12]
 [14  16]]
Selected elements:
[[ 2   4]
 [10  12]]
Selected specific elements:
[ 2  12]
```

4）使用运算符索引访问数组元素

```
import numpy as np
array=np.array([1,3,2,5,1,6,4])       # 创建一个 numpy 数组
condition=array > 2                   # 使用条件运算符创建一个布尔索引数组
# 使用布尔索引数组访问原始数组中满足条件的元素
filtered_array=array[condition]
print(filtered_array)                 # 打印结果
```

输出结果为：

```
[3 5 6 4]
```

5）通过数组迭代访问数组元素

对数组迭代的示例如下：

```
import numpy as np
my_array=np.array([1,3,2,5,1,6,4])  # 创建一个 numpy 数组
for element in my_array:            # 使用 for 循环迭代 numpy 数组
    if element > 4:
        print(element)
输出结果为
        5
        6
```

如果要迭代数组中的每个元素，需要使用 flat 属性，该属性是数组的所有元素的迭代器，示例如下：

```
import numpy as np
my_array=np.array([[1,2],[4,5],[7,8]])  # 创建一个二维 numpy 数组
for element in my_array.flat:           # 使用 .flat 属性迭代数组中的所有元素
print(element,end='')
```

输出结果为：

```
1 2 4 5 7 8
```

4. 数组操作

数组中的运算符操作可执行元素级别的操作，当使用不同类型的数组进行操作时，数组的类型会向上转换，即其类型属于更加精确的一方。两个数组相乘的示例如下：

```
import numpy
arr=numpy.array([[1,2,3],[2,3,4]])
nrr=numpy.array([[3,4,5],[4,5,6]])
newarr=arr*nrr
print(newarr)
```

输出结果为：

```
[[ 3 8 15]
 [[8 15 24]]
```

矩阵乘积可以使用运算符或 dot()函数执行，dot()函数仅支持 Python3.5 以上版本，示例如下：

使用 dot()函数：

```
import numpy as np
# 创建两个矩阵
A=np.array([[1,2],[3,4]])
B=np.array([[5,6],[7,8]])

# 使用 dot()函数计算矩阵乘积
C=np.dot(A,B)
print("C=",C)
```

输出结果为：

```
C=[[19  22]
   [43  50]]
```

使用@运算符(Python 3.5 及以上)：

```
import numpy as np
# 创建两个矩阵
A=np.array([[1,2],[3,4]])
```

```
B=np.array([[5,6],[7,8]])
# 使用@ 运算符计算矩阵乘积
C=A@B
print("C=",C)
```

输出结果为：

```
C=[[19 22]
  [43 50]]
```

numpy 提供了大量的数学计算函数，例如：

• 三角函数：sin()、cos()、tan()等三角函数运算。

• 舍入函数：包括 around()、floor()、ceil()等，floor()函数向下取整，即返回指定表达式的最大整数，ceil()函数向上取整，返回指定表达式的最小整数.

• 算数函数：算数函数包括 add()、subtract()、multiply()、divide()等。

• 统计函数：统计函数 amin()用于计算指定轴的最小值、amax()用于计算指定轴的最大值、ptp()用于计算元素最大值与最小值的差、percentile()表示小于指定值的占比、median()用于计算中位数、mean()用于计算算术平均值、average()用于计算加权平均值等。

5. numpyIO

numpy 可将数组以二进制格式保存在扩展名为 .npy 的文件中，存储在磁盘上，涉及的主要函数有：

(1)save()将数组以二进制格式保存至扩展名为 .npy 的文件中，包含 4 个主要参数，分别为：

• file：要保存的文件名，如果没有加扩展名，则自动加上 .npy。

• arr 为要保存的数组。

• allow_pickle 为可选参数，表示是否允许使用 Pythonpickles 保存数组。

• fix_imports 为可选参数，为了向下兼容。

```
import numpy as np
def save(array,filename):
    """
    将 numpy 数组保存到 csv 文件中。
    参数：
    array(np.ndarray)：要保存的 numpy 数组。
    filename(str)：文件名(包括路径和扩展名，如'data.csv')。
    """
    # 确保文件以 .csv 结尾(可选)
    if not filename.endswith('.csv'):
        filename+='.csv'
    if array.ndim>1:
  raise ValueError("This simple save function only supports 1D arrays.")
    np.savetxt(filename,array,delimiter=',',fmt='%.18e')
```

```
# 示例:创建一个 numpy 数组并保存它
my_array=np.array([1,2,3,4,5])
save(my_array,'my_data.csv')
```

注意:numpy.save()函数用于将单个数组保存到一个二进制文件中。文件的扩展名通常为 .npy。

(2)load()从 .npy 文件中读取数组,包含 5 个主要的参数:

- file 表示要读取的文件名。
- mmap_mode 为读取的模式,例如 r+、r、w+、c 等,一般无须指定。
- allow_pickle 表示允许使用 pickle 反序列化。
- fix_imports 表示向下兼容。
- encoding 表示编码,默认为 ASCII。

```
import numpy as np
def load(filename):
    """
    从 .npy 文件中加载 numpy 数组。
    参数:
    filename(str):文件名(包括路径和 .npy 扩展名)。
    返回:
    np.ndarray:加载的 numpy 数组。
    """
    # 使用 numpy.load()函数从 .npy 文件中加载数组
    array=np.load(filename)
    return array
# 假设之前使用 np.save('my_array.npy',my_array)保存了一个数组,这里加载
loaded_array=load('my_array.npy')
print(loaded_array)
```

(3)savez()函数用于将多个数组写入文件,以二进制格式保存在扩展名为 .npz 的文件中。包含 3 个主要参数:

- file:表示要保存的文件。
- args:为要保存的数组。
- kwds:为要保存的数组所使用的关键字名称。

```
import numpy as np
# 创建几个数组
array1=np.array([1,2,3,4,5])
array2=np.array([[1,2],[3,4],[5,6]])
array3=np.array(['a','b','c','d','e'])
# 使用 savez 将这些数组保存到 .npz 文件中
np.savez('my_arrays.npz',arr1= array1,arr2= array2,arr3= array3)
```

```
# 加载.npz文件,文件'my_arrays.npz'包含了三个数组arr1、arr2和arr3的数据
data=np.load('my_arrays.npz')

# data是一个类似于字典的对象,通过数组名作为键来访问它们
loaded_array1=data['arr1']
loaded_array2=data['arr2']
loaded_array3=data['arr3']

# 打印加载的数组
print(loaded_array1,loaded_array2,loaded_array3,sep= '\n')  # 输出结果
[1 2 3 4 5]
[[1 2]
 [3 4]
 [5 6]]
 ['a' 'b' 'c' 'd' 'e']
```

注意:numpy.savez()函数用于将多个数组保存到一个压缩的.npz文件中。这个文件实际上是一个.zip文件,包含了多个.npy文件,每个文件保存了一个数组。

7.4 pandas简介

pandas是一种基于numpy的开源数据分析工具包,提供了高性能、简单易用的数据结构和数据分析函数。pandas提供了方便的类表格和类SQL的操作,同时提供了强大的缺失值处理方法,可以方便地进行数据导入、选取、清洗、处理、合并、统计分析等操作。pandas适用于处理含异构列的表格数据、有序和无序(非固定频率)的时间序列数据、带行列标签的矩阵数据、包括同构或异构型数据及任意其他形式的观测统计数据集。

Python标准库中默认不包含pandas,需要自己下载安装:

(1)命令行安装:pip install pandas。

(2)通过anaconda软件安装。

pandas提供了大量的便捷处理数据的函数、方法、库和一些标准的数据模型,极大地提高了操作大型数据的效率,在数据处理方面极其强大。主要数据结构有Series(一维数据)与DataFrame(二维数据),这两种数据结构满足了大多数应用场景的需求。

7.4.1 基本结构之Series

Series是带标签的一维数组,可存储整数型、字符串等各种numpy可存储的数据,轴标签称为索引。

1. 创建Series

使用Series()函数即可创建Series,可通过values属性与index属性获取其值与索引,示例如下:

```
import pandas as pd
# 创建一个带有指定索引的 Series 对象
s=pd.Series([1,2,3,4,5],index=['a','b','c','d','e'])
print(s)                    # 打印 Series 对象
print("值:",s.values)       # 打印 Series 的值
print("索引:",s.index)      # 打印 Series 的索引
# 创建一个没有指定索引的 Series 对象,Pandas 会自动生成整数索引
s_no_index=pd.Series([1,2,3,4,5])
print("没有指定索引的 Series:",s_no_index)
print("没有指定索引的 Series 的值:",s_no_index.values)
print("没有指定索引的 Series 的索引:",s_no_index.index)
```

输出结果为：

```
a    1
b    2
c    3
d    4
e    5
dtype:int64
值:[1 2 3 4 5]
索引:Index(['a','b','c','d','e'],dtype='object')
没有指定索引的 Series:0    1
1    2
2    3
3    4
4    5
dtype:int64
没有指定索引的 Series 的值:[1 2 3 4 5]
没有指定索引的 Series 的索引:RangeIndex(start=0,stop= 5,step=1)
```

创建一个带索引标签的 Series 示例如下：

```
import pandas as pd
# 创建一个带有自定义字符串索引标签的 Series
s=pd.Series([10,20,30,40,50],index=['A','B','C','D','E'])
print(s)                        # 打印 Series 对象
print("Values:",s.values)       # 通过 values 属性获取 Series 的值
print("Index:",s.index)         # 通过 index 属性获取 Series 的索引
```

输出结果为：

```
A    10
B    20
```

```
C    30
D    40
E    50
dtype:int64
Values:[10 20 30 40 50]
Index:Index(['A','B','C','D','E'],dtype= 'object')
```

使用字典创建 Series 的示例为：

```
import pandas
dic={"a":1,"b":2,"c":3,"d":4,"e":5]
pd=pandas. Series(dic)
print(pd)
```

输出结果为：

```
a  1
b  2
c  3
d  4
e  5
dtype:int64
```

2. 访问 Series

```
import pandas
# 创建一个带有自定义字符串索引标签的 Series
pd_series=pandas.Series([1,2,3,4],index=["a","b","c","d"])
print(pd_series["c"])                    # 通过索引访问单个元素
print(pd_series[["b","c","d"]])          # 通过索引访问多个元素
print(pd_series.iloc[2:])
```

输出结果为：

```
3
b    2
c    3
d    4
dtype:int64
c    3
d    4
dtype:int64
```

注意:因为索引是字符串,不能直接通过整数切片,但可以通过 .loc[]使用标签切片。pandas 的标签切片是包含开始索引的,但结束索引是排除的。

3. 排序

通过传入不同顺序的索引来为 Series 进行排序。

```
import pandas
dic={"a":1,"b":2,"c":3,"d":4,"e":5]
indexs=["c","b","g"]
pd=pandas.Series(dic,index= indexs)
print(pd)
```

输出结果为：

```
c  3.0
b  2.0
g  NaN
```

由于索引 g 没有对应的值，使用 NaN 来表示缺失的数据。

4. 检测 Series 中是否有缺失数据

可以使用 isnull()函数来检测当前 Series 中是否含缺失数据，示例如下：

```
import pandas
dic={"a":1,"b":2,"c":3,"d":4,"e":5}
# 索引列表，其中'g'不在字典的键中，因此它对应的值将会是 NaN
indexs=["c","b","g"]
# 创建 Series，未出现在 indexs 中但出现在 dic 中的值将不会被包含在 Series 中
pd= pandas.Series(dic,index=indexs)
print(pd.isnull())              # 使用 isnull()方法来检测缺失值
print(pandas.isnull(pd))        # 返回一个与原始 Series 大小相同的布尔 Series
```

输出结果为：

```
c    False
b    False
g    True
dtype:bool
c    False
b    False
g    True
dtype:bool
```

注意：pandas.isnull()是一个函数，可以用来检测 Series 中的缺失值。

7.4.2　基本结构之 DataFrame

DataFrame 是一个由多种类型的列构成的二维标签数据结构，类似于 Excel 表格。DataFrame 对象具有默认和自定义的索引，能够轻松处理浮点数据中的丢失数据（以 NaN 表示）及非浮点数据。强大灵活的分组功能可方便地对数据进行拆分、组合及转换。可以轻松地

将其他 Python 和 numpy 数据结构中的不同索引的数据转换为 DataFrame 对象等。

DataFrame 是 pandas 进行数据分析和处理的核心数据结构之一，它具有以下主要特点和功能：

- 二维表格结构：类似电子表格，可以有行索引和列索引。
- 可以包含不同数据类型的列。
- 提供了丰富的方法来操作数据，如数据选择、过滤、排序、聚合、合并等。
- 方便进行数据清洗、转换和分析。

1. 创建 DataFrame

使用 DataFrame 函数创建 DataFrame 时，通常会将一个字典作为参数传入，其中字典的键成为 DataFrame 的列名，字典的值（通常是列表或数组）成为相应列的数据。示例如下：

```
import pandas as pd  # 通常使用 pd 作为 pandas 的别名
dic={
    "user":["jack","marry","toa"],  "pass":["1234","4567","7890"],  "
age":[23,24,25]  }
df=pd.DataFrame(dic)  # 注意这里的 pandas.DataFrame 应该是 pd.DataFrame
print(df)
```

输出结果为：

```
     user   pass   age
0   jack   1234   23
1  marry   4567   24
2    tom   7890   25
```

2. 访问数据元素

（1）获取前 n 行（注意：如果不传入 n，则默认显示前 5 行）：

```
print(df.head(2))  # 显示前 2 行
```

（2）访问指定列：

```
print(df['user'])  # 访问名为'user'的列
```

或者通过属性访问（如果列名不与现有 pandas 方法冲突）：

```
print(df.user)  # 访问名为'user'的列
```

3. 删除指定元素

（1）删除行：通常使用 drop()方法并指定行标签（index）或条件。

```
df= df.drop(0)                    # 删除索引为 0 的行
df= df[df['user']! = 'jack']  # 使用条件删除，删除'user'列中值为'jack'的行
```

（2）删除列：使用 drop()方法并指定列名，并设置 axis=1

```
df= df.drop(columns= ['pass'])  # 删除名为'pass'的列
```

4. 修改数据元素

（1）修改单个元素：通过索引和列名定位元素并直接赋值。

```
df.at[0,'pass']='new_pass'# 修改索引为 0、列名为'pass'的元素的值为'new_pass'
```

(2)修改整列或整行的数据:通过列名或行索引直接赋值。

```
df['pass']=['new1','new2','new3']          # 修改'pass'列的所有元素
# 假设要修改索引为 0 的整行(需要创建一个 Series 或列表)
df.iloc[0]=['new_jack','new_pass_1',26]
# 使用 iloc 基于整数位置修改
# 或者
# 使用 loc 基于标签修改
df.loc[0]=pd.Series(['new_jack','new_pass_1',26],index=df.columns)
```

注意:在修改 DataFrame 时,原始的 DataFrame 不会被改变(因为 pandas 通常返回修改后的新对象),除非是在原地(inplace)进行修改。例如,.drop()方法默认返回一个新对象,但可以通过 inplace=True 参数在原地修改。

5. 读写 Excel

pandas 支持 xls 和 xlsx 等格式,需要提前安装模块,其命令为:

```
pip install xlrd
```

1)数据写入 Excel

使用 to_excel()方法将 DataFrame 写入 Excel 表格中。如需存储为 xlsx 格式,则在使用 to_excel()方法前需安装 openpyxl 模块,命令如下:

```
pip install openpyxl
```

to_excel()方法的常用参数有:

- excel_writer:为要保存的 xlsx 文件。
- sheet_name:为 Sheet 名称。
- na_rep:为缺失数据的表示方式。
- encoding:为文档的编码格式。
- 参数 na_rep:为缺失数据的表示方式。
- 参数 encoding:为文档的编码格式。

to_excel()方法的示例如下:

```
import pandas as pd
# 创建 DataFrame 并保存为 excel 文件
df1=pd.DataFrame({'Column1':['Hello','World']})
df2=pd.DataFrame({'Column1':['Data','in Sheet2']})
with pd.ExcelWriter('test.xls',engine='xlwt') as writer:
    df1.to_excel(writer,sheet_name='Sheet1',index=False)
    df2.to_excel(writer,sheet_name='Sheet2',index=False)

# 读取 Excel 文件
df1=pd.read_excel('test.xls',sheet_name='Sheet1',engine='xlrd')
```

```
df2=pd.read_excel('test.xls',sheet_name='Sheet2',engine='xlrd')

# 打印 Sheet1 和 Sheet2 的内容
print("Sheet1 数据:\n",df1,"\nSheet2 数据:\n",df2,sep="")
```

输出结果为:

```
Sheet1 数据:
Empty DataFrame
Columns:[Hello,World]
Index:[]
Sheet2 数据:
Empty DataFrame
Columns:[Data,in Sheet2]
Index:[]
# 创建一个简单的 DataFrame
data={
    'Name':['Alice','Bob','Charlie','David'],
    'Age':[25,32,18,47],
    'City':['New York','Paris','Berlin','London']
}
df=pd.DataFrame(data)
# 将 DataFrame 写入 Excel 文件
df.to_excel('output.xlsx',index=False)
```

2）读取 Excel

read_excel()函数用于读取 Excel 表，包含五个常用的参数，分别为：

- filename:为要打开的 Excel 表的径。
- sep:为分隔符。
- header:为表头，即列名。
- encoding:为文档的编码格式。
- sheet_name:为要打开的 Sheet 索引，默认值为 0，即打开第 1 个 Sheet。

使用 read_excel()函数前应先在当前项目目录下创建一个名为 test.xls 的 Excel 表格，包含 2 个 Sheet，表格内容可随意填写。

6. pandas 中常用方法

1）数据读取与导出

- read_csv():从 CSV 文件中读取数据。
- read_excel():从 Excel 文件中读取数据。
- read_sql():从 SQL 数据库中读取数据。
- to_csv():将数据写入 CSV 文件。
- to_excel():将数据写入 Excel 文件。
- to_sql():将数据写入 SQL 数据库。

2）数据清洗

- dropna()：删除含有缺失值的行或列。
- fillna()：用特定值、前向后向填充等方法填充缺失值。
- drop_duplicates()：删除重复的行。
- replace()：替换数据中的值。

3）数据选择

- loc[]：基于标签选择数据。
- iloc[]：基于整数位置选择数据。
- at[]和 iat[]：基于标签和位置快速访问单个值。

4）数据操作

- head()：返回数据的前几行。
- tail()：返回数据的最后几行。
- sort_values()：对数据进行排序。
- merge()：根据某个列或多个列进行数据的横向连接。
- concat()：进行数据的纵向连接。
- groupby()：根据一个或多个列对数据进行分组。

5）数据处理

- map()：对 DataFrame 的某一列应用函数。
- apply()：对 DataFrame 的某一列或整体应用自定义函数。
- agg()：对 DataFrame 的某一列或整体应用多个函数。
- transform()：对数据进行转换，返回与原始 DataFrame 形状相同的 DataFrame。

6）数据转换

- astype()：将数据类型转换为其他类型。
- to_numeric()：将数据转换为数字类型。
- to_datetime()：将数据转换为日期时间类型。
- to_timedelta()：将数据转换为时间间隔类型。
- rename()：重命名列名或索引名。
- reset_index()：重置索引。

7）数据聚合

- sum()：计算和。
- mean()：计算平均值。
- min()和 max()：计算最小值和最大值。
- count()：计算非空值的数量。
- nunique()：计算唯一值的数量。

7.5　数据分析与可视化

matplotlib 是 Python 的绘图库，提供了一整套命令 API，适合交互式地进行制图，而且也可以方便地将它作为绘图控件，嵌入图形用户界面（graphical user interface，GUI）应用程序中。通过 pip 安装 matplotlib，命令如下：

```
pip install matplotlib
```

出现 Successfully installed 则表示安装成功。

7.5.1 画图流程

1. 创建面板

在使用 matplotlib 画图前，使用 figure()方法创建面板，figure()方法包含 6 个常用参数，分别为：

- num：为图像编号或名称，如果使用数字则为编号，如果使用字符串则为名称。
- figsize：为指定画布的宽和高。
- dpi：为指定绘图对象的分辨率。
- facecolor：为画布的背景颜色。
- edgecolor：为画布的边框颜色。
- frameon：为是否显示边框，默认不显示。

2. 创建绘图对象 figure

matplotlib 中的图像位于 figure 对象之中，1 张图像只能有 1 个 figure 对象。创建 figure 的示例如下：

```
import matplotlib.pyplot as plt
fig=plt.figure()
```

3. 创建图对象 subplot

在 figure 下创建一个或多个 subplot 对象(axes)，用于绘制图像，subplot 是将多个图画到一个平面上的工具，使用 add_subplot(* args、projection)添加一个子图，参数含义为：

(1)参数 * args：使用 3 个整数或者 3 个独立的整数 m、n 和 p 来描述子图的位置信息，m 表示是图排成 m 行，n 表示图排成 n 列，也就是整个 figure 中有 n 个图是排成一行的，一共 m 行，如果 m=2 就是表示 2 行图。p 表示图所在的位置，p=1 表示从左到右从上到下的第一个位置。

(2)参数 projection：可选参数，可以选择子图的类型，例如选择 polar，就是一个极点图，默认为 none 就是一个线性图。

4. 画图

使用 plt.show()画出图，代码如下：

```
import matplotlib.pyplot as plt
fig=plt.figure("figure name")
ax=fig.add_subplot(2,3,1)
ax.set(xlim=[1,5],ylim=[1,5],title='Axis title',ylabel='y-Axis',
xlabel='x-Axis')
plt.show()
```

结果如图 7-29 所示。

在 Python 中，plt 通常是 matplotlib.pyplot 的一个常用别名，matplotlib 是一个用于绘制各种静态、动态、交互式和 3D 图表的强大库。pyplot 是 matplotlib 的一个接口，它提供了一种类似

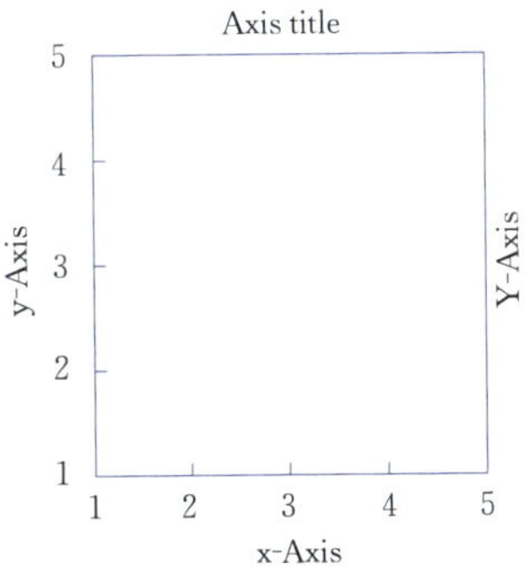

图 7-29　画图示意

于 MATLIB 的绘图框架。常见操作如下：

- 绘制折线图：plt. plot(x,y,...)。
- 绘制散点图：plt. scatter(x,y,...)。
- 绘制柱状图：plt. bar(x,height,...)。
- 将图表保存为文件：plt. savefig('filename. png',...)。
- 设置图表标题：plt. title('Title')。
- 设置 x 轴标签：plt. xlabel('X Label')。
- 设置 y 轴标签：plt. ylabel('Y Label')。
- 添加图例：plt. legend(['Label1','Label2',...])。
- 子图绘制：

➢ plt. subplots(nrows,ncols)：创建一个具有指定行数和列数的子图网格。

➢ nrows：子图的行数。

➢ ncols：子图的列数。

- 添加文本和注释：

➢ plt. text(x,y,'Text')：在图表上添加文本。

➢'Text'：要添加的文本内容。

7.5.2　用 plot 画折线图

折线图用于分析自变量和因变量之间的趋势关系，适合用于显示随时间变化的连续数据，同时还可以看出数量的差异，以及增长情况。

matplotlib 中使用 plot()方法绘制折线图，plot()方法常用的参数有 8 个，分别为：

- x：x 轴。
- y：y 轴。
- color：折线的颜色。
- marker：这条线上数据点的类型。
- linestyle：折线的类型。
- linewidth：线条的粗细。
- alpha：点的透明度。
- label：数据图例的内容。

plot()画折线图的示例如下：

```
import matplotlib.pyplot as plt
import numpy as np
fig=plt.figure("figure name")                # 设置画布名称
ax=fig.add_subplot(111)                       # 设置子图位置
x=np.linspace(0,np.pi)
y=np.sin(x)
y2=np.cos(x)+6
# 添加第一条线,使用圆圈作为标记样式
ax.plot(x,y,color="# 4cba28",linestyle='-',linewidth=2,label='first',
marker='o')
# 添加第二条线,使用加号作为标记样式
ax.plot(x,y2,color="# 0598ff",linestyle=':',linewidth=2,label='second',
marker='+')
plt.legend(loc='upper left')                  # 显示图例并设置图例位置
plt.show()
```

绘制图 7-30 所示的图形。

图片

图7-30

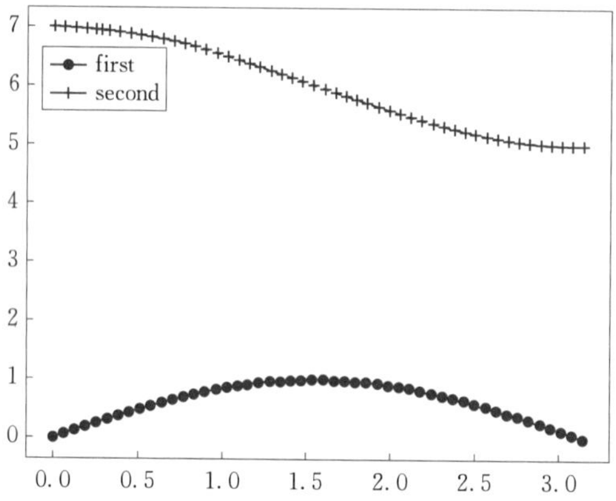

图 7-30 绘制折线图示例

legend()方法用于为图表进行标注，legend()方法常用的参数为 loc，参数 loc 用于设置图例的位置，其取值范围为 1～4，分别代表右上角、左上角、左下角及右下角。上面的代码画了 2 条折线，分别使用不同的颜色及样式进行作画，并添加了一张图例，显示在左上角。

下面展示一个在三维坐标里的折线图。

```
import numpy as np
import matplotlib.pyplot as plt
from mpl_toolkits.mplot3d import Axes3D
# 创建数据
x=np.linspace(0,10,100)
y=np.sin(x)
z=np.cos(x)
```

```
# 创建一个 3D 坐标轴
fig=plt.figure()
ax=fig.add_subplot(111,projection='3d')
ax.plot(x,y,z,label='Line in 3D')               # 绘制三维折线图
ax.legend()                                     # 添加图例
# 设置坐标轴标签
ax.set_xlabel('X Label')
ax.set_ylabel('Y Label')
ax.set_zlabel('Z Label')
# 设置标题
ax.set_title('3D Line Plot')
plt.show()
```

显示图 7-31 所示的图形。

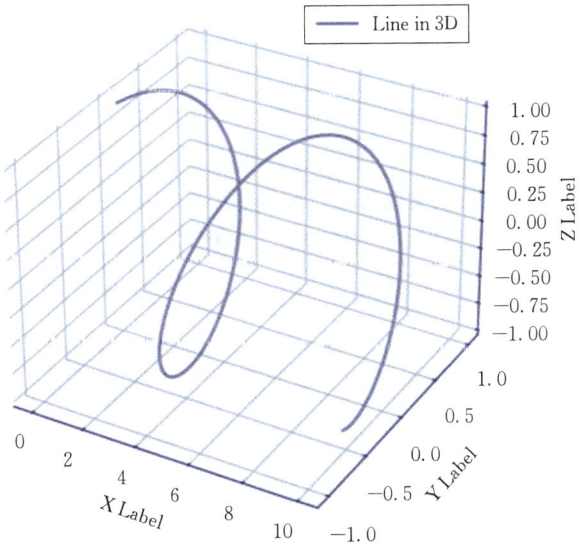

图 7-31　绘制三位空间的折线图示例

图片　图7-31

表 7-14 所示为参数的取值范围。

表 7-14　参数的取值范围

linestyle 取值	说　明	linestyle 取值	说　明
-	实线(默认)	:	虚线
–	双画线	:.	点画线
marker 取值	**说　明**	**marker 取值**	**说　明**
+	加号	^	上三角
o	空心圆	v	下三角
*	星号	>	右三角

续上表

linestyle 取值	说　明	linestyle 取值	说　明
.	实心圆	<	左三角
x	叉符号	p	五角星
s	正方形	h	六边形
d	菱形		
color 取值	**说　明**	**color 取值**	**说　明**
r	红色	m	洋红色
g	绿色	y	黄色
b	蓝色	k	黑色
c	青绿色	w	白色
＃000000～＃FFFFFF	可取颜色范围为：＃000000～＃FFFFFF		

7.5.3　用 scatter()画散点图

使用 scatter()方法可以绘制散点图，其参数与 plot()方法的参数类似，散点图不需要 linestyle 与 linewidth 参数，如需绘制泡泡图，则需设置 s 参数及 c 参数，其中 s 参数为散点标记的大小，c 参数为散点标记的颜色。如绘制散点图，则无须设置 s 参数与 c 参数。示例如下：

```
import matplotlib.pyplot as plt
import numpy as np
fig=plt.figure("figure name")
ax=fig.add_subplot(111)
x=np.arange(30)
y=np.random. randn(30)
ax.scatter(x,y,color="red",marker='o')
plt.show()
```

绘制图 7-32 所示的散点图。

图 片

图7-32

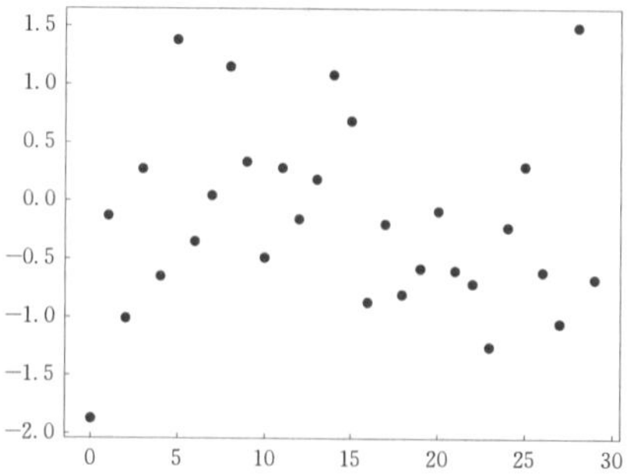

图 7-32　绘制二维空间散点图的示例

下面展示一个在三维坐标里的散点图：

```
import numpy as np
import matplotlib.pyplot as plt
from mpl_toolkits.mplot3d import Axes3D
# 创建数据
np.random.seed(0)              # 为了可复现性设置随机种子
x=np.random.rand(50)
y=np.random.rand(50)
z=np.random.rand(50)
# 创建一个 3D 坐标轴
fig=plt.figure()
ax=fig.add_subplot(111,projection='3d')
ax.scatter(x,y,z,c=z,cmap='viridis',label='Scatter in 3D')
                               # 绘制三维散点图
ax.legend()                    # 添加图例
```

显示如图 7-33 所示的图形。

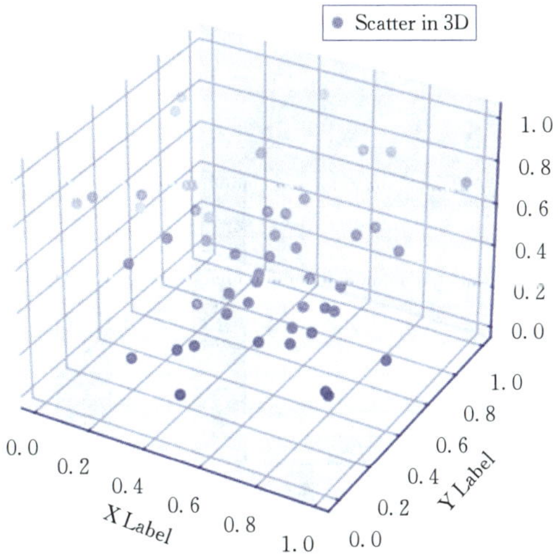

图 7-33　绘制三维空间散点图

图片

图7-33

```
# 设置坐标轴标签
ax.set_xlabel('X Label')
ax.set_ylabel('Y Label')
ax.set_zlabel('Z Label')
ax.set_title('3D Scatter Plot')       # 设置标题
plt.show()
```

7.5.4　用 bar()画柱状图

使用 bar()方法可绘制柱状图，bar()方法包含 8 个常用参数，分别为：

- left：x 轴。
- height：柱形图的高度。
- alpha：柱形图颜色的透明度。
- width：柱形图的宽度。
- color：柱形图填充的颜色。
- edgecolor：图形边缘的颜色。
- label：数据图例的内容。
- linewidth：边缘或者线的宽度。

使用 bar()方法绘制柱状图的示例如下：

```
import matplotlib.pyplot as plt
import numpy as np
fig=plt.figure("figure name")
ax=fig.add_subplot(111)
x=np.arange(10)
y=np.random.randn(10)
ax.bar(x,y,color="#c248be",label="bar",)
ax.legend(loc=2)
plt.show()
```

绘制图 7-34 所示的柱状图。

图 片

图7-34

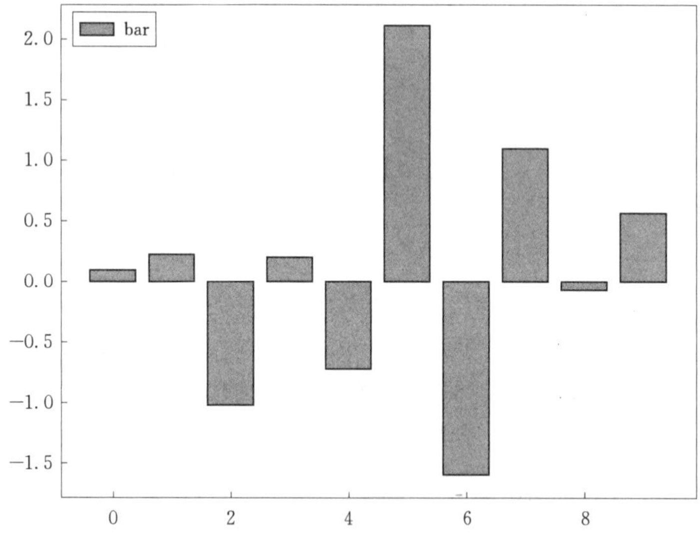

图 7-34　绘制柱状图示例

7.5.5　使用 pie()画饼图

Pie()方法包含 15 个常用参数，分别为：

- x：每一块的百分比。
- labels：每一块外侧显示的说明文字。
- explode：每一块离开中心的距离。

- startangle:起始绘制的角度,默认为从轴正方向逆时针画起。
- shadow:阴影,默认值为 False,即不画阴影。
- labeldistance:label 标记的绘制位置。
- autopct:控制饼图内百分比设置。
- pctdistance:指定 autopct 的位置刻度,默认值为 0.6。
- radius:控制饼图半径,默认值为 1。
- counterclock:指定指针方向,默认为逆时针。
- wedgeprops:将字典传递给 wedge 对象,用来画一个饼图。
- textprops:用于设置标签和比例文字的格式。
- center:为图标中心位置。
- frame:为绘制带有表的轴框架,默认不绘制。
- rotatelabels:将每个 label 旋转到指定的角度,默认不旋转。

使用 pie()绘制饼图,示例如下:

```
import matplotlib.pyplot as plt
fig=plt.figure("figure name")
ax=fig.add_subplot(111)
labels=['A','B','C','D']
sizes=[10,10,20,60]
explode=(0,0,0.1,0)
colors=["r","g","y","b"]
ax.pie(sizes,explode=explode,labels=labels,colors=colors,autopct='%
1.2f%%',
pctdistance=0.4,shadow=True,labeldistance=0.8,startangle=30,radius
=1.3,
counterclock=False,textprops={'fontsize':20,'color':"black"})
plt.show()
```

显示如图 7-35 所示。

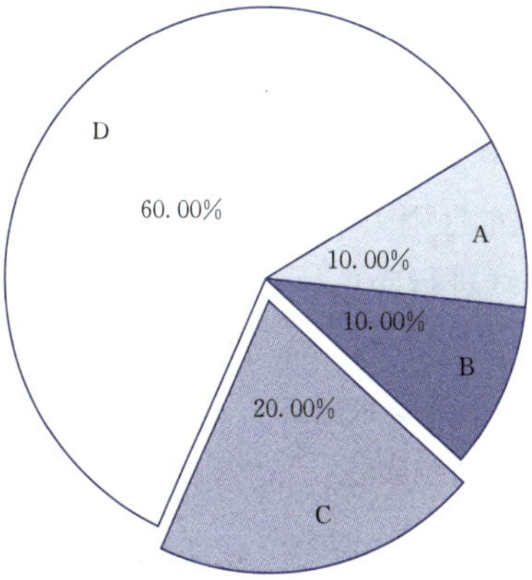

图片

图7-35

图 7-35　绘制饼图示例

7.5.6 使用 scatter()画泡泡图

使用 scatter()方法可绘制散点图，通过设置 s 参数与 c 参数可将散点图变化为泡泡图，s 参数为散点标记的大小，c 参数为散点标记的颜色。散点图的示例如图 7-35 所示

```
import matplotlib.pyplot as plt
import numpy as np
fig=plt.figure("figure name")
ax=fig.add_subplot(111)
x=np.random.rand(50)
y=np.random.rand(50)
area=(20*x+20*y)**2
ax.scatter(x,y,s=area,c=np.random.rand(50),marker="o",alpha=0.6)
plt.show()
```

输出结果如图 7-36 所示。

图 片

图7-36

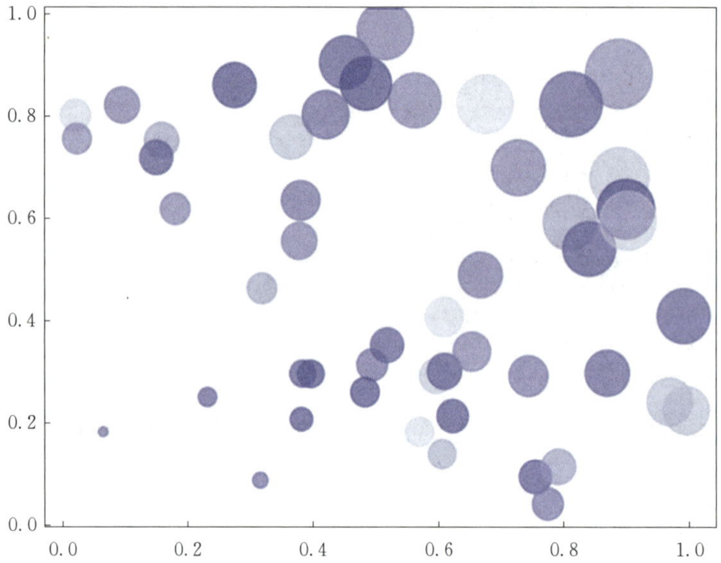

图 7-36　绘制泡泡图示例

7.5.7 使用 contour()与 contourf()方法画等高线

contour()与 contourf()方法的区别为 contour()方法只绘制轮廓线，而 contourf()方法除了绘制轮廓线，还会对绘制的轮廓线进行颜色填充。两种方法的参数是相同的，都包含了 8 个常用的参数，分别为：

(1)x，y，z：x 轴数据，y 轴数据，高度数据。

(2)colors：指定不同高度的等高线颜色。

(3)alpha：透明度。

(4)cmap：用不同颜色区分不同高度区域。

(5)linewidths：指定等高线的宽度。

(6)linestyles：指定等高线的样式。

绘制等高线的示例如下：

```
import numpy as np
import matplotlib.pyplot as plt
# 创建数据网格
x=np.linspace(-5,5,100)
y=np.linspace(-5,5,100)
X,Y=np.meshgrid(x,y)
Z=np.sin(np.sqrt(X**2+ Y**2))# 定义三维函数,例如 z=sin(sqrt(x^2+y^2))

# 使用 contour 绘制等高线
plt.figure()
CS=plt.contour(X,Y,Z,levels=20,cmap='viridis')
plt.colorbar(CS)
plt.xlabel('X Label')
plt.ylabel('Y Label')
plt.title('Contour Plot')
plt.show()                          # 画出图 7-37 所示的图形

# 使用 contourf 绘制填充等高线
plt.figure()
CS=plt.contourf(X,Y,Z,levels=20,cmap='viridis')
plt.colorbar(CS)
plt.xlabel('X Label')
plt.ylabel('Y Label')
plt.title('Filled Contour Plot')
plt.show()                          # 画出图 7-38 所示的图形
```

下面展示一个在三维坐标的等高线：

```
import numpy as np
import matplotlib.pyplot as plt
from mpl_toolkits.mplot3d import Axes3D
# 创建数据网格和三维函数
x=np.linspace(-5,5,100)
y=np.linspace(-5,5,100)
X,Y=np.meshgrid(x,y)
Z=np.sin(np.sqrt(X**2+Y**2))
# 绘制 3D 曲面图
```

```
fig=plt.figure()
ax=fig.add_subplot(111,projection='3d')
ax.plot_surface(X,Y,Z,cmap='viridis',edgecolor='none')
ax.set_xlabel('X Label')
ax.set_ylabel('Y Label')
ax.set_zlabel('Z Label')
ax.set_title('3D Surface Plot')
plt.show()
```

图 片

图7-37

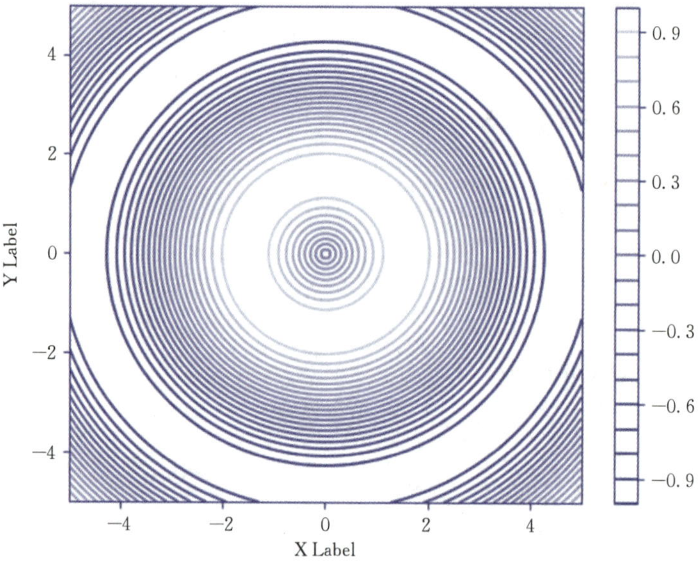

图 7-37　contour 绘制的二维空间的等高线示例

图 片

图7-38

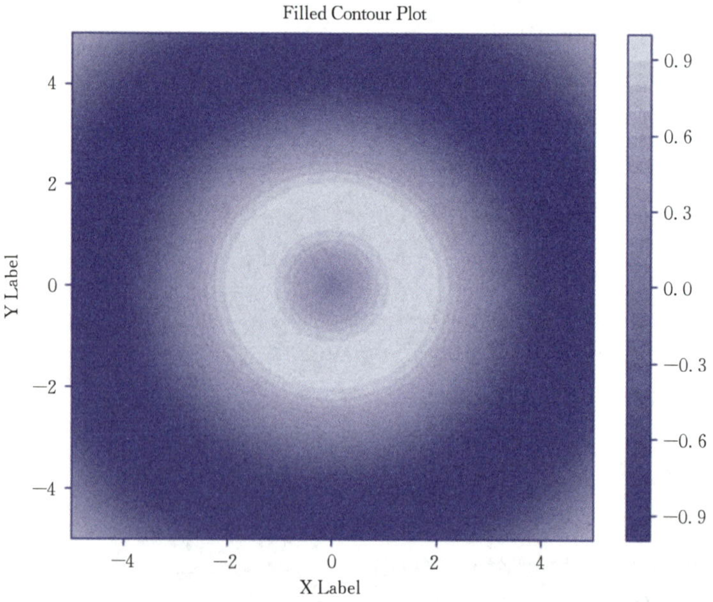

图 7-38　contourf 绘制的二维空间的等高线示例

显示图 7-39 所示的图形。

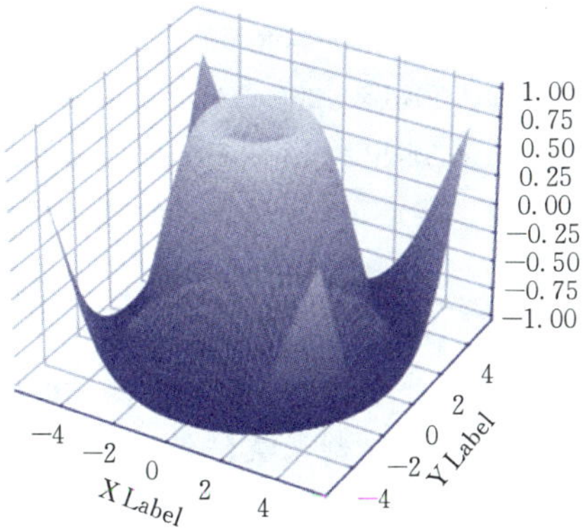

图 7-39 绘制三维空间的等高线示例

小 结

本章系统梳理 Python 编程的核心知识点，并深度整合其在机器学习场景下的实践应用。从 Python 环境配置与库安装入手，详细解析基础语法结构，包括变量定义、运算符优先级、条件与循环控制，以及函数与类的设计方法，辅以异常处理机制确保代码健壮性。针对数据处理需求，重点剖析 numpy 的多维数组操作与高效计算能力，pandas 的 Series 和 DataFrame 数据结构及其数据清洗功能，以及 matplotlib 的可视化工具链，涵盖折线图、散点图、柱状图等常用图表绘制技巧。通过理论与实践结合，本章强调代码规范与模块化思维，引导读者掌握单元测试与代码质量检查方法，避免常见编程陷阱。此外，文件读写、迭代器与生成器、装饰器等进阶内容，进一步拓展了 Python 在复杂任务中的应用场景。作为机器学习实践的基石，本章内容不仅为后续算法实现提供技术支撑，更通过完整的案例演示，培养读者从数据加载到模型评估的全流程开发能力，巩固了知识体系，为独立构建高效、可维护的机器学习代码奠定坚实基础。

习 题

1. 列举 Python 中常见的数据类型，并说明每种类型的应用场景。

2. 简述类和对象的概念，并说明它们之间的关系。

3. 简述生成器的概念，并说明生成器与迭代器的区别。

4. 在机器学习中，通过 Python 对数据进行预处理时，通常会用到哪些库？请列举至少 3 个。

5. 简述 pandas 中 Series 和 DataFrame 的区别。

6. 编写一个 Python 类 Student，包含属性 name 和 age，以及一个方法 introduce()，用于打印学生的姓名和年龄，并创建两个学生对象调用该方法。

7. 编写一个 Python 程序，使用 while 循环实现一个简单的猜数字游戏。程序随机生成一个 1～10 之间的数字，用户输入猜测的数字，程序提示用户猜大了、猜小了或猜对了。

8. 编写一个 Python 程序，使用 numpy 创建一个 4×4 的随机矩阵，计算其平均值、最大值和最小值。

9. 假设已知房屋面积和价格的数据如下：x=[50,60,70,80,90,100,110,120,130,140]（房屋面积，单位：m^2）和 y=[100,120,140,160,180,200,220,240,260,280]（房价，单位：万元）。要求编写一个 Python 程序，使用 scikit-learn 库中的 LinearRegression 模型，以房屋面积作为特征，价格作为目标变量，训练线性回归模型。然后，使用训练好的模型预测一间面积约为 150m^2 房屋的价格。

10. 假设已知二维数据点如下：x=[1,2,1,8,8,7,12,13]和 y=[2,1,1,7,8,7,13,13]。要求编写一个 Python 程序，使用 scikit-learn 库中的 K-means 算法对这些数据进行聚类分析，将数据分为三个类别。然后，使用 matplotlib 库绘制聚类结果，三个类别分别用红色、绿色、蓝色表示。

第 8 章 经典机器学习算法实践

本章选择几种常见的经典机器学习算法进行实验，实验的代码通常不唯一，方案仅供参考。Python 基础已经在前面的章节有介绍，为减轻读者查询资料的负担，本章再次介绍了相关的类、函数等内容。由于重在让读者体会模型训练的方法和过程，案例数据集的量比较小，且规律性强、杂质少，这也导致模型训练结果过于精准，出现过拟合的现象，但不影响实验目标。为便于读者理解，本章尽可能写出程序注释，帮助读者了解实验的流程、方法，理解模型原理。另外，实验的结果数据四舍五入，保留到小数点后两位。

学习目标

- 理解并实现经典机器学习算法。
- 掌握模型评估与调优方法。
- 熟悉 Python 工具库。
- 应用机器学习算法解决实际问题。

8.1 实验准备

1. 明确实验思路与步骤

实验围绕挖掘训练集中的数据关联而展开，大致按照以下步骤进行：

第一，定义问题，明确实验目的。

实验的目的是根据训练数据集训练出模型，该模型表示了数据集中蕴含的数据之间的关系，后期利用此模型可以进行预测。

第二，准备好实验环境。

实验环境主要包含以下几个方面的内容：

计算资源：确保有足够的计算资源来支持实验，包括 CPU、内存和存储空间，对于大型数据集或复杂的模型，可能需要使用高性能计算资源，简单地说：要求计算机设备性能足以支持实验。

编程环境：选择一个适合机器学习和数据分析的编程环境，本实验选择 Python。Python 具有丰富的机器学习库（如 scikit-learn）和数据处理库（如 pandas、numpy），可以方便地实现各个算法。

数据处理库：安装数据处理库，如 pandas，用于数据的清洗、转换、加载和保存。使用 numpy 库进行数值计算。

机器学习库：安装 scikit-learn 库，它提供了多种数据预处理、特征选择和模型评估的工具。

可视化工具：准备可视化工具，如 matplotlib、seaborn 等。

第三，准备好实验所需要的数据，确保数据的准确性和完整性。

模型具有明显的适应性，不要期待某种模型能处理所有类型的业务问题，或者说：不要指望某种模型在所有的业务类型上都表现优异，在训练某种模型时（采用某种模型进行训练时），所采用的数据集必须是适合用该模型处理的。

在生成或选择数据集时，这些数据是满足模型要求的，用于训练的数据本身存在模型认可的关系，模型训练只不过是通过分析训练数据，从中找到这种关系，并用模型表示出来，模型训练本身不可能创造训练数据集中不存在的关系，因此，在生成训练数据集时，本章提供了参数，让生成的数据具备这种关系。然后，假设不清楚训练数据集的这种关系，给出初始的参数，让模型去学习（训练），最后找到合适的模型参数，得到确定的模型。

通常来说，需要选择与预测目标相关的自变量（特征），并确定目标变量（标签），通过模型训练找到特征与标签的关系。

还需对数据进行清洗和预处理，包括处理缺失值、异常值、重复值等，但是，在本章中实验数据都是干净的，因此，实验不考虑数据清洗和预处理。

第四，训练模型。

使用 scikit-learn 等机器学习库初始化模型。设定模型的参数，如学习率、迭代次数等（对于梯度下降法等优化算法）。使用训练数据集对模型进行训练，通过最小化损失函数（如均方误差）来优化模型的参数。

第五，模型评估。

使用测试数据集对训练好的模型进行评估，计算评估指标。

第六，解释模型参数的意义。

如权重和截距的意义。

第七，可视化训练结果。

可视化模型的预测结果与实际数据的对比，以及特征与目标变量之间的关系。

第八，模型的调优与优化。

根据评估结果调整模型的参数或特征选择，可以尝试使用不同的优化算法、正则化技术等来改进模型性能。可以尝试调整模型的超参数，如正则化参数 alpha，来优化模型的性能。可以使用交叉验证等方法来选择最优的超参数。

首先，根据初步实验，为每个超参数设置一个合理的范围。例如，对于正则化强度 λ，可以设置一个从 0 到某个较大值的范围，因为过大的 λ 值可能会导致模型欠拟合。

然后，使用所选的搜索方法（如网格搜索）在超参数范围内尝试不同的参数组合。对于每个参数组合，使用训练数据训练模型，并使用验证数据评估模型的性能。记录每个参数组合对应的模型性能。

其次，根据验证数据上的模型性能选择最佳的超参数组合。通常，可以选择在验证数据上表现最好的参数组合作为最终的超参数。

再使用选定的最佳超参数组合在测试数据上评估模型的性能。这是为了验证所选的超参数组合是否能够在未见过的数据上保持良好的性能。

最后，如果模型的性能仍然不满足要求，可以重复上述过程进行迭代优化。例如，可以根据初步搜索结果调整超参数范围或尝试不同的搜索方法。

2. 安装相关库

安装实验所需要的 Python 库，只有安装了库，才能导入库进而使用其中的函数，实验所需的 Python 库包括 numpy（用于数值计算）、pandas（用于数据处理）、scikit-learn（包含机器学习算法）、matplotlib（用于数据可视化）等。numpy（np）、pandas 和 matplotlib 在前面已经解释过了。

scikit-learn 也称为 sklearn，是一个用于机器学习的 Python 库，提供了多种常用的机器学习算法和工具。它包含了用于分类、回归、聚类、降维、模型选择和数据预处理等任务的函数和类，可以用来实现从数据预处理到模型评估的整个机器学习流程。它还支持与 numpy 和 pandas 等常见 Python 库的集成，能够处理各种类型的数据，包括数值型和文本型数据。

seaborn 是一个基于 matplotlib 的 Python 可视化库，旨在使数据可视化变得更容易。

下面列出在本章实验中用到的部分函数，便于读者查询。

（1）sklearn. linear_model. LinearRegression：LinearRegression 是 scikit-learn 库的线性模型子模块中执行线性回归任务的一个类，用于预测数值型目标变量的监督学习方法，它基于输入特征的线性组合来建立预测模型。

（2）sklearn. model_selection. train_test_split：train_test_split 是 scikit-learn 库中 model_selection 模块中的一个函数，用于将数据集分割成训练集和测试集。

（3）sklearn. metrics：sklearn. metrics 提供了多种用于评估机器学习模型性能的指标。其中 accuracy_score 用于计算分类问题的准确性，mean_squared_error 用于计算回归问题的均方误差，classification_report 用于显示分类问题的主要分类指标（如精确度、召回率、F1 分数）的文本报告，confusion_matrix 用于计算混淆矩阵，显示分类模型对真实标签和预测标签的混淆情况。

（4）matplotlib. pyplot（plt）：是 matplotlib 库的一个子模块，提供了类似 MATLAB 风格的绘图函数，用于创建各种类型的图形和可视化。

（5）mpl_toolkits. mplot3d. Axes3D：Axes3D 是 mpl_toolkits. mplot3d 子模块中的类，用于创建三维坐标系和绘制三维图。

（6）sklearn. linear_model. LogisticRegression：LogisticRegression 是 scikit-learn 库的线性模型子模块中执行逻辑回归任务的一个类，用于解决分类问题的统计方法，尤其适用于二分类情况。

（7）sklearn. datasets：是 scikit-learn 库中的一个模块，用于加载和生成常用的数据集。例如 load_iris 鸢尾花数据集、load_digits 手写数字数据集等。

（8）plt. rcParams['font. sans-serif']=['SimHei']：plt. rcParams 是 matplotlib 库中的一个绘图工具，用于图标显示中文字体，例如黑体文本。

（9）sklearn. tree. DecisionTreeClassifier：DecisionTreeClassifier 是 scikit-learn 库 tree 子模块中的决策树分类器，用于创建一个决策树分类器对象，解决分类问题，例如预测类别标签。而 tree 子模块用于构建、训练和评估决策树模型的类和函数。

（10）sklearn. model_selection. GridSearchCV：GridSearchCV 是 scikit-learn 库 model_selection 子模块中的类，用于进行网格搜索，在给定的参数网格中搜索最优的参数组合，以提高机器学习模型的性能。

(11)sklearn. svm：是 Scikit-learn 库中支持向量机算法的模块。SVM 是一种用于分类和回归分析的监督式学习模型。在 Scikit-learn 中，sklearn. svm 模块提供了实现 SVM 的类和函数，包括用于分类、回归和异常检测的不同类型的 SVM 变体。

(12)matplotlib. widgets. Slider：widgets 是 matplotlib 中的一个模块，它提供了各种图形用户界面(GUI)控件，如滑块、按钮等。Slider 是其中之一，允许用户通过滑动条来更改图形中的某些参数。

(13)sklearn. neighbors. KNeighborsClassifier：KNeighborsClassifier 是 Scikit-learn 库中的一个类，它实现了 k 近邻(KNN)分类算法。

(14)sklearn. cluster. KMeans：KMeans 是 Scikit-learn(sklearn)库中用于聚类分析的一个类，用于实现 K 均值聚类算法。K 均值聚类是一种常用的聚类算法，它试图将数据点分成 K 个簇，使得每个数据点都属于距离最近的簇的中心点。

(15)sklearn. naive_bayes. GaussianNB：是 Scikit-learn 库中朴素贝叶斯算法的一种实现，具体是基于高斯分布的朴素贝叶斯分类器。

(16)sklearn. ensemble. RandomForestClassifier：是 Scikit-learn(sklearn)库中的一个类，用于实现随机森林分类器。随机森林是集成学习方法的一种，它通过建立多个决策树(即森林)来提升单个决策树的性能和泛化能力。其中 ensemble 是 Scikit-learn 库中的一个模块，用于实现集成学习算法。

现在，在 terminal 中，输入以下代码，完成库的安装：

```
pip install numpy pandas scikit-learn matplotlib seaborn
```

8.2 线性回归算法

线性回归可以帮助确定一个或多个自变量(特征)与因变量(目标)之间的线性依赖关系。

具有一个特征的线性函数表达式为：

视 频

线性回归算法实践

$$y=\beta_0+\beta_1x_1+\varepsilon \tag{8-1}$$

具有两个特征的线性函数表达式为：

$$y=\beta_0+\beta_1x_1+\beta_2x_2+\varepsilon \tag{8-2}$$

本实验基于具备线性关系的训练数据集，构建一个能够基于已知数据预测未知数据的线性回归模型，用于在满足线性关系的业务中进行预测。

8.2.1 一个特征的线性回归

程序 8-1 展示一个特征的线性回归效果，由代码 8-1(1)～代码 8-1(12)组成。

程序 8-1

1. 导入所需库

导入本实验需要用到的库和函数。

代码 8-1(1)如下：

```
import numpy as np              # 导入 numpy 库,并简写为 np,用于数值计算
import pandas as pd             # 导入 pandas 库,并简写为 pd,用于数据处理和分析
import matplotlib.pyplot as plt
                                # 导入 matplotlib 的 pyplot 模块,简写为 plt

# 从 scikit-learn 的 linear_model 模块中导入 LinearRegression 类
from sklearn.linear_model import LinearRegression
from sklearn.model_selection import train_test_split
                                # 导入数据划分函数
from sklearn.metrics import mean_squared_error,r2_score
                                # 导入评估指标函数
```

2. 数据准备

1）生成数据

准备一个数据集用于本实验,数据集包含一个自变量(特征)和一个目标变量(标签),且特征和标签之间应存在线性关系。具体来说,标签 y 是通过特征 X(即 Feature1)以及一个随机残差 res 进行线性计算得出的,模拟数据集中没有包含缺失值或异常值,实验基于该数据集找到这个线性关系,通常称之为“在训练数据集上训练出模型”。

numpy 库中的 rand 和 randn 都用于生成随机数,但它们有以下区别:

- np.random.rand 用于生成在[0,1)区间内均匀分布的随机数。
- np.random.randn 则是生成服从标准正态分布(均值为 0,标准差为 1)的随机数。

代码 8-1(2)如下:

```
np.random.seed(42)                          # 设置随机种子便于实现复现
n_samples=30;                               # 随机生成 30 个数据
X=2.5*np.random.randn(n_samples)+ 1.5       # 生成 X 值
res=0.1*np.random.randn(n_samples)          # 生成随机噪声值
y=2+0.3*X+res                               # 生成 y 值
```

2）数据保存到 DataFrame 中

数据被暂存在数据结构 DataFrame 中,然后,DataFrame 提供将数据永久保存到 CSV 文件中的功能。

代码 8-1(3)如下:

```
# 创建 DataFrame 并保存到 CSV
data= pd.DataFrame({
        'X':X,
        'y':y  })
print(data.head(10))                        # 显示 DataFrame 的 10 行数据
```

输出为:

```
          x          y
  0    2.741785  2.762365
  1    1.154339  2.531530
  2    3.119221  2.934417
……
 10    0.341456  2.176283
```

3）数据可视化

关于 plt 的介绍请看前面的相关章节，特别提醒的是：plt. show()本身并不直接使用任何数据。相反，plt. show()的作用是显示之前通过 matplotlib. pyplot 模块中其他函数创建的图形，这些绘图函数使用传递给它们的数据来绘制图形。下面的代码绘制散点图，如图 8-1 所示。

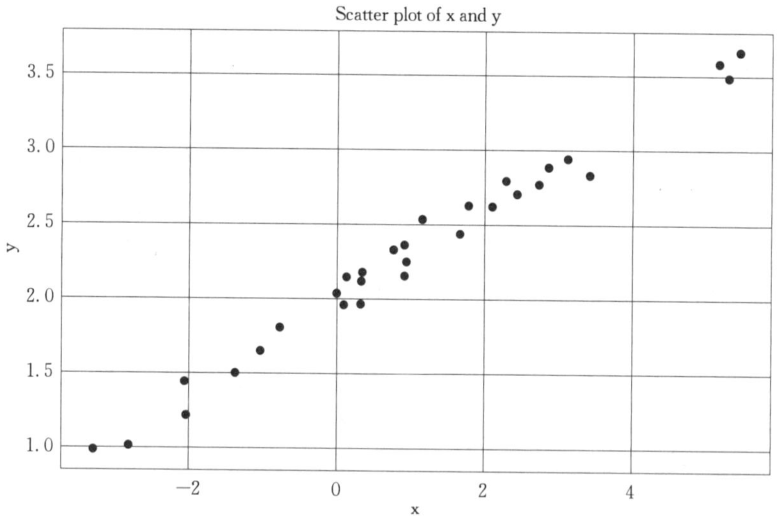

图 8-1　一个特征值的数据可视化散点图

代码 8-1(4)如下：

```
# 绘制散点图
plt.figure(figsize=(10,6))                          # 创建一个新的图形，并设置其大小
plt.scatter(data['X'],data['y'],color='blue',label='Data Points')
                                                    # 设置 X 和 y 的散点参数
plt.xlabel('X')                                     # 设置 x 轴标签
plt.ylabel('y')                                     # 设置 y 轴标签
plt.title('Scatter plot of X and y')                # 设置图形标题
plt.legend()                                        # 显示图例
plt.grid(True)                                      # 显示网格线
plt.show()                                          # 输出可视化散点图
```

4）将数据长久保存到文件中

在本实验中，数据是不需要保存到文件中的，但是，在日常的数据处理时，数据常常来自文件，为了读者能了解这个过程，这里先将生成的数据保存到文件中。

代码 8-1(5)如下：

```
data.to_csv('data1.csv',index= False)          # 数据保存到 CSV,不保存行索引
```

3. 数据加载与数据集划分

1）加载数据

下面的代码使用 pandas 从 CSV 文件中加载数据，并分别提取特征和目标值。

代码 8-1(6)如下：

```
data=pd.read_csv('data1.csv')                  # 读取 CSV 文件到 DataFrame
```

2）划分数据集

代码 8-1(7)使用 train_test_split()函数将数据集划分为训练集和测试集。其中：

x_train 和 y_train 是训练数据和对应的标签；x_test 和 y_test 是测试数据和对应的标签。

test_size=0.3 表示测试集占 30%。

random_state=42 确保了每次调用 train_test_split()函数时都会得到相同的数据划分结果，从而确保结果的可比性。

建议有兴趣的读者分别用不同的划分比例划分数据集，看看模型训练的结果是否有区别。

代码 8-1(7)如下：

```
x_train,x_test,y_train,y_test=train_test_split(data['x'],data['y'],
test_size=0.3,random_state=42)
```

如果想查看划分出来的训练数据集内容，可以把训练集数据重新装载到一个新 DataFrame 中，以便于显示，本步骤不是必须的，根据读者的需要选择。加载到 DataFrame 中后，其数据结构也按照文件中的结构加载过来，即文件中的一个数据列到了 DataFrame 中依然是一个数据列。代码 8-1(8)创建一个新的 DataFrame，称之为 train_data，其中的数据就是训练集数据，分为两列，分别是特征数据 x_train 和标签数据 y_train。

代码 8-1(8)如下：

```
print("下面是训练数据")
# 创建包含 x_train 和 y_train 的新 DataFrame
train_data=pd.DataFrame({'x':x_train,'y':y_train})
print(train_data)                              # 输出训练数据
```

输出为：

```
           x          y
 0    2.741785   2.762365
 4    0.914617   2.356639
16   -1.032078   1.644313
……
 6    5.448032   3.655296
```

4. 模型训练与评估

1）整理数据，确保数据结构符合模型训练要求

许多机器学习模型（如线性回归、支持向量机等）要求输入数据是二维数组，其中每行代表

一个样本，每列代表一个特征。因此，如果原始数据是一个一维数组，使用 reshape(－1,1)可以将其转换为符合模型要求的二维数组，即将原数组重新组织为只有一列的二维数组。其中的－1 被理解为 unspecified value，是一个正整数通配符，它代替任何整数，意思是未指定为给定的值，表示根据数组的大小自动确定行数，而 1 表示每行只有一列数据。

另外，在训练和测试数据中，特征和标签的结构必须一致，使用 reshape(－1,1)可以确保所有的特征和标签都是二维数组，避免因维度不匹配导致的错误。

为了说明 reshape(－1,1)的作用，先“插播”一个简单的案例[程序 8-2，由代码 8-2(1)到代码 8-2(4)组成]，在这个案例中生成了一个一维数组 heights(记录了身高数据)和一个二维数组 weights(记录了体重数据)，现有一个函数用于计算某一个学生的 BIM 指数(定义的一个函数)，需要同时调用两个数组元素作为参数，但是两个数组数据结构不一致，这时可以使用 reshape(－1,1)使 heights 数组变成二维数组，这样就与二维数组 weights 数据结构一致，才能正确计算 BIM。

程序 8-2

代码 8-2(1)如下：

```
import numpy as np
# 给定数据
heights=np.array([160,165,170,175,180])
weights=np.array([[65,70,75,80,85]])                    # weights 是二维数组
```

heights 是一个一维数组，形式为：

```
[160,165,170,175,180]
```

weights 是一个二维数组，形式为：

```
[[ 65],
  [70],
  [75],
  [80],
  [85]]
```

代码 8-2(2)如下：

```
# 调整 heights 的形状以匹配 weights 的结构
heights_reshaped=heights.reshape(-1,1)
```

一维数组 heights 被转换为一个二维数组 heights_reshaped，形式为：

```
[[ 160],
  [165],
  [170],
  [175],
  [180]]
```

代码 8-2(3)如下：

```
# 现在 heights_reshaped 应该具有与 weights 相同的结构
print("调整后的身高数据:")
print(heights_reshaped)
print("数据形状:",heights_reshaped.shape)
```

输出为：

```
[[ 160],
 [165],
 [170],
 [175],
 [180]]
数据形状:(5,1)
```

代码 8-2(4)如下：

```
# 定义计算 BMI 的函数
def calculate_bmi(heights,weights):
# 计算 BMI,公式为 BMI=weight/(height^2)
bmi=weights/(heights/100.0)* * 2
return bmi

# 使用调整后的身高数据和原始的体重数据调用函数
bmi_results=calculate_bmi(heights_reshaped,weights)
print("计算得到的 BMI:")
print(bmi_results)
```

输出结果如下：

```
计算得到的 BMI:
[[25.390625    27.34375    29.296875    31.25       33.203125  ]
 [23.87511478 25.71166208 27.54820937 29.38475666 31.22130395]
 [22.49134948 24.22145329 25.95155709 27.6816609  29.41176471]
 [21.2244898  22.85714286 24.48979592 26.12244898 27.75510204]
 [20.0617284  21.60493827 23.14814815 24.69135802 26.2345679 ]]
```

调用 calculate_bmi(heights,weights)时，来自两个二维数组的元素分别进行估计算。

注意：遇到"Reshape your data either using array. reshape(－1,1)if your data has a single feature"错误通常表示在使用机器学习模型时数据的结构不符合要求。使用 array. reshape(－1,1)来调整数据的结构，以确保数据具有单个特征。

回到程序 8-1，为使数据集满足线性回归对数据的要求，在训练之前用 array. reshape(－1,1)处理。

代码 8-1(9)如下：

```
# 使用 reshape()函数调整数据,使其具有单个特征
x_train=x_train.values.reshape(-1,1)
y_train=y_train.values.reshape(-1,1)
x_test=x_test.values.reshape(-1,1)
y_test=y_test.values.reshape(-1,1)
```

示例中的数据处理：

x_train=x_train. values. reshape(−1,1)将训练特征转换为二维数组,确保每个样本只有一个特征。

y_train=y_train. values. reshape(−1,1)将训练标签转换为二维数组,通常标签维度需与特征维度匹配。

x_test=x_test. values. reshape(−1,1)和 y_test=y_test. values. reshape(−1,1)分别将测试集特征和标签也转换为二维数组。

2）用训练集去训练线性回归函数,得到模型

下面的代码创建了一个线性回归模型的实例,并使用该实例进行模型训练。

代码 8-1(10)如下：

```
model=LinearRegression()         # 创建线性回归模型实例
model.fit(x_train,y_train)       # 使用训练数据拟合模型
# 打印模型系数和截距
# 输出模型训练结果,保留两位小数点后面三位
print(f"Coefficients:{model.coef_[0][0]:.3f}")
print(f"Intercept:{model.intercept_[0]:.3f}")
```

输出为：

```
Coefficients:0.305
Intercept:1.973
```

注意:由于系数是二维数组结构,截距是一维数组结构,利用[0][0]和[0]索引来访问元素并应用 .3f 格式化,确保输出的系数和截距以 3 位小数点的格式显示。

由此,根据上述训练集,训练出来的线性回归模型是：

$$y=1.973+0.305x+\varepsilon \tag{8-3}$$

3）可视化模型训练结果

通常需要可视化模型训练的结果帮助读者理解模型。可视化的相关函数在前面有介绍,程序中的注释有助于读者快速理解。

在不同的模型训练实验中,需要展示的图形可能不一样,请读者注意。

代码 8-1(11)如下：

```
# 读取数据
X=data['x'].values.reshape(-1,1)                 # reshape()用于改变数据的形状
y=data['y'].values
```

```
# 生成线性空间
x_plot=np.linspace(X.min(axis=0)[0],X.max(axis=0)[0],100).reshape(-1,1)
y_plot=model.predict(x_plot)

# 绘图
plt.figure(figsize=(10,6))
plt.scatter(x_train,y_train,color='blue',label='Training Data Points')
plt.plot(x_plot, y_plot, color='red', linewidth=2, label='Training Regression Line')
plt.xlabel('x')
plt.ylabel('y')
plt.title('Scatter plot of x and y with Training Regression Line')
plt.grid(True)
plt.legend()
plt.show()                                        # 输出结果如图 8-2 所示
```

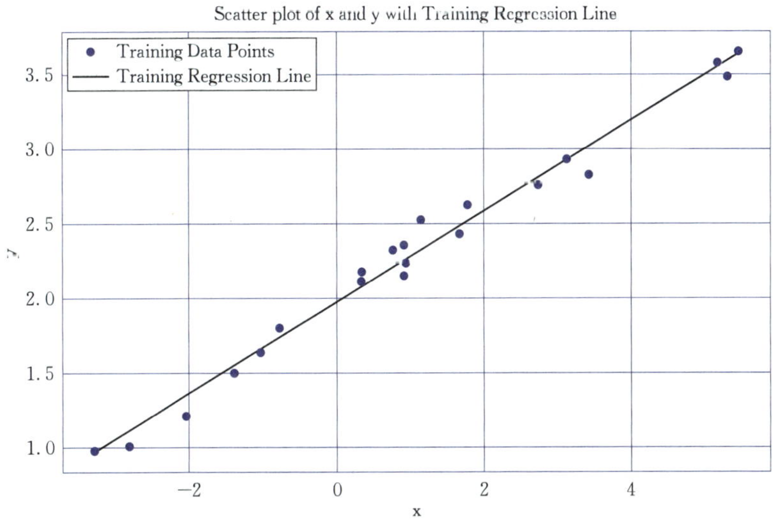

图片

图 8-2

图 8-2　线性回归模型训练（一个特征）

4）模型性能评估

均方误差 MSE 是一种常用的回归模型性能评估指标，它衡量了模型预测值与实际值之间差异的平方的平均值。MSE 的值越小，表示模型的预测效果越好。

训练集上的均方误差（mse_train）：由于模型是在训练集上进行训练的，所以它在训练集上的表现会相对较好，MSE 会比较低。但需要注意的是，过低的 MSE 可能意味着模型可能存在过拟合。

测试集上的均方误差（mse_test）：这个值表示模型在独立的测试数据集上的预测能力。由于测试集是模型从未见过的数据，因此这个指标更能反映模型的泛化能力，理想的模型应该在测试集上也有较低的 MSE。

决定系数(也称为 R^2 分数或确定系数)是用于回归模型性能评估的指标,衡量了模型预测值与实际值之间的相关性,取值范围在 0 到 1 之间。R^2 的值越接近 1,表示模型的预测能力越强。

训练集上的决定系数(r2_train):这个值表示模型在训练集上的拟合程度。由于模型是在训练集上进行训练的,所以它的 R^2 值通常会比较高,接近 1。但同样需要注意,过高的 R^2 值可能意味着过拟合。

测试集上的决定系数(r2_test):这个值表示模型在测试集上的拟合程度,也就是模型的泛化能力。一个理想的模型应该在测试集上也有较高的 R^2 值。

代码 8-1(12)如下:

```
# 调用训练好的模型进行评估
y_train_pred=model.predict(x_ train)
y_test_pred=model.predict(x test)
mse_train=mean_squared_error(y_train,y_train_pred)   # 计算训练集的 MSE
mse_test=mean_squared_error(y_test,y_test_pred)   # 计算测试集的 MSE
r2_train=r2_score(y_train,y_train_pred)          # 计算训练集的 R² Score
r2_test=r2_score(y_test,y_test_pred)             # 计算测试集的 R² Score

# 输出均方误差和决定系数
print(f"训练集上的均方误差(MSE):{mse_train:.2f}")
print(f"测试集上的均方误差(MSE):{mse_test:.2f}")
print(f"训练集上的决定系数(R²):{r2_train:.2f}")
print(f"测试集上的决定系数(R²):{r2_test:.2f}")   # 输出模型训练得到的参数
```

输出为:

```
训练集上的均方误差(MSE):0.01
测试集上的均方误差(MSE):0.01
训练集上的决定系数(R²):0.98
测试集上的决定系数(R²):0.97
```

8.2.2 两个(多个)特征的线性回归

涉及两个(多个)特征的线性回归与涉及一个特征的线性回归原理上相同,实验步骤大致一样,在此不做重复解释。本实验的程序 8-3 由代码 8-3(1)~代码 8-3(13)组成。

程序 8-3

1. 导入所需的库

代码 8-3(1)如下:

```
import numpy as np
import pandas as pd
import matplotlib.pyplot as plt
```

```
from mpl_toolkits.mplot3d import Axes3D
                                   # 导入 Axes3D 类,创建三维坐标系和绘制三维图
from sklearn.linear_model import LinearRegression
from sklearn.model_selection import train_test_split
from sklearn.metrics import mean_squared_error,r2_score
```

2. 数据准备

数据集应该包含至少两个特征和一个标签,且特征和标签之间应存在线性关系。数据将被暂存在数据结构 DataFrame 中,DataFrame 提供将数据永久保存到 CSV 文件中的功能,在本实验中,数据不需要保存到 CSV 文件中,但是,在大多数真实的数据处理中,会从文件中获取数据。

以下生成的数据集包含两个特征(Feature1 和 Feature2)以及一个标签(Target),特征和标签之间存在线性关系,为此,标签 y 是通过线性组合两个特征值 X[:,0]和 X[:,1](即 Feature1 和 Feature2)以及一个随机残差 res 计算得出的。在这个模拟数据集中,没有包含缺失值或异常值,这使得数据处理和模型训练变得更加简单,可用于两个特征的线性回归任务。

1)生成数据

代码 8-3(2)如下:

```
np.random.seed(30)                                 # 随机生成 30 个数据
# 调用 numpy 的 random.rand()函数,生成一个 30 行 1 列的浮点数数组,服从正态分布[0,1)
X1=2*np.random.rand(30,1)
X2=3*np.random.rand(30,1)
y=4+3*X1+2*X2+0.1*np.random.randn(30,1)            # 按照此公式生成 y 值
```

2)数据保存到 DataFrame 中

创建一个 DataFrame 结构 data,含有三列数据,对应于 X1 和 X2 的第一列,以及上面定义的 y。

代码 8-3(3)如下:

```
data=pd.DataFrame({
'X1':X1[:,0],            # 将上述 X1 中所有行的第一列元素组成的一维数组赋值
                           给 data 中的 X1
'X2':X2[:,0],            # 将上述 X2 中所有行的第一列元素组成的一维数组赋值
                           给 date 中的 X2
'y':y.flatten()  })      # 将上述 y 变成一维数组并赋值给 data 中的 y
```

3)显示生成的数据

为了了解生成的数据,可显示数据,本步骤不是必需的步骤,读者自行决定是否需要显示这些数据,为节约篇幅,下面的代码输出前面 10 行数据。

代码 8-3(4)如下:

```
print(data.head(10))                  # 输出前 10 行数据
```

输出为：

```
  X1        X2          y
   0    1.307179  2.655279
   1    0.230014  2.712593
……
   9    1.683481  0.543023
```

4）将数据保存到文件中

数据永久保存到文件 data2 中，便于随时加载。

代码 8-3(5)如下：

```
data.to_csv('data2.csv',index= False)  # DataFrame 保存到 CSV,不保存行索引
```

3. 数据加载与数据集划分

1）加载数据

下面的代码使用 pandas 从 CSV 文件中加载数据，并分别提取特征和目标值。

代码 8-3(6)如下：

```
data=pd.read_csv('data2.csv')            # 读取 CSV 文件到 DataFrame
```

2）划分数据集

np.hstack()是 numpy 库中的一个函数，用于将两个或更多的数组沿着水平轴(即列)连接起来。这个函数会沿着水平轴(即列)将输入的数组堆叠起来。这意味着输出数组的列数将是输入数组的列数之和，而行数将是输入数组中最大行数的值。使用 train_test_split()函数将数据集划分为训练集和测试集。

代码 8-3(7)如下：

```
# 划分训练集和测试集
X_train,X_test,y_train,y_test= train_test_split(data[['X1','X2']],
    data['y'],
    test_size=0.3,
    random_state=42)
```

X_train 和 y_train 是训练集和对应的标签。X_test 和 y_test 是测试集和对应的标签。test_size=0.3 表示测试集占 30%。

3）显示训练数据集

如果想查看测试数据集，就将数据装载到一个 DataFrame 结构中。

代码 8-3(8)如下：

```
train_data=pd.DataFrame({
    'X_train_1':X_train['X1'].values,
    'X_train_2':X_train['X2'].values,
    'y_train':y_train.values
})
```

```
print(train_data)                                    # 输出训练集数据
```

输出为：

```
        X_train_1   X_train_2    y_train
 0      1.307179    2.655279    13.120979
 1      1.744949    0.733888    10.516009
……
 20     0.081419    2.093775     8.540032
```

还可以可视化显示训练集数据，如图 8-3 所示。

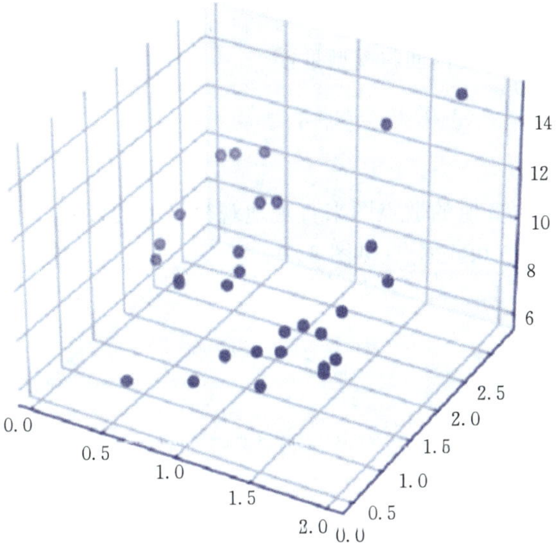

图片

图8-3

图 8-3　线性回归模型训练散点图(两个特征)

代码 8-3(9)如下：

```
# 创建一个三维图形
fig= plt.figure()
ax= fig.add_subplot(111,projection= '3d')
# 设置数据散点图
ax.scatter(data['X1'],data['X2'],data['y'],c= 'b',marker= 'o')
plt.show()                                           # 输出如图 8-3 所示
```

4. 模型训练与评估

1）用训练集去训练线性回归函数，得到具体的训练模型

为了进行线性回归模型训练，需要先创建一个线性回归模型实例，将训练数据集投喂给它，让它去自行训练，我们静待结果。

代码 8-3(10)如下：

```
# 创建一个线性回归模型的实例，并在训练集上进行训练
model=LinearRegression()                         # 创建线性回归模型实例
```

```
    model.fit(X_train,y_train)          # 使用训练数据拟合模型
    # 打印模型系数和截距
    print(f"x1:{model.coef_[0]:.3f}")
    print(f"x2:{model.coef_[1]:.3f}")
    print(f"Intercept:,{model.intercept_:.3f}")
# 输出结果(训练得到的参数)
```

输出为：

```
x1:2.988
x2:1.948
Intercept:,4.089
```

根据上述训练集训练出来的线性回归模型是：

$$y=4.089+2.988x_1+1.948x_2+\varepsilon \tag{8-4}$$

2）可视化模型训练结果

可以通过绘制预测值和真实值的散点图来直观地观察模型的效果。下面的代码生成了一个线性空间，然后绘制了回归线和数据点（见图 8-4）。

代码 8-3(11)如下：

```
# 创建一个三维图形
fig=plt.figure()
ax=fig.add_subplot(111,projection= '3d')

# 生成线性空间
x1_plot=np.linspace(data['X1'].min(),data['X1'].max(),100)
x2_plot=np.linspace(data['X2'].min(),data['X2'].max(),100)
# 直线方程
y_plot=model.intercept_+model.coef_[0]*x1_plot+model.coef_[1]*x2_plot

# 绘制数据散点图
ax.scatter(X_train['X1'],X_train['X2'],y_train,color= 'blue')
# 绘制回归线
ax.plot(x1_plot,x2_plot,y_plot,color= 'r')

# 设置坐标轴标签
ax.set_xlabel('X1')
ax.set_ylabel('X2')
ax.set_zlabel('y')
plt.show()                                   # 绘制的图如图 8-4 所示
```

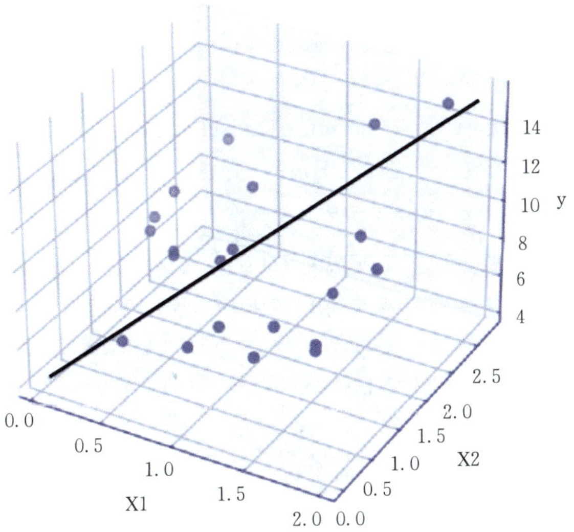

图片

图 8-4

图 8-4　线性回归模型训练结果(两个特征)

3）模型性能评估

调用训练好的模型在测试集上进行预测，以此判断模型的性能。

代码 8-3(12)如下：

```
y_train_pred=model.predict(X_train)
y_test_pred=model.predict(X_test)
```

下面的代码计算了模型在训练集和测试集上的均方误差(MSE)和决定系数(R^2 Score)。

代码 8-3(13)如下：

```
mse_train=mean_squared_error(y_train,y_train_pred)  # 计算训练集的 MSE
mse_test=mean_squared_error(y_test,y_test_pred)  # 计算测试集的 MSE
r2_train=r2_score(y_train,y_train_pred)  # 计算训练集的 R² Score
r2_test=r2_score(y_test,y_test_pred)  # 计算测试集的 R² Score
# 输出均方误差和决定系数。
print(f"训练集上的均方误差(MSE):{mse_train:.2f}")
print(f"测试集上的均方误差(MSE):{mse_test:.2f}")
print(f"训练集上的决定系数(R²):{r2_train:.3f}")
print(f"测试集上的决定系数(R²):{r2_test:.3f}")
```

输出为：

```
训练集上的均方误差(MSE):0.01
测试集上的均方误差(MSE):0.02
训练集上的决定系数(R^2):0.997
测试集上的决定系数(R^2):0.928
```

程序 8-4

下面给出另外一个解决方案的程序 8-4，由代码 8-4(1)～代码 8-4(3)组成。

代码 8-4(1)如下：

```
import numpy as np
import pandas as pd
from sklearn. linear_model import LinearRegression
from sklearn. model_selection import train_test_split
import matplotlib. pyplot as plt
from mpl_toolkits. mplot3d import Axes3D
from sklearn. metrics import mean_squared_error, r2_score
np. random. seed(42)                                  # 设置随机种子以确保结果可复现
# 生成数据
n_samples= 30
X= 2.5 * np. random. randn(n_samples, 2)+ np. array([[1.5, 2.0]])
res= 0.1 * np. random. randn(n_samples)
y= 2+ 3 * X[:, 0]+ 5 * X[:, 1]+ res
# 创建 DataFrame
data= pd. DataFrame({
  'X1':X[:, 0],
    'X2':X[:, 1],
    'y':y              })
print(data. head(10))                                  # 输出 10 行数据
```

输出为：

```
          X1        X2          y
  0   2.741785  1.654339  18.532831
  1   3.119221  5.807575  40.451616
  2   0.914617  1.414658  11.925443
......
 10   5.164122  1.435559  24.727251
```

代码 8-4(2)如下：

```
data. to_csv('data3. csv', index= False)            # 保存数据
data=pd. read_csv('data3. csv')                     # 读取数据
# 数据划分
X_train, X_test, y_train, y_test=train_test_split(data[['X1', 'X2']],
    data['y'], test_size=0.2, random_state=42)
model=LinearRegression()                            # 创建线性回归模型实例
model. fit(X_train, y_train)                        # 训练模型
# 生成线性空间
x1_plot=np. linspace(data['X1']. min(), data['X1']. max(), 100)
x2_plot=np. linspace(data['X2']. min(), data['X2']. max(), 100)
```

```
    # 根据模型计算 y 值
    y_plot=model.intercept_+model.coef_[0]*x1_plot+model.coef_[1] *x2_plot
    # 绘制 3D 图
    fig=plt.figure()
    ax=fig.add_subplot(111,projection= '3d')
    # 设置标签
    ax.set_xlabel('X1')
    ax.set_ylabel('X2')
    ax.set_zlabel('y')
    ax.set_title('3D Linear Regression')
    ax.scatter(X_train['X1'],X_train['X2'],y_train,color= 'blue',label=
'Train Data')                                    # 设置散点图参数
    # 设置线性回归线
    ax.plot(x1_plot,x2_plot,y_plot,color= 'red',label= 'Regression Line')
    plt.show()                                   # 输出内容如图 8-5 所示
```

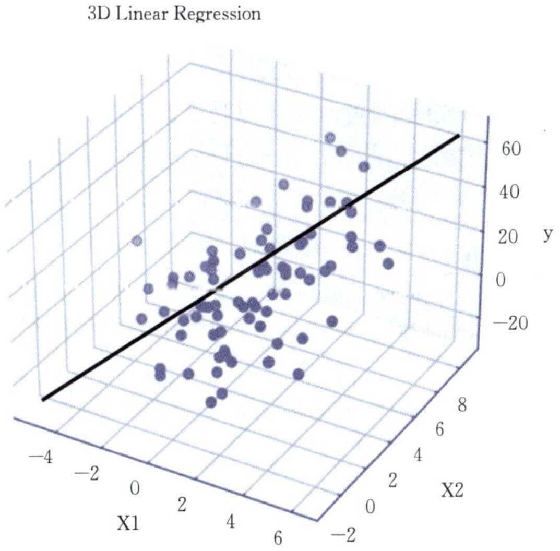

图片

图 8-5

图 8-5　线性回归模型训练（两个特征的另一种）

代码 8-4(3)如下：

```
    # 模型评估
    # 调用训练好的模型进行评估
    y_train_pred=model.predict(X_train)
    y_test_pred=model.predict(X_test)
    mse_train= mean_squared_error(y_train,y_train_pred)   # 计算训练集的 MSE
    mse_test= mean_squared_error(y_test,y_test_pred)      # 计算测试集的 MSE
    r2_train= r2_score(y_train,y_train_pred)   # 计算训练集的 R² Score
    r2_test= r2_score(y_test,y_test_pred)      # 计算测试集的 R² Score
```

```
# 输出均方误差和决定系数,输出结果如下所示
print(f"训练集上的均方误差(MSE):{mse_train:.2f}")
print(f"测试集上的均方误差(MSE):{mse_test:.2f}")
print(f"训练集上的决定系数(R²):{r2_train:.3f}")
print(f"测试集上的决定系数(R²):{r2_test:.3f}")
```

输出为：

```
训练集上的均方误差(MSE):0.01
测试集上的均方误差(MSE):0.01
训练集上的决定系数(R^2):0.999
测试集上的决定系数(R^2):0.999
```

8.3 逻辑回归算法

逻辑回归是一种二元分类算法，其主要目的是根据输入的特征数据预测一个二元输出（通常表示为 0 和 1，或者“是”和“否”）。逻辑回归模型的数据集特征包括特征变量和目标变量。特征变量可以有一个或多个，逻辑回归模型可以处理单个特征值，也可以处理多个特征值。特征变量（Features）可以是连续型的数值型特征，也可以是离散型的类别型特征，甚至是二元的。逻辑回归模型通过将输入特征线性组合，并将结果通过一个逻辑函数（比如 Sigmoid 函数）转换到 0 和 1 之间，来预测目标变量。

8.3.1 一个特征的逻辑回归

先从涉及一个特征的逻辑回归开始，逐步推进，理解逻辑回归的思想、方法和流程。实验涉及的程序 8-5 由代码 8-5(1)到代码 8-5(8)组成。

程序 8-5

1. 数据准备

1）导入所需库

导入相关库和函数，方法和使用的语句与前面的程序类似。

代码 8-5(1)如下：

```
import numpy as np
import pandas as pd
# 从 scikit-learn 导入逻辑回归模型
from sklearn.linear_model import LogisticRegression
from sklearn.model_selection import train_test_split  # 导入数据划分函数
# 导入评估指标
from sklearn.metrics import accuracy_score, confusion_matrix, classification_
report
import matplotlib.pyplot as plt
```

2）生成数据并放置到 DataFrame 中

准备一个包含一个自变量和二元分类目标变量的数据集，根据数据特征进行二分类处理，目标变量为二分类结果(例如:0 和 1)。

数据的特点为:

(1)特征数量:数据集仅包含一个特征(或称为解释变量、自变量)，可以是连续的或离散的。

(2)数据分布:数据在特征上的分布应该能够体现出两个类别的差异。例如，如果特征是年龄，那么年龄较小的个体可能更有可能属于一个类别，而年龄较大的个体可能更有可能属于另一个类别。

(3)目标变量:目标变量(或称为响应变量、因变量)是二元的，代表了分类的结果，表示为 0 和 1，或者“是/否”“正/负”等。

(4)数据量和平衡性:数据集应包含足够多的样本以供模型训练。此外，两个类别的样本数量应该是相对平衡的，以避免类别不平衡问题，类别不平衡可能导致模型偏向于样本数量较多的类别。

下面生成具备以上个特点的数据后放置到 DataFrame 中。

代码 8-5(2)如下:

```
x=np.random.randint(80,200,100)                # 生成随机整数数组 x
a=0.6                                           # 设置斜率 a
w_values=np.random.uniform(0,10,len(x))         # 随机生成每个 x 对应的截距 w
# 使用均值为 0、标准差为 5 的正态分布随机数作为噪声
noise=np.random.normal(0,5,len(x))
# 计算每个 x 对应的 y 值，包括噪声
y_values=a*(x+w_values)+noise
data=pd.DataFrame({'X':x,'Y':y_values})
data['Y1']=np.where(data['Y'] > 80,1,0)         # 根据条件将 Y 转换为 Y1
```

3）看看数据

如果想看看生成的数据，可以用以下代码实现，本步骤不是必须的。

代码 8-5(3)如下:

```
print(data.head(10))                            # 输出结果前 10 组数据
```

输出为:

```
      X        Y       Y1
  0   84    61.563913  0
  1   188   120.299060 1
  2   163   97.725199  1
......
  9   102   67.077881  0
```

4）数据保存到文件中

数据保存到文件中，便于后期模型训练时使用。

代码 8-5(4)如下:

```
data.to_csv('data4.csv',index= False)          # 保存为 CSV 文件
```

2. 从文件中读取数据用于模型训练

1）从文件中获得数据

代码 8-5(5)如下：

```
data= pd.read_csv('data4.csv')          # 读取文件 data4 中的数据
```

2）划分数据集

代码 8-5(6)如下：

```
X_train,X_test,y_train,y_test=train_test_split(data[['X']],data['Y1
'],test_size=0.2,random_state=42)
```

3. 模型训练

1）创建并训练逻辑回归模型

代码 8-5(6)如下：

```
model=LogisticRegression()          # 创建逻辑回归模型实例
model.fit(X_train,y_train)          # 使用训练数据拟合模型
# 获取模型得到的参数
coef=model.coef_
intercept=model.intercept_
# 打印系数和截距
print(f"Coefficients:{coef[0][0]:.3f}")
print(f"Intercept:{intercept[0]:.3f}")
```

输出为：

```
Coefficients:0.201
Intercept:-26.878
```

由此，根据上述训练集，训练出来的逻辑回归模型是：

$$\sigma(x)=\frac{1}{1+\mathrm{e}^{-(0.201x-26.878)}} \tag{8-5}$$

2）可视化模型训练结果

决策边界是分类模型在特征空间中的一个界限，用于将不同类别的数据点分开。在逻辑回归中，这一界限直接反映了模型对于输入数据点的分类决策。通过观察决策边界，可以直观地理解模型如何将输入数据映射到不同的类别，从而更容易地理解模型的工作原理。

代码 8-5(7)如下：

```
# 绘制训练数据散点图和逻辑回归的决策边界
plt.figure(figsize=(10,6))
plt.scatter(X_train['X'],y_train,color='blue',label= 'Train Data')
X_range=np.linspace(80,200,300).reshape(- 1,1)
y_range_prob= model.predict_proba(X_range)[:,1]
plt.plot(X_range,y_range_prob,color='red')
```

```
plt.axhline(y=0.5,color='red',linestyle='--',label='Decision Boundary')
plt.text(120,0.55,"决策边界",color='red',fontsize=12)
plt.xlabel('X')
plt.ylabel('Y1')
plt.legend()
plt.title('Logistic Regression')
plt.show()                                          # 输出如图 8-6 所示
```

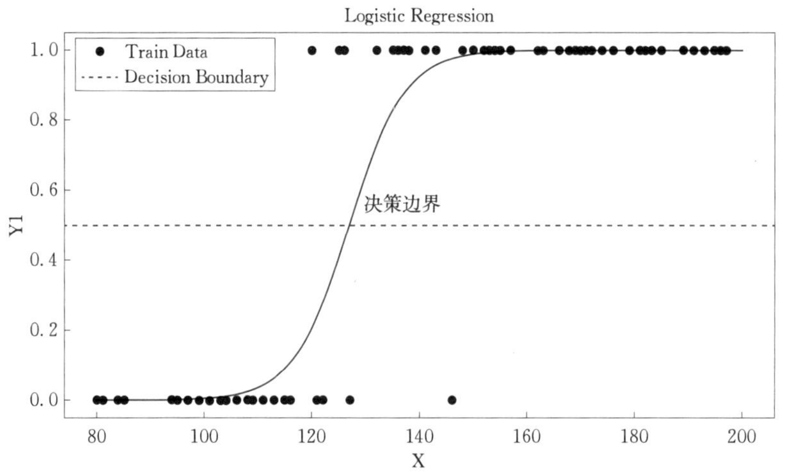

图片

图8-6

图 8-6　逻辑回归算法模型(一个特征值)

4. 模型评估

混淆矩阵(confusion matrix)是机器学习领域中一种常用的可视化工具,特别是用于监督学习中的分类问题。它主要用于衡量分类模型的性能,尤其是分类模型的精度。

混淆矩阵通过矩阵的形式,展示了模型预测结果的分布情况,包括真正例(true positives,TP)、假正例(false positives,FP)、真反例(true negatives,TN)和假反例(false negatives,FN)四种情况。

真正例:模型预测为正例,且实际也为正例的样本数。

假正例:模型预测为正例,但实际为负例的样本数,也被称为误报(type Ⅰ error)。

真反例:模型预测为负例,且实际也为负例的样本数。

假反例:模型预测为负例但实际为正例的样本数,也被称为漏报(type Ⅱ error)。

模型训练部分的代码见代码 8-5(8)。

代码 8-5(8)如下:

```
y_train_pred=model.predict(X_train)
y_test_pred=model.predict(X_test)
# 模型参数指标
train_accuracy=accuracy_score(y_train,y_train_pred)
test_accuracy=accuracy_score(y_test,y_test_pred)
mse=mean_squared_error(y_test,y_test_pred)
```

```
conf_matrix=confusion_matrix(y_test,y_test_pred)
class_report=classification_report(y_test,y_test_pred)
# 打印参数指标
print(f"Train Accuracy:{train_accuracy:.3f}")
print(f"Test Accuracy:{test_accuracy:.1f}")
print(f"Mean Squared Error:{mse:.1f}")
print(f"Confusion Matrix:\n{conf_matrix}")
print(f"Classification Report:\n{class_report}")
```

输出为：

```
Train Accuracy:0.925
Test Accuracy:0.8
Mean Squared Error:0.2
Confusion Matrix:
[[ 5   1]
 [ 3  11]]
Classification Report:
               precision   recall   f1-score   support
        0         0.62      0.83      0.71        6
        1         0.92      0.79      0.85       14
    accuracy                          0.80       20
   macro avg      0.77      0.81      0.78       20
weighted avg      0.83      0.80      0.81       20
```

模型在训练集上达到了较高的准确率(0.925)，在测试集上准确率为0.8。准确率表示模型正确预测的样本比例，越接近1.0表示模型预测能力越强。

均方误差为0.2，这是一个衡量模型预测结果与真实值之间差距的指标。均方误差越接近0表示模型预测越准确。

混淆矩阵展示了模型预测结果与真实标签之间的对应关系。在这里，混淆矩阵为[[5 1] [3 11]]，表示模型正确预测了5个0类样本和11个1类样本，同时将1类样本误分类为0类的样本有3个，将0类样本误分类为1类的样本有1个。

分类报告(classification report)：分类报告包括了精确度、召回率、F1分数和支持度等指标。这些指标综合考虑了模型对每个类别的预测表现。在这里，类别(0和1)的precision(精确度)分别为0.62和0.92、recall(召回率)分别为0.83和0.79、f1-score(F1分数)分别为0.71和0.85，support(支持度)表示样本量。

macro avg(宏平均)是对所有类别的指标取平均值，每个类别的权重相同。这里宏平均的精确率、召回率和F1值分别为0.77、0.81、0.78。

weighted avg(加权平均)是对所有类别的指标进行加权平均，按照每个类别的支持度(样本数量)加权计算。在这里，加权平均的精确率、召回率和F1值分别为0.83、0.80、0.81。

综合来看，该模型在训练集和测试集上表现良好，但需要注意的是，如果在测试集上的准确率较训练集有所下降，可能还存在过拟合的情况。此外，均方误差为0.2表示模型的预测结果与真实值之间仍有一定差距，但整体来看，模型在这个二元分类任务中表现非常可靠，适合用于实际应用中。

8.3.2　两个特征的逻辑回归

涉及两个(多个)特征的逻辑回归与涉及一个特征的逻辑回归本质上是一样的，先通过线性回归挖掘两个特征的影响后，再进行逻辑回归，因此，逻辑回归被称为特殊的线性回归。实验涉及的程序 8-6 由代码 8-6(1)～代码 8-6(8)组成。

程序 8-6

1. 数据准备

1) 导入所需库

除了导入前面的程序涉及的大部分库之外，为了加载鸢尾花数据集，这里需要从机器学习库 datasets 子模块中导入 load_iris。

代码 8-6(1)如下：

```
import numpy as np
import pandas as pd
import matplotlib.pyplot as plt
from sklearn.datasets import load_iris
# 从机器学习线性模型中导入逻辑回归类
from sklearn.linear_model import LogisticRegression
from sklearn.model_selection import train_test_split
from sklearn.metrics import(accuracy_score,                  # 准确率评估
                            mean_squared_error,              # 均方误差评估
                            confusion_matrix,                # 混淆矩阵
                            classification_report  )         # 分类报告
frommpl_toolkits.mplot3d import Axes3D
# 使用黑体字体，这是一个支持中文的字体
plt.rcParams['font.sans-serif']= ['SimHei']
```

2) 加载和获取鸢尾花数据集

鸢尾花数据集(Iris dataset)是一个经典的用于机器学习和统计学习的示例数据集，常用于分类问题的演示和测试。该数据集包含三个类别的鸢尾花样本，每个类别有 50 个样本，共计 150 个样本。

每个样本包括以下四个特征(输入变量)：花萼长度(sepal length)、花萼宽度(sepal width)、花瓣长度(petal length)、花瓣宽度(petal width)。每个样本都标记了对应的类别(输出变量)，包括三种不同的鸢尾花品种：山鸢尾(Setosa)、变色鸢尾(Versicolor)、维吉尼亚鸢尾(Virginica)。

鸢尾花数据集通常用于展示分类算法，如逻辑回归模型。在鸢尾花数据集中，可以使用其特征(花萼和花瓣的大小)来预测鸢尾花的品种(类别)，从而构建一个逻辑回归模型。

从机器学习库中加载自带的鸢尾花数据，取两个特征值，设置标签 y。

代码 8-6(2)如下：

```
# 加载鸢尾花数据集
iris=load_iris()
X=iris.data[:,:2]        # 只取两个特征便于绘图
# 将多类问题转化为二分类问题,仅区分山鸢尾(class 0)
y=(iris.target==0).astype(int)
```

3）数据加载到 DataFrame 中

如果想查看生成的数据,可以用以下代码实现,但本步骤不是必须的。

代码 8-6(3)如下：

```
# 创建 DataFrame 存储数据
df=pd.DataFrame(data=iris.data[:,:2],columns=iris.feature_names[:2])
# 输出前 8 个数据的前两个特征并标明名称
print("前 8 个数据的前两个特征:")
print(df.head(8))
```

输出结果如下：

```
输出的前 8 个数据的前两个特征:
     sepal length(cm)  sepal width(cm)
 0        5.1               3.5
 1        4.9               3.0
 2        4.7               3.2
……
 7        5.0               3.4
```

4）将数据可视化

涉及两个特征的逻辑回归可视化图像是一个三维图,三个维度分别是两个特征和 y(标签)。

代码 8-6(4)如下：

```
# 生成训练数据的散点图
fig=plt.figure(figsize=(10,6))
ax=fig.add_subplot(111,projection='3d')
ax.scatter(X[:,0],X[:,1],y,c=y,cmap='coolwarm',edgecolors='k',label
='数据点')                                                    # 设置数据点
# 设置坐标系标题
ax.set_xlabel('花萼长度')
ax.set_ylabel('花萼宽度')
ax.set_zlabel('类别')
ax.set_title('鸢尾花数据集散点图(三维)')
plt.legend()
plt.show()
```

输出如图 8-7 所示。

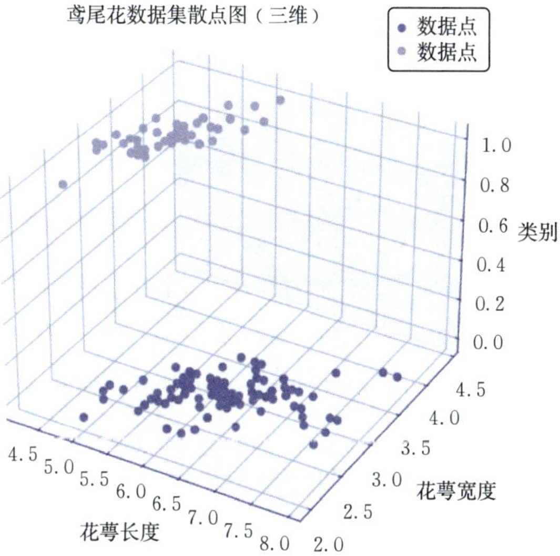

图 8-7　逻辑回归算法模型散点图(两个特征值)

2. 划分数据集

将数据集划分为训练集和测试集。

代码 8-6(5)如下：

```
X_train,X_test,y_train,y_test=train_test_split(X,y,test_size=0.3,
random_state=42)
```

3. 模型训练

1）创建并训练逻辑回归模型

首先需要调用 LogisticRegression()来创建一个逻辑回归实例，再在指定的训练集上去训练。

代码 8-6(6)如下：

```
model=LogisticRegression(solver='liblinear')
model.fit(X_train,y_train)
# 输出模型参数
print(f"x1:{model.coef_[0][0]:.3f}")
print(f"x2:{model.coef_[0][1]:.3f}")
print(f"Intercept:{model.intercept_[0]:.3f}")
```

输出为：

```
x1:-2.193
x2:3.485
Intercept:0.659
```

由此，根据上述训练集，训练出来的逻辑回归模型是：

$$\sigma(x)=\frac{1}{1+e^{-(-2.193x_1+3.485x_2+0.659)}} \tag{8-6}$$

2）可视化模型训练结果

这里的图形是三维图，需要先创建一个三维坐标系，然后将图形元素加载到这个坐标系中。代码 8-6(7)如下：

```
# 生成决策边界图(3D)
fig=plt.figure(figsize=(10,6))
ax=fig.add_subplot(111,projection='3d')
ax.scatter(X[:,0],X[:,1],y,c=y,cmap='coolwarm',edgecolors='k',label='数据点')      # 绘制数据点
surf=ax.plot_surface(xx,yy,Z,cmap='coolwarm',alpha=0.5)      # 绘制决策面
decision_boundary=(Z > 0.5).astype(int)      # 找到决策边界位置
ax.contour(xx,yy,decision_boundary,colors='k',levels=[0.5],linestyles='dashed')
ax.text3D(5.5,3.5,0.5,"决策边界",color='red',fontsize=12)      # 添加标识
ax.set_xlabel('花萼长度')
ax.set_ylabel('花萼宽度')
ax.set_zlabel('类别')
ax.set_title('逻辑回归的决策边界(3D)')
plt.legend()
plt.show()
```

输出如图 8-8 所示。

图 片

图8-8

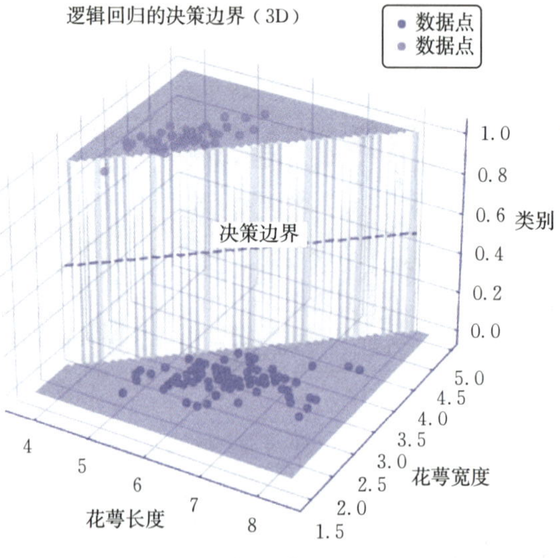

图 8-8 逻辑回归决策边界(两个特征)

4. 模型评估

代码 8-6(8)如下：

```
# 计算并打印模型评估指标
y_pred=model.predict(X_test)
print(f"准确率:{ accuracy_score(y_test,y_pred):.2f})
print(f"均方误差:{mean_squared_error(y_test,y_pred):.2f})
print("混淆矩阵:")
print(confusion_matrix(y_test,y_pred))
print("分类报告:")
print(classification_report(y_test,y_pred))
```

输出为：

```
准确率:1.00
均方误差:0.00
混淆矩阵:
[[26   0]
 [ 0  19]]
分类报告:
              precision    recall  f1-score   support
           0       1.00      1.00      1.00        26
           1       1.00      1.00      1.00        19
    accuracy                           1.00        45
   macro avg       1.00      1.00      1.00        45
weighted avg       1.00      1.00      1.00        45
```

准确率为 1.0，均方误差为 0.0。混淆矩阵为[[26 0] [0 19]]，分类报告显示精确度、召回率、F1 分数和支持度，所有指标均为 1.00。

根据这些评估指标，可以总结这个模型在训练模型时存在过拟合情况，导致指标过于完美，虽然实验目的达到，但现实不存在这么完美的情况，因此可以向使用的机器学习库中自带数据集中添加些许杂质，有效防止过拟合的情况。为此，修改程序 8-6 得到程序 8-7，在数据中增加一点杂质，更接近于真实环境下的处理。

程序 8-7

程序 8-7 由代码 8-7(1)～代码 8-7(3)组成。

代码 8-7(1)如下：

```
import numpy as np
import pandas as pd
from sklearn.datasets import load_iris
from sklearn.model_selection import train_test_split
from sklearn.linear_model import LogisticRegression
from sklearn.metrics import accuracy_score, confusion_matrix,
classification_report
plt.rcParams['font.sans-serif']= ['SimHei'] # 设置中文字体支持
```

```
# 载入鸢尾花数据集
iris=load_iris()
X=iris.data[:,:2]                                    # 选择前两个特征

# 将多类问题转化为二分类问题,仅区分山鸢尾(class 0)
y=(iris.target==0).astype(int)

# 创建 DataFrame 存储数据
df=pd.DataFrame(data=iris.data[:,:2],columns=iris.feature_names[:2])
# 输出前 8 个数据的前两个特征并标明名称
print("前 8 个数据的前两个特征:")
print(df.head(8))
```

输出结果如下：

```
输出前 8 个数据的前两个特征:
      sepal length(cm)   sepal width(cm)
  0        5.1               3.5
  1        4.9               3.0
  2        4.7               3.2
……
```

代码 8-7(2)如下：

```
df.to_csv('iris_data.csv',index= False)      # 将原始数据集保存到 CSV 文件

# 生成并添加 30 个鸢尾花数据集两个特征的模拟数据
np.random.seed(0)                             # 设置随机种子以确保可重复性
simulated_data={
  'sepal length(cm)':np.random.uniform(df['sepal length(cm)'].min(),df['sepal length(cm)'].max(),30),
  'sepal width(cm)':np.random.uniform(df['sepal width(cm)'].min(),df['sepal width(cm)'].max(),30)
}
simulated_df=pd.DataFrame(simulated_data)
df_with_noise=pd.concat([df,simulated_df],ignore_index=True)
# 将数据保存到 CSV 文件
df_with_noise.to_csv('iris_data_with_noise.csv',index=False)
# 重新读取带有噪声数据的 CSV 文件并进行训练集和测试集划分
df_with_noise=pd.read_csv('iris_data_with_noise.csv')
# 提取特征和标签
X=df_with_noise[['sepal length(cm)','sepal width(cm)']].values
```

```
# 提取特征和标签,确保标签长度与特征匹配
y=np.zeros(len(df_with_noise))
y[:150]=(iris.target[:150]==0).astype(int)  # 仅区分山鸢尾(class 0)
# 划分训练集和测试集
X_train,X_test,y_train,y_test=train_test_split(X,y,test_size=0.3,
random_state=42)
# 训练逻辑回归模型
model=LogisticRegression(solver='liblinear')
model.fit(X_train,y_train)
# 输出模型参数
print("模型参数(截距和系数):")
print(f"x1:{model.coef_[0][0]:.3f}")
print(f"x2:{model.coef_[0][1]:.3f}")
print(f"Intercept:,{model.intercept_[0]:.3f}")
```

输出模型参数如下：

```
输出模型参数(截距和系数):
x1:-2.053
x2:3.221
Intercept:,0.435
```

代码 8-7(3)如下：

```
# 计算并打印模型评估指标
y_pred=model.predict(X_test)
print(f"准确率:{accuracy_score(y_test,y_pred):.3f}")
print("混淆矩阵:")
print(confusion_matrix(y_test,y_pred))
print("分类报告:")
print(classification_report(y_test,y_pred))
```

输出内容为：

```
准确率:0.926
混淆矩阵:
[[36   3]
 [ 1  14]]
分类报告:
              precision   recall   f1-score   support
        0.0       0.97      0.92      0.95      39
        1.0       0.82      0.93      0.87      15
   accuracy                           0.93      54
  macro avg       0.90      0.93      0.91      54
weighted avg      0.93      0.93      0.93      54
```

8.4 决策树算法

决策树算法主要用于解决分类问题，即预测目标对象属于哪一个预设分类。通过已有数据及其属性，决策树将预测的目标对象归属到预设分类中。决策树法还可以解决权重决策问题，即在已知各种情况发生概率的基础上，通过构成决策树来求取净现值的期望值大于等于零的概率，评价项目风险，判断其可行性。通过实验，深入理解决策树算法的基本原理，包括其构建过程、特征选择、树的生成以及剪枝等关键步骤。针对特定的应用场景和数据集，应用决策树算法解决实际问题，如分类、预测等。通过实践，提升算法应用能力和问题解决能力。

8.4.1 不带参数调优的决策树算法

本节介绍最基础的模型训练流程，不考虑参数调优，在真实的模型训练中，往往需要进行模型调优。

程序 8-8

不带参数调优的决策树模型训练程序 8-8 由代码 8-8(1)～代码 8-8(6)组成。

1. 导入必要的库

代码 8-8(1)如下：

```
import numpy as np
import pandas as pd
# 从 sklearn.datasets 中导入鸢尾花数据集
from sklearn.datasets import load_iris
from sklearn.model_selection import train_test_split
# 从 sklearn.tree 中导入决策树分类器
from sklearn.tree import DecisionTreeClassifier
from sklearn import tree
import matplotlib.pyplot as plt
```

2. 数据准备

决策树算法在现实生活中经常被使用，是一种容易被理解和接受的决策算法，我们几乎每天都在进行各种决策选择，当被处理数据具有多个特征时，可能会逐个根据这些特征来进行分类，最终获得决策的结果。

决策树算法适合处理的数据集有以下特色：

(1)离散型数据分布：决策树算法在处理离散型数据分布时效果较好，特别是当特征的取值只有 0 和 1 时。如果处理的数据为连续型分布，在分类决策时，通常还需要将其变成离散型分布。

(2)大数据集：尽管决策树在处理大数据时可能会受到数据量和特征数量的影响，导致构建和训练变得耗时且资源密集，但通过优化策略(如随机森林、梯度提升树等集成学习方法，以及分布式计算框架)可以改善其性能，因此，决策树算法仍然适合处理大数据集。

(3)数据质量和特征关联性：决策树对数据质量和特征之间的关联性较为敏感。在大数据情境下，需要特别关注数据的质量和特征之间的相关性，以确保决策树模型的准确性和稳健性。

1）获取数据集

数据集选择鸢尾花数据集。

代码 8-8(2)如下：

```
# 加载鸢尾花数据集,并将其特征和标签分别存储在 X 和 y 中
# 从 datasets 库中加载了一个名为鸢尾花(Iris)的数据集
iris=datasets.load_iris()
X=iris.data          # 得到鸢尾花数据的特征值(要分析的属性(数据))
y=iris.target        # 得到鸢尾花数据的目标值,即:鸢尾花的种类
```

2）划分数据集

使用 train_test_split()函数将数据集划分为 70%的训练集和 30%的测试集。

代码 8-8(3)如下：

```
X_train,X_test,y_train,y_test=train_test_split(X,y,test_size=0.3,
random_state=42)
```

3. 模型训练

1）创建决策树分类器实例进行模型训练

创建一个决策树分类器实例,并使用训练数据拟合它。

代码 8-8(4)如下：

```
# 创建一个决策树分类器实例
model= DecisionTreeClassifier(random_state= 42)
# 使用训练数据 X_train 和 y_train 来训练模型
model.fit(X_train,y_train)
```

2）可视化模型训练结果

可以使用 sklearn 库中的 plot_tree()函数来可视化决策树。

代码 8-8(5)如下：

```
fig,ax=plt.subplots(figsize=(12,12))      # 创建一个绘图窗口和坐标轴
tree.plot_tree(model,ax=ax)               # 使用 plot_tree 函数绘制决策树
plt.show()
```

显示绘制的图形如图 8-9 所示。

注意：gini 指数用于评估数据集的纯度或“不纯度”,并用于选择最优的划分属性以构建决策树。

4. 模型评估

在测试集上评估模型的性能。

代码 8-8(6)如下：

```
accuracy= clf.score(X_test,y_test)
                               # 使用测试数据 X_test 和 y_test 来评估模型的准确率
print(f"Accuracy:{accuracy}")
```

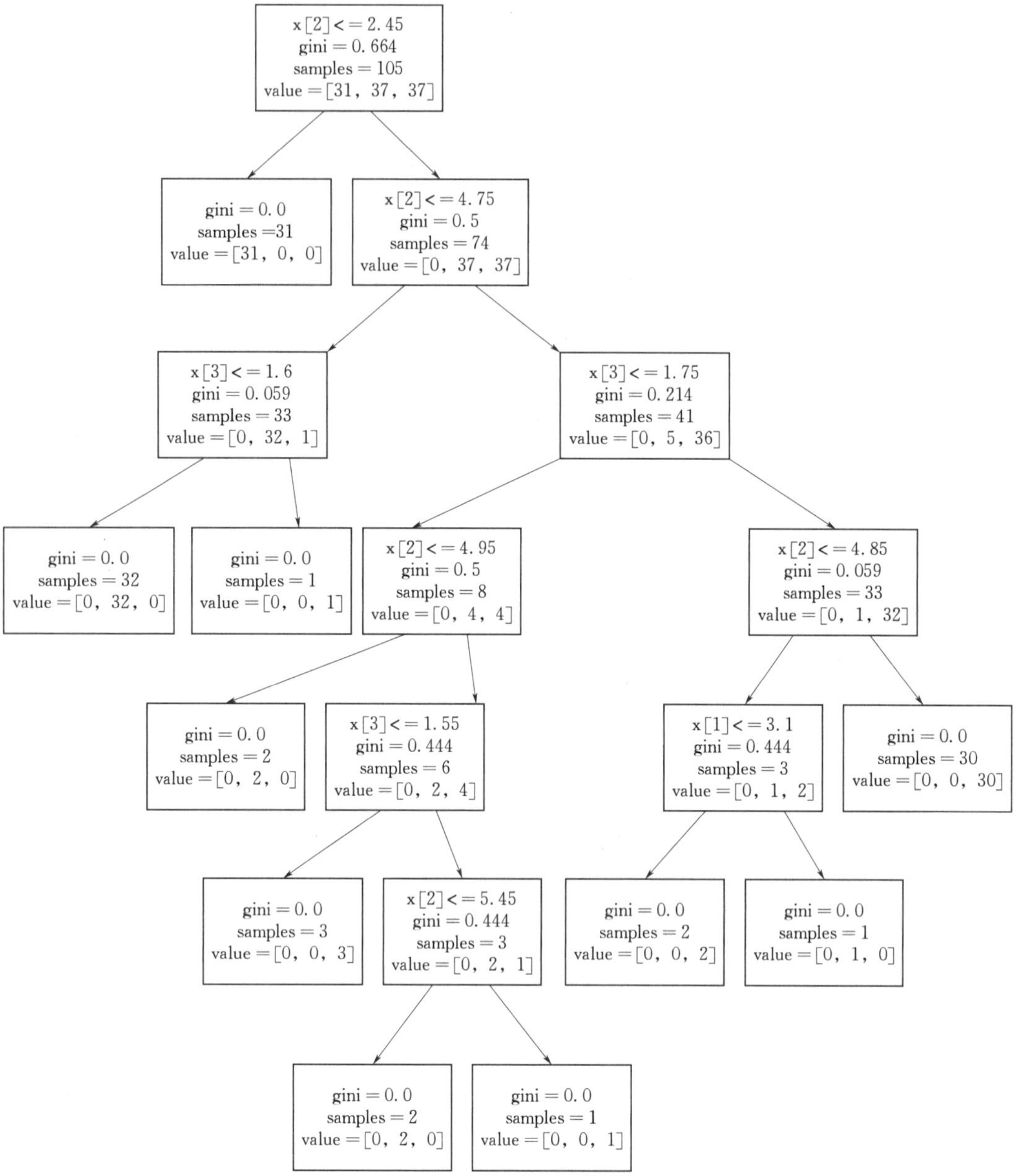

图 8-9　决策树算法模型训练

输出为：

```
Accuracy:1.0
```

8.4.2　带参数调优的模型训练

可以尝试调整决策树模型的超参数，如最大深度(max_depth)，这个参数决定了树的最大深度。较深的树可能会更好地拟合训练数据，但可能导致过拟合。较浅的树可能更容易泛化到新数据，但可能欠拟合。可以从较小的值开始，然后逐渐增加以找到最佳的深度。

最小样本拆分数(min_samples_split)：这个参数指定了内部节点继续分割所需的最小样本数。如果某个节点的样本数少于这个值，则不会继续分割。较大的值可以减少过拟合的风险，但可能导致欠拟合。较小的值则可能增加过拟合的风险。

为了找到最佳的超参数组合，可以使用网格搜索（GridSearchCV）或随机搜索（RandomizedSearchCV）等方法。这些方法会尝试不同的超参数组合，并评估每种组合在交叉验证下的性能，从而找到最优的超参数组合。在调整超参数时，还需要注意避免过拟合和欠拟合的问题，并根据具体的数据集和任务进行调整。程序 8-9 是一个简单的参数调优示例，以最大深度（max_depth）为例，程序 8-9 由代码 8-9(1)～代码 8-9(3)组成。

程序 8-9

代码 8-9(1)如下：

```
    import numpy as np
    import pandas as pd
    from sklearn.datasets import load_iris
    # 导入 GridSearchCV 做网格搜索
    from sklearn.model_selection import train_test_split,GridSearchCV
    from sklearn.tree import DecisionTreeClassifier
    from sklearn import tree
    import matplotlib.pyplot as plt
    # 加载鸢尾花数据集
    iris=load_iris()
    X=iris.data
    y=iris.target
    # 划分训练集和测试集
    X_train,X_test,y_train,y_test=train_test_split(X,y,test_size=0.3,
random_state=42)

    # 定义参数网格
    param_grid={
        'max_depth':[3,5,7,9,None]}  # 待调优的最大深度列表
    model=DecisionTreeClassifier(random_state=42)  # 创建决策树分类器实例
    # 使用 GridSearchCV 进行 5 折交叉验证
    grid_search=GridSearchCV(model,param_grid,cv=5)
    grid_search.fit(X_train,y_train)  # 使用训练集数据进行网格搜索训练
    print("最佳参数:",grid_search.best_params_)  # 输出最佳参数组合
    print(f"最佳交叉验证得分:{grid_search.best_score_:.2f}")  # 输出最佳交叉
验证得分
```

输出为：

```
    最佳参数: {'max_depth':3}
    最佳交叉验证得分: 0.93
```

接下来使用调优后的参数进行该模型训练，看看结果如何。

代码 8-9(2)如下：

```
best_model=grid_search.best_estimator_  # 使用最佳参数训练最终模型
fig,ax=plt.subplots(figsize=(7,7))  # 创建绘图窗口和坐标轴
tree.plot_tree(best_model,  # 使用 plot_tree()函数绘制决策树
               ax= ax,
               feature_names=iris.feature_names,
               class_names=iris.target_names,
               filled=True  )
plt.show()
```

输出如图 8-10 所示。

代码 8-9(3)如下：

```
# 评估最优模型在测试集上的准确率
test_accuracy= best_model.score(X_test,y_test)
print("最优模型在测试集上的准确率:",test_accuracy)
```

输出为：

```
最优模型在测试集上的准确率:1.0
```

通过 GridSearchCV 对决策树模型的最大深度进行调优，探索了不同最大深度值[3,5,7,9,None]的效果，选择在交叉验证中效果最好的最佳参数组合。通过参数调优和模型评估，可以使得决策树模型更加精确地对鸢尾花数据集进行分类，提高模型的泛化能力。同时，通过可视化决策树，可以直观地了解模型的决策过程，有助于进一步优化和改进模型。

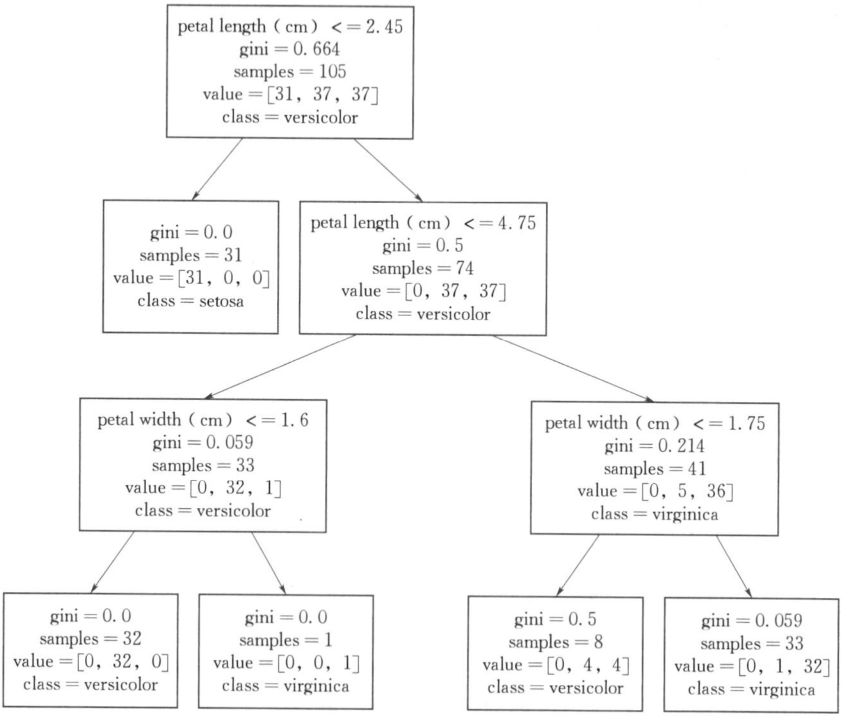

图 8-10　决策树模型结构

8.5　支持向量机算法

支持向量机是一种监督学习算法，主要用于数据分类问题。当数据集是线性不可分时，可以使用该函数将数据映射到一个高维空间，通过寻找一个超平面来对训练数据进行划分，使得不同类别的数据点位于超平面的两侧，并且距离超平面尽可能远。这个超平面被称为“决策边界”或“分隔超平面”，距离超平面最近的几个样本点被称为支持向量。

8.5.1　两个特征二分类的支持向量机

程序 8-10 展示两个特征两分类的支持向量机效果，由代码 8-10(1)～代码 8-10(10)组成。

程序 8-10

首先先导入实验所需库、函数与类。

代码 8-10(1)如下：

```
import numpy as np
import pandas as pd
import seaborn as sns
import random
from sklearn import svm                          # 导入支持向量机模型
from sklearn import datasets
import matplotlib.pyplot as plt
from matplotlib.widgets import Slider   # 导入 Slider 控件，用于创建滑动条
from sklearn.model_selection import train_test_split
from sklearn.metrics import accuracy_score, mean_squared_error,
classification_report, confusion_matrix
```

1. 获取数据集

获取鸢尾花数据集，在本节中使用两种鸢尾花(山鸢尾，杂色鸢尾)的两个属性(花萼的长度、花萼的宽度)来展示 SVM 算法的使用与性能。

代码 8-10(2)如下：

```
# 从 datasets 库中加载了一个名为鸢尾花(Iris)的数据集
iris=datasets.load_iris()
iris_data=pd.DataFrame(iris.data,columns=['花萼长度','花萼宽度','花瓣
长度','花瓣宽度'])
# 将鸢尾花数据集的目标值(种类)添加到 iris_data 中
iris_data['种类']=iris.target
iris_data=iris_data[iris_data['种类']! =2]
iris_data=iris_data[['花萼长度','花萼宽度','种类']]
print(iris_data)  # 查看经过筛选后的 iris_data 数据
```

输出为：

```
        花萼长度  花萼宽度  种类
  0      5.1      3.5      0
  1      4.9      3.0      0
  2      4.7      3.2      0
  ..     ...      ...      ..
  99     5.7      2.8      1
  [100 rows x 3 columns]
```

接下来，可以在图形上直观地查看这些训练集样本数据。

代码 8-10(3)如下：

```
  # 绘制散点图
  sns.lmplot(x='花萼长度',y='花萼宽度',data=iris_data,hue='种类',fit_reg
=False,markers=['o','^'])
  plt.show()
```

显示图像，如图 8-11 所示。

图片

图8-11

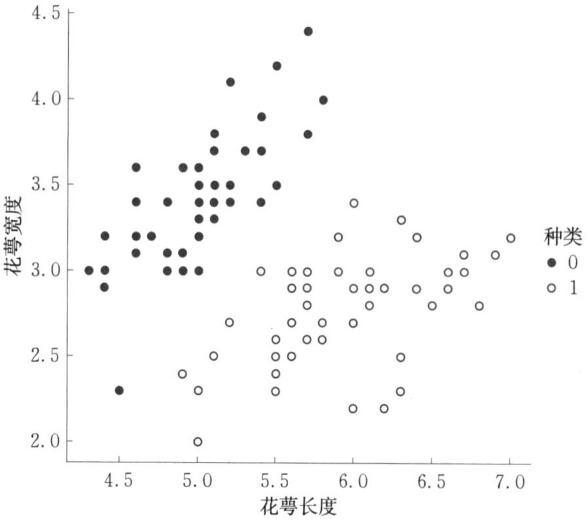

图 8-11　山鸢尾，杂色鸢尾的花萼的长度、花萼的宽度可视化图(共 100 条数据)

为有效防止过拟合，可以在原始数据集中添加随机生成一些噪声数据。

代码 8-10(4)如下：

```
  # 添加噪声数据
  new_data=[]
  random.seed(1)
  for i in range(3):                        # 根据原始数据每个特征的范围随机生成数据
        new _ data.append ([random.uniform ( 4, 7), random.uniform ( 3, 4),
random.randint(0,1)])
  new_data=pd.DataFrame(new_data,columns=iris_data.columns)
```

```
print(new_data)
iris_data=pd.concat([iris_data,new_data],axis=0)
```

随机生成的数据如下：

```
   花萼长度    花萼宽度   种类
0  4.403093  3.847434   0
1  4.765207  3.495435   1
2  5.416736  3.379615   0
```

2. 划分数据集

代码 8-10(5)如下：

```
X_train,X_test,y_train,y_test= train_test_split(iris_data[['花萼长度',
'花萼宽度']],
    iris_data['种类'],
    test_size= 0.2,
    random_state= 42)
```

iris_data[['花萼长度','花萼宽度']]：获取 iris_data 中列为'花萼长度','花萼宽度'的数据。

iris_data['种类']：获取 iris_data 中列为种类的数据。

3. 训练模型

svm.SVC()通过实例化 SVC 类来创建一个支持向量机分类器，其需要传入以下参数：

(1)kernel：向量机使用的核函数类型，有以下核函数：

• linear：线性核函数，适用于数据在原始特征空间中线性可分的情况。

• rbf：高斯径向基核函数，最常用的核函数之一，适用于数据在原始特征空间中非线性可分的情况，能够更灵活地拟合数据。

• poly：多项式核函数，适用于数据在原始特征空间中略微非线性可分的情况。

• sigmoid：适用于一些特定的非线性问题，如神经网络等。在一些特殊情况下，可以用于数据的非线性映射。

(2)C：正则化参数，默认为 1.0

(3)gamma：用于控制核函数的宽度，通常与 kernel='rbf'与 kernel='poly'搭配使用，较小的 gamma 值表示较大的核函数宽度，可能会导致模型欠拟合；较大的 gamma 值表示较小的核函数宽度，可能会导致模型过拟合。

(4)degree：对于多项式核函数，参数 degree 表示多项式的阶数。默认值为 3。

代码 8-10(6)如下：

```
model=svm.SVC(kernel='linear')  # 创建一个支持向量机分类器，使用线性核
函数
model.fit(X_train,y_train)  # 传入训练集的特征值与目标值训练模型
```

4. 查看训练后的参数

代码 8-10(7)如下：

```
y_train.reset_index(drop=True,inplace=True)
print("支持向量:")
print(model.support_vectors_)                    # 查看支持向量
print("支持向量的索引:")
print(model.support_)                            # 查看支持向量的索引
print("支持向量对应的类别:")
print(y_train[model.support_].tolist())
print("支持向量的拉格朗日乘子:")
print(model.dual_coef_)                          # 查看模型的系数(对于线性核)
print("每类的支持向量的数量:",model.n_support_)  # 查看每类的支持向量的数量
# 查看 SVM 的权重系数
print(f"支持向量机的权重系数 w 的 x1:{model.coef_[0][0]:.3f}")
print(f"支持向量机的权重系数 w 的 x2:{model.coef_[0][1]:.3f}")
print(f"偏置项 b:{model.intercept_[0]:.3f}")
                                                 # 获取偏置项 b
```

输出内容为：

```
支持向量:
[[5.5  3.5  ]
 [4.8  3.   ]
......
 [5.6  3.   ]]
支持向量的索引:
[21 49 53 55 58 62 66 70 75 6 10 20 24 29 47 60 68 69 77]
支持向量对应的类别:
[0,0,0,0,0,0,0,0,0,1,1,1,1,1,1,1,1,1,1]
支持向量的拉格朗日乘子:
[[-1.  -1.  -1.  -1.  -1.  -1.
  -1.  -1.  -0.97457292  0.37412962  0.6004433  1.
  1.  1.  1.  1.  1.  1.
  1.  ]]
每类的支持向量的数量:[ 9 10]
支持向量机的权重系数 w 的 x1:2.222
支持向量机的权重系数 w 的 x2:-2.225
偏置项 b:-4.992
```

根据支持向量机的表达式 $f(x)=\text{sign}(\boldsymbol{w}^{\mathrm{T}}\boldsymbol{x}+b)$，得出训练好的支持向量机表示：

$$f(x)=\text{sign}(2.222x_1-2.225x_2-4.992) \tag{8-7}$$

5. 训练结果可视化

代码 8-10(8)如下：

```
# 创建一个网格来绘制决策边界
x_min,x_max=X_train.iloc[:,0].min()-1,X_train.iloc[:,0].max()+1
y_min,y_max=X_train.iloc[:,1].min()-1,X_train.iloc[:,1].max()+1
xx,yy=np.meshgrid(np.linspace(x_min,x_max,500),np.linspace(y_min,y_max,500))
Z=model.predict(np.c_[xx.ravel(),yy.ravel()])
Z=Z.reshape(xx.shape)
# 绘制决策边界
plt.contourf(xx,yy,Z,alpha=0.3,cmap=plt.cm.Paired)
sns.scatterplot(x=X_train.iloc[:,0],
                y=X_train.iloc[:,1],
                hue=y_train,
                style=y_train,
                markers=['o','^'],
                edgecolor='k',
                s=50)
# 绘制支持向量
plt.scatter(model.support_vectors_[:,0],
            model.support_vectors_[:,1],
            s=100,
            facecolors='none',
            edgecolors='k',
            label='支持向量' )
plt.xlabel('花萼长度')                                    # 添加标签
plt.ylabel('花萼宽度')
plt.title('SVM 训练结果')                                 # 添加标题
plt.legend()                                              # 添加图例
plt.show()
```

显示 SVM 训练的结果如图 8-12 所示。

6. 模型评估

代码 8-10(9)如下：

```
y_pre=model.predict(X_train)
accuracy=accuracy_score(y_train,y_pre)
print(f"准确率为:{accuracy:.3f}")
ref=mean_squared_error(y_train,y_pre)
print(f"均方误差为:{ref:.3f}")
ret=classification_report(y_train,y_pre,target_names=('山鸢尾','杂色鸢尾'))
print(ret)
```

图 片

图8-12

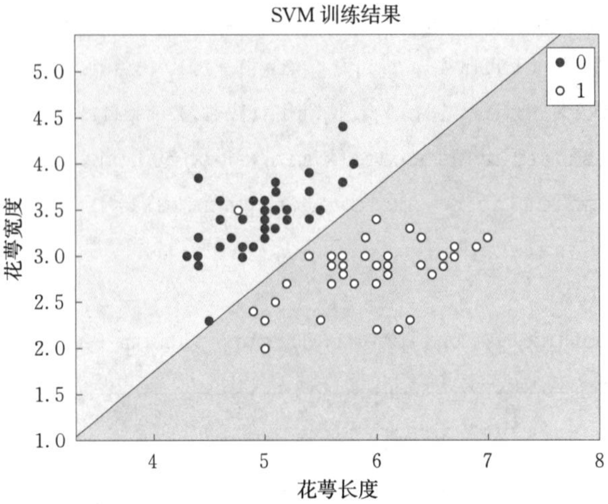

图 8-12　SVM 模型训练后的结果可视化图

输出为：

```
准确率为:0.987
均方误差为:0.012
              precision    recall   f1-score   support
   山鸢尾        1.00        0.98      0.99        43
  杂色鸢尾       0.97        1.00      0.99        39
  accuracy                             0.99        82
  macro avg      0.99        0.99      0.99        82
weighted avg     0.99        0.99      0.99        82
```

8.5.2　三个特征二分类的支持向量机

程序 8-11 展示三个特征二分类的支持向量机效果，由代码 8-10(1)、代码 8-11(1)～代码 8-11(8)组成。

程序 8-11

1. 获取数据集

获取鸢尾花数据集，在本节中使用两种鸢尾花（山鸢尾，杂色鸢尾）的三个属性（花萼的长度、花萼的宽度，花瓣长度）来展示 SVM 算法的使用与性能。

代码 8-11(1)如下：

```
# 从 datasets 库中加载了一个名为鸢尾花(Iris)的数据集
iris=datasets.load_iris()
iris_data=pd.DataFrame(iris.data,columns=['花萼长度','花萼宽度','花瓣长度','花瓣宽度'])
iris_data['种类']=np.where(iris.target==0,0,1)   # 将目标值转换为二分类
iris_data=iris_data[['花萼长度','花萼宽度','花瓣长度','种类']]
print(iris_data.head(10))          # 输出挑选的属性显示出来
```

输出为：

```
       花萼长度  花萼宽度  花瓣长度  种类
  0     5.1      3.5      1.4      0
  1     4.9      3.0      1.4      0
  2     4.7      3.2      1.3      0
……
  9     4.9      3.1      1.5      0
```

代码 8-11(2)如下：

```
# 创建画布 1,绘制散点图
fig1=plt.figure(figsize=(12,8))
ax1=fig1.add_subplot(111,projection='3d')

# 绘制散点图
colors=['tab:blue','tab:orange']
for i in range(2):
    subset=iris_data[iris_data['种类']==i]
    ax1.scatter(subset['花萼长度'],subset['花萼宽度'],subset['花瓣长度'],
c=colors[i],label=str(i))
ax1.set_xlabel('花萼长度')
ax1.set_ylabel('花萼宽度')
ax1.set_zlabel('花瓣长度')
plt.legend(title='分类')
plt.title('鸢尾花三维数据散点图')
plt.show()
```

散点图如图 8-13 所示。

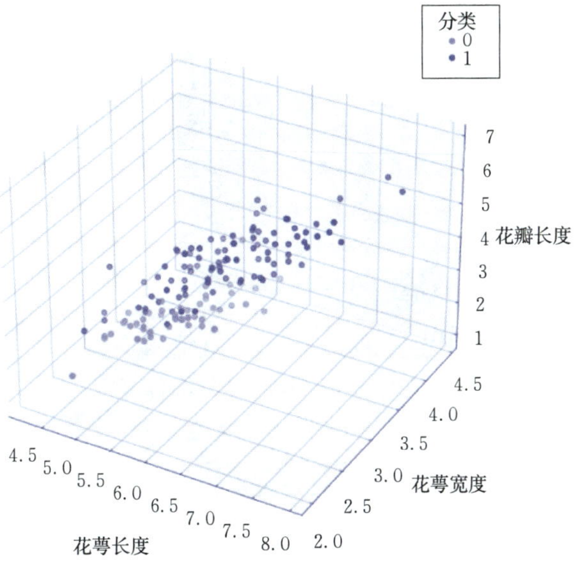

图 8-13　三个特征散点图

图片

图 8-13

为有效防止过拟合,可以在原始数据集中添加随机生成一些噪声数据。

代码 8-11(3)如下:

```
# 添加噪声数据
new_data=[]
random.seed(42)
for i in range(5):              # 随机生成 5 条数据
# 根据原始数据每个特征的范围随机生成数据
new_data.append([random.uniform(4,7),
                 random.uniform(3,4),
                 random.uniform(1,6),
                 random.randint(0,2)])
new_data=pd.DataFrame(new_data,columns=iris_data.columns)
print(new_data)
iris_data=pd.concat([iris_data,new_data],axis=0)
```

输出随机生成的数据如下:

```
    花萼长度   花萼宽度   花瓣长度  种类
0  5.918280  3.025011  2.375147   0
1  4.418614  3.102495  4.703339   2
2  4.260816  3.421922  1.148986   0
3  4.697983  3.602019  3.806225   2
4  5.949653  3.544941  2.102203   2
```

2. 划分数据集

代码 8-11(4)如下:

```
X_train,X_test,y_train,y_test=train_test_split(iris_data[['花萼长度','花
                                            萼宽度','花瓣长度']],
                                             iris_data['种类'],
                                             test_size=0.2,
                                             random_state=42)
```

3. 训练模型

代码 8-11(5)如下:

```
model=svm.SVC(kernel= 'linear')
model.fit(X_train,y_train)
```

4. 查看训练后的参数

代码 8-11(6)如下:

```
y_train.reset_index(drop= True,inplace= True)
print("支持向量:")
print(model.support_vectors_)                    # 查看支持向量
```

```
print("支持向量的索引:")
print(model.support_)  # 查看支持向量的索引
print("支持向量对应的类别:")
print(y_train[model.support_].tolist())
print("支持向量的拉格朗日乘子:")
print(model.dual_coef_)  # 查看模型的系数(对于线性核)
print("每类的支持向量的数量:")
print(model.n_support_)  # 查看每类的支持向量的数量
# 查看 SVM 的权重系数
print(f"支持向量机的权重系数 w 的 x1:{model.coef_[0][0]:.3f}")
print(f"支持向量机的权重系数 w 的 x2:{model.coef_[0][1]:.3f}")
print(f"支持向量机的权重系数 w 的 x2:{model.coef_[0][2]:.3f}")
print(f"偏置项 b:{model.intercept_[0]:.3f}")                    # 获取偏置项 b
```

输出为：

```
支持向量:
[[5.9182804   3.02501076   2.37514659]
  [4.8         3.4          1.9       ]
  [4.5         2.3          1.3       ]
  ......
[4.69798268  3.60201873  3.80622531]]
支持向量的索引:
[ 32  84  118  121  6  10  51  89  58  86]
支持向量对应的类别:
[0,0,0,0,1,1,1,1,2,2]
支持向量的拉格朗日乘子:
[[ 1. 0.10589955  0.20459164       0.            - 0.          - 1.
  - 0.31049119        - 0.         - 1.      - 0.6866368 ]
 [ 0.99654686         0.           0.        0.69008994     1.    0.79159347
      0.           0.05418036  - 0.84577383     - 1.        ]]
每类的支持向量的数量:
[4  4  2]
支持向量机的权重系数 w 的 x1:0.477
支持向量机的权重系数 w 的 x2:0.548
支持向量机的权重系数 w 的 x3:- 1.244
偏置项 b:- 0.792
```

根据支持向量机的表达式 $f(x)=\text{sign}(\boldsymbol{w}^{\mathrm{T}}\boldsymbol{x}+b)$，得出训练好的支持向量机表示：

$$f(x)=\text{sign}(0.477x_1+0.548x_2-1.244x_3-0.792) \tag{8-8}$$

5. 训练结果可视化

代码 8-11(7)如下：

```
# 创建画布 2,绘制决策边界
fig2=plt.figure(figsize=(12,8))
ax2=fig2.add_subplot(111,projection='3d')
# 绘制散点图
for i in range(2):
    subset=iris_data[iris_data['种类']==i]
    ax2.scatter(subset['花萼长度'],subset['花萼宽度'],subset['花瓣长度'],
c=colors[i],label=str(i))
ax2.set_xlabel('花萼长度')
ax2.set_ylabel('花萼宽度')
ax2.set_zlabel('花瓣长度')
# 绘制决策边界
xx,yy=np.meshgrid(np.linspace(4,8,100),np.linspace(2,4.5,100))
zz=(-model.intercept_[0] - model.coef_[0][0] * xx - model.coef_[0][1] *
yy)/model.coef_[0][2]
ax2.plot_surface(xx,yy,zz,alpha=0.5)
plt.show()
```

显示图表,SVM 训练的结果如图 8-14 所示。

图 片

图 8-14

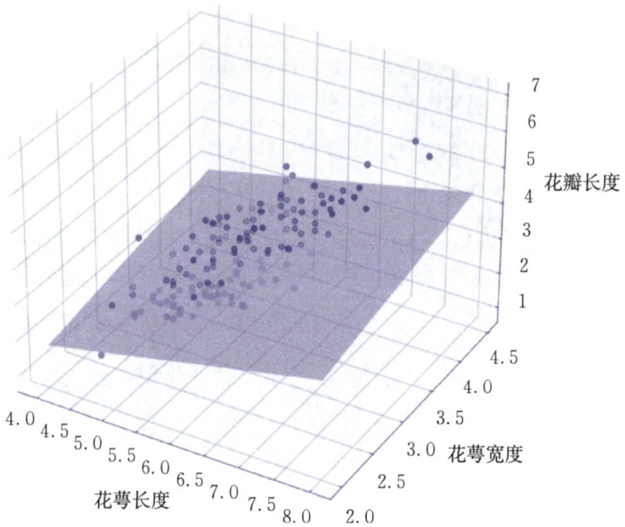

图 8-14 SVM 模型训练后的结果可视化图(三特征二分类)

6. 模型评估

代码 8-11(8)如下：

```
# 测试集准确率和混淆矩阵
y_pre=model.predict(X_test)
```

```
accuracy=accuracy_score(y_test,y_pre)
conf_matrix=confusion_matrix(y_test,y_pre)
mse=mean_squared_error(y_test,y_pre)
class_report=classification_report(y_test,y_pre)
print(f"测试集准确率:{accuracy:.3f}")
print(f"均方差:{mse:.3f}")print("混淆矩阵:")
print(conf_matrix)
print("分类报告:")
print(class_report)
```

输出为：

```
测试集准确率:0.968
均方差:0.032
混淆矩阵:
[[11  0]
 [ 1 19]]
分类报告:
              precision    recall  f1-score   support
           0       1.00      1.00      1.00        11
           1       0.95      1.00      0.97        19
           2       0.00      0.00      0.00         1
    accuracy                           0.97        31
   macro avg       0.65      0.67      0.66        31
weighted avg       0.94      0.97      0.95        31
```

8.5.3 四个特征三分类的支持向量机

程序 8-12 展示四个特征三分类的支持向量机效果，由代码 8-10(1)、代码 8-12(1)～代码 8-12(9)组成。

程序 8-12

1. 获取数据集

同样还是获取鸢尾花数据集，使用三种鸢尾花（山鸢尾、杂色鸢尾与维吉尼亚鸢尾）的四个属性（花萼的长度、花萼的宽度、花瓣的长度、花瓣的宽度）来展示 SVM 算法的使用与性能。

代码 8-12(1)如下：

```
iris=datasets.load_iris()
iris_data=pd.DataFrame(iris.data,columns=['花萼长度','花萼宽度','花瓣长度','花瓣宽度'])
# 将鸢尾花数据集的目标值(种类)添加到 iris_data 这个 DataFrame 中
iris_data['种类']=iris.target
print(iris_data.head(10))            # 查看 iris_data 数据
```

输出为：

```
序号  花萼长度  花萼宽度  花瓣长度  花瓣宽度  种类
 0      5.1       3.5       1.4       0.2      0
 1      4.9       3.0       1.4       0.2      0
 2      4.7       3.2       1.3       0.2      0
……
 9      4.9       3.1       1.5       0.1      0
```

代码 8-12(2)如下：

```
feature_names=['花萼长度','花萼宽度','花瓣长度','花瓣宽度']
plt.figure(figsize=(12,16))                    # 设置图表大小

# 创建每个特征对的散点图
plot_number=1
for i in range(len(feature_names)):
  for j in range(i+ 1,len(feature_names)):
      plt.subplot(3,2,plot_number)
      sns.scatterplot(data=iris_data,
                      x=feature_names[i],
                      y=feature_names[j],
                      hue='种类',
                      palette='muted',
                      style='种类',
                      markers=['o','^','s']  )
      plt.title(f"{feature_names[i]} vs {feature_names[j]}")
      plot_number+=1
# 调整布局
plt.tight_layout()
plt.suptitle("鸢尾花数据集特征散点图(按种类划分)",y=1.02)
plt.show()
```

图片

图8-15

为有效防止过拟合，可以在原始数据集中添加随机生成一些噪声数据。将数据可视化展示出来，如图 8-15 所示。

代码 8-12(3)如下：

```
# 添加噪声数据
new_data=[]
random.seed(3)
for i in range(5):                                  # 随机生成 5 条数据
```

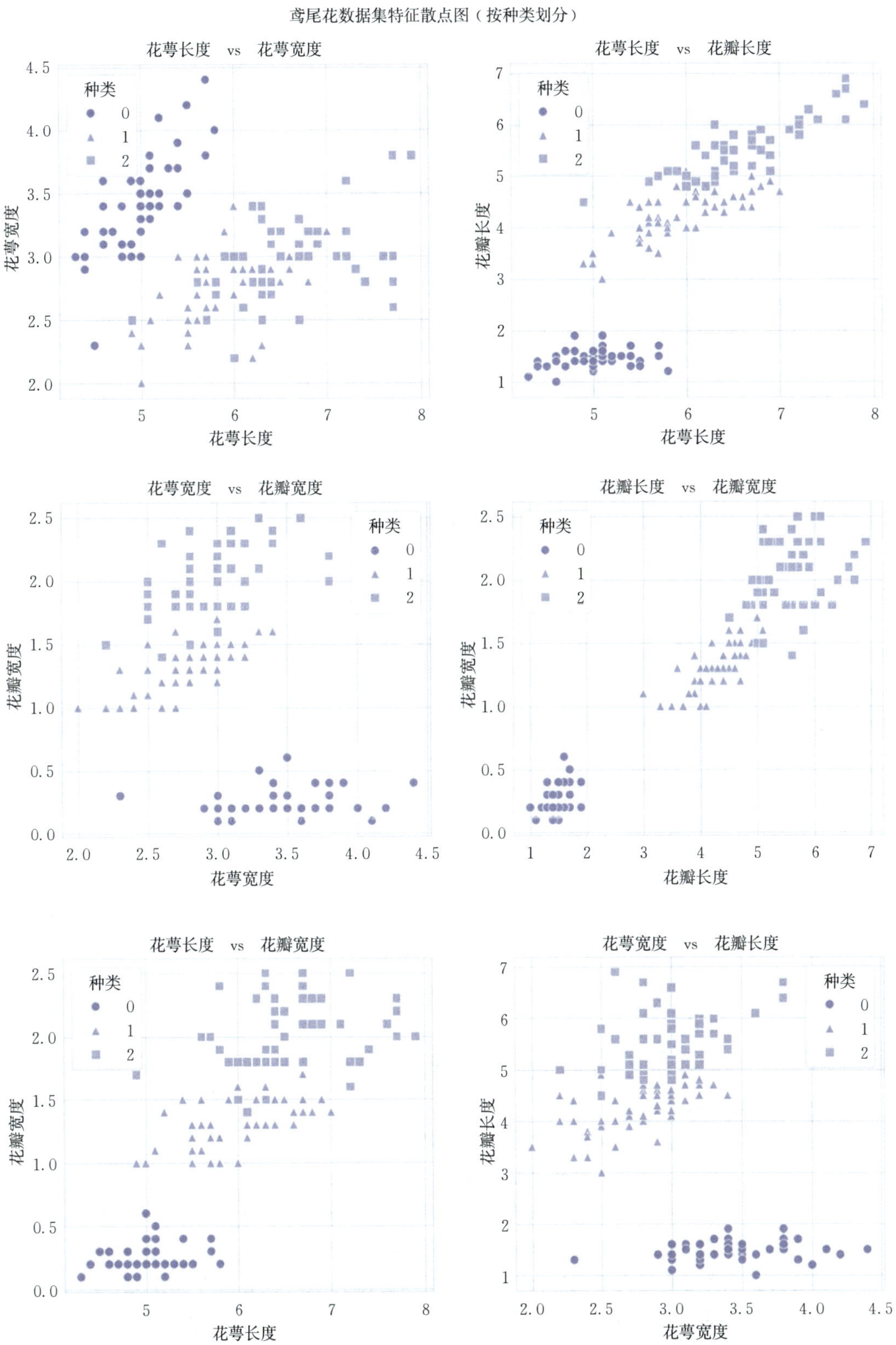

图 8-15　鸢尾花数据集特征散点图(按种类划分)

```
    new_data.append([random.uniform(4,7),
                     random.uniform(3,4),
                     random.uniform(1,6),
                     random.uniform(0,2.5),
                     random.randint(0,2)]
    ) # 根据原始数据每个特征的范围随机生成数据
new_data= pd.DataFrame(new_data,columns= iris_data.columns)
print(new_data)
iris_data= pd.concat([iris_data,new_data],axis= 0)
```

随机生成的数据如下：

```
      花萼长度    花萼宽度    花瓣长度    花瓣宽度   种类
0     4.713894  3.544229  2.849776  1.509800    2
1     5.742556  3.605600  5.544092  1.173081    2
……
4     5.169810  3.015147  4.886173  0.398500    2
```

2. 划分数据集

代码 8-12(4)如下：

```
X_train,X_test,y_train,y_test= train_test_split(iris_data[['花萼长度',
                                        '花萼宽度','花瓣长度','花瓣宽度']],
                                                iris_data['种类'],
                                                test_size= 0.2,
                                                random_state= 42  )
```

3. 模型训练

代码 8-12(5)如下：

```
model=svm.SVC(kernel='linear')  # 创建一个支持向量机分类器,使用线性核函数
model.fit(X_train,y_train)      # 传入训练集的特征值与目标值训练模型
```

4. 查看训练后的参数

代码 8-12(6)如下：

```
y_train.reset_index(drop=True,inplace=True)
# 查看 SVM 的权重系数
print(f"分类 1 支持向量机的权重系数 w 的 x1:{model.coef_[0][0]:.3f}")
print(f"分类 1 支持向量机的权重系数 w 的 x2:{model.coef_[0][1]:.3f}")
print(f"分类 1 支持向量机的权重系数 w 的 x3:{model.coef_[0][2]:.3f}")
print(f"分类 1 支持向量机的权重系数 w 的 x4:{model.coef_[0][3]:.3f}")
print(f"分类 2 支持向量机的权重系数 w 的 x1:{model.coef_[1][0]:.3f}")
print(f"分类 2 支持向量机的权重系数 w 的 x2:{model.coef_[1][1]:.3f}")
print(f"分类 2 支持向量机的权重系数 w 的 x3:{model.coef_[1][2]:.3f}")
print(f"分类 2 支持向量机的权重系数 w 的 x4:{model.coef_[1][3]:.3f}")
```

```
print(f"分类 3 支持向量机的权重系数 w 的 x1:{model.coef_[2][0]:.3f}")
print(f"分类 3 支持向量机的权重系数 w 的 x2:{model.coef_[2][1]:.3f}")
print(f"分类 3 支持向量机的权重系数 w 的 x3:{model.coef_[2][2]:.3f}")
print(f"分类 3 支持向量机的权重系数 w 的 x4:{model.coef_[2][3]:.3f}")
# 获取偏置项 b
print(f"分类 1 偏置项 b:{model.intercept_[0]:.3f}")
print(f"分类 2 偏置项 b:{model.intercept_[1]:.3f}")
print(f"分类 3 偏置项 b:{model.intercept_[2]:.3f}")
```

输出为：

```
分类 1 支持向量机的权重系数 w 的 x1:-0.240
分类 1 支持向量机的权重系数 w 的 x2:0.482
分类 1 支持向量机的权重系数 w 的 x3:-0.865
分类 1 支持向量机的权重系数 w 的 x4:-0.603
分类 2 支持向量机的权重系数 w 的 x1:0.039
分类 2 支持向量机的权重系数 w 的 x2:-0.128
分类 2 支持向量机的权重系数 w 的 x3:-1.032
分类 2 支持向量机的权重系数 w 的 x4:-0.762
分类 3 支持向量机的权重系数 w 的 x1:0.588
分类 3 支持向量机的权重系数 w 的 x2:0.262
分类 3 支持向量机的权重系数 w 的 x3:-1.529
分类 3 支持向量机的权重系数 w 的 x4:-1.683
分类 1 偏置项 b:2.276
分类 2 偏置项 b:3.363
分类 3 偏置项 b:5.832
```

对于多分类问题，SVM 使用一对多或者一对一的策略来处理。在一对多策略中，为每个类别训练一个单独的 SVM 分类器，将这个类别作为正类，其他所有类别作为负类。在一对一策略中，为每一对类别训练一个 SVM 分类器，判断样本属于哪一个类别。

在 sklearn 中，当使用 SVC 类进行多分类时，默认使用的是一对多策略。对于每个类别，会得到一个权重向量 $\boldsymbol{w}$ 和偏置项 b，本示例为三分类，所以所以会得到三个训练好的支持向量机模型表达式，根据支持向量机的表达式 $f(\boldsymbol{x})=\text{sign}(\boldsymbol{w}^{\mathrm{T}}\boldsymbol{x}+b)$，得出训练好的支持向量机分类器表达式如下：

$$f_1(x)=\text{sign}(-0.240x_1+0.482x_2-0.865x_3-0.603x_4+2.276) \tag{8-9}$$

$$f_2(x)=\text{sign}(0.039x_1-0.128x_2-1.032x_3-0.762x_4+3.363) \tag{8-10}$$

$$f_3(x)=\text{sign}(-0.588x_1+0.262x_2-1.529x_3-1.683x_4+5.832) \tag{8-11}$$

其中 $f_1(x)$ 为类别为 0 的样本与其他类别样本的支持向量机分类器表达式，$f_2(x)$ 为类别为 1 的样本与其他类别样本的支持向量机分类器表达式，$f_3(x)$ 为类别为 2 的样本与其他类别样本的支持向量机分类器表达式。

5. 模型评估

代码 8-12(7)如下：

```
y_pre=model.predict(X_train)
accuracy=accuracy_score(y_train,y_pre)
print(f"准确率为:{accuracy:.3f}")
ref=mean_squared_error(y_train,y_pre)
print(f"均方误差为:{ref:.3f}")
target_names=['山鸢尾','杂色鸢尾','维吉尼亚鸢']
ret=classification_report(y_train,y_pre,target_names= target_names)
print(ret)
```

输出为：

```
准确率为:0.960
均方误差为:0.065
              precision  recall  f1-score  support
    山鸢尾         0.97     1.00     0.99      39
   杂色鸢尾        0.95     0.95     0.95      41
  维吉尼亚鸢       0.95     0.93     0.94      44
   accuracy                          0.96     124
  macro avg       0.96     0.96     0.96     124
weighted avg      0.96     0.96     0.96     124
```

代码 8-12(8)如下：

```
conf_matrix=confusion_matrix(y_train,y_pre)
plt.figure(figsize=(10,7))
sns.heatmap (conf_matrix,annot=True,
            fmt='d',
            cmap='Blues',
            xticklabels=target_names,
            yticklabels=target_names
)
plt.xlabel('预测值')
plt.ylabel('真实值')
plt.title('混淆矩阵')
plt.show()
```

输出混淆矩阵如图 8-16 所示。

热力图通过颜色的深浅来表示数据的密度或强度，通过将数据映射到不同的颜色，以展示数据的分布和变化情况。较大的值由较深的颜色表示，而较小的值则由较浅的颜色表示，从而使复杂的数据变得一目了然。该混淆矩阵的行代表真实类别，列代表预测类别，主对角线的元素为预测类别正确的样本数量，非对角线元素表示错误预测的数量。对于山鸢尾，40 个样本全部预测正确；对于杂色鸢尾：39 个样本被正确预测为杂色鸢尾，有 2 个样本被错误预测为维吉尼亚鸢尾；对于维吉尼亚鸢尾：38 个样本被正确预测为维吉尼亚鸢尾，有 1 个样本被错误预测为杂色鸢尾。

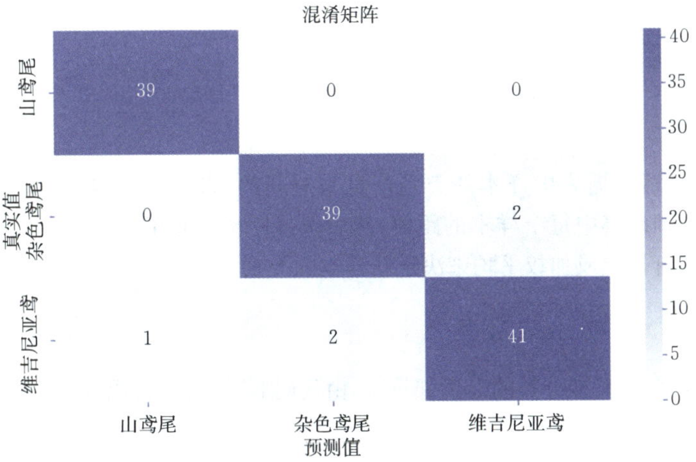

图片
图8-16

图 8-16　SVM 模型对鸢尾花训练集预测结果的混淆矩阵热力图

6. 使用模型进行预测

模型预测的代码含义与“4. 模型评估”的相同，只是将训练集的特征值（X_train）与目标值（y_train）换成了测试集的特征值（X_test）与目标值（y_test）。

代码 8-12(9)：

```
y_pre=model.predict(X_test)
print("测试集预测值:\n",y_pre)
print("测试集目标值:\n",np.array(y_test))
accuracy=accuracy_score(y_test,y_pre)
print(f"准确率为:{accuracy:.3f}")
ref=mean_squared_error(y_test,y_pre)
print(f"均方误差为:{ref:.3f}")
target_names=['山鸢尾','杂色鸢尾','维吉尼亚鸢']
ret=classification_report(y_test,y_pre,target_names=target_names)
print(ret)
```

输出为：

```
测试集预测值:
[0 2 2 0 1 1 0 1 1 1 1 0 1 2 2 0 1 0 2 2 0 2 2 0 0 2 2 1 0 1 0]
测试集目标值:
[0 2 2 0 1 1 0 1 1 1 1 0 1 2 2 0 1 0 2 2 0 2 2 0 0 2 2 1 0 1 0]
准确率为:1.000
均方误差为:0.000
              precision  recall  f1-score  support
    山鸢尾        1.00      1.00     1.00      11
   杂色鸢尾       1.00      1.00     1.00      10
  维吉尼亚鸢      1.00      1.00     1.00      10
   accuracy                          1.00      31
   macro avg      1.00      1.00     1.00      31
 weighted avg     1.00      1.00     1.00      31
```

8.6 k近邻算法

KNN算法利用训练数据集中样本的类别信息来对新的、未标记的样本进行分类或回归。它通过计算新样本与训练集中每个样本的距离，然后选择距离最近的 k 个样本作为“邻居”，根据这些邻居的类别进行投票或加权平均来决定新样本的类别。

8.6.1 两个特征二分类的k近邻算法

程序8-13展示两个特征二分类的k近邻算法，由代码8-13(1)～代码8-13(9)组成。

程序8-13

1. 导入相关库

代码8-13(1)如下：

```
import numpy as np
import pandas as pd
import seaborn as sns                        # 导入 seaborn 可视化库,并重命名为 sns
from sklearn import datasets
import matplotlib.pyplot as plt
from sklearn.neighbors import KNeighborsClassifier  # 导入 k 近邻模型
from sklearn.model_selection import train_test_split
from sklearn.metrics import accuracy_score, mean_squared_error,
classification_report,confusion_matrix
```

2. 数据准备

依然使用获取鸢尾花数据集，在本节中使用两种鸢尾花(山鸢尾，杂色鸢尾)的两个属性(花萼的长度、花萼的宽度)来展示k近邻的使用与性能。

代码8-13(2)如下：

```
# 从 datasets 库中加载了一个名为鸢尾花(Iris)的数据集
iris=datasets.load_iris()
iris_data=pd.DataFrame(iris.data,columns=['花萼长度','花萼宽度','花瓣
长度','花瓣宽度'])
# 将鸢尾花数据集的目标值(种类)添加到 iris_data 中
iris_data['种类']=iris.target
iris_data=iris_data[iris_data['种类']!=2]
iris_data=iris_data[['花萼长度','花萼宽度','种类']]
print(iris_data.head(10))  # 查看经过筛选后的 iris_data 数据

# 生成并添加 15 个鸢尾花数据集两个特征的模拟数据,作为杂质
np.random.seed(42)                              # 设置随机种子以确保可重复性
simulated_data={
```

```
    '花萼长度':np.random.uniform(iris_data['花萼长度'].min(),iris_data['花
萼长度'].max(),15),
    '花萼宽度':np.random.uniform(iris_data['花萼宽度'].min(),iris_data['花
萼宽度'].max(),15),
    '种类':np.random.choice([0.0,1.0],size=15)
    }
    simulated_df=pd.DataFrame(simulated_data)
    df_with_noise=pd.concat([iris_data,simulated_df],ignore_index=True)

    # 将带有模拟数据的 DataFrame 保存到 CSV 文件
    df_with_noise.to_csv('iris_data_with_noise_knn.csv',index=False)

    # 重新读取带有噪声数据的 CSV 文件并进行训练集和测试集划分
    df_with_noise=pd.read_csv('iris_data_with_noise_knn.csv')

    # 提取特征和标签
    X=df_with_noise[['花萼长度','花萼宽度']].values

    # 提取特征和标签,确保标签长度与特征匹配
    y=np.zeros(len(df_with_noise))
    y[:115]=(iris.target[:115]==0).astype(int)
```

输出为：

```
      花萼长度  花萼宽度  种类
    0    5.1      3.5      0
    1    4.9      3.0      0
    2    4.7      3.2      0
    3    4.6      3.1      0
    4    5.0      3.6      0
    5    5.4      3.9      0
    6    4.6      3.4      0
    7    5.0      3.4      0
    8    4.4      2.9      0
    9    4.9      3.1      0
```

代码 8-13(3)如下：

```
    # 绘制散点图
    sns.lmplot (x= '花萼长度',y= '花萼宽度',
               data= data= df_with_noise,
               hue= '种类',
               markers= ['o','^','s'],
               fit_reg= False   )
    plt.show()
```

显示图像，图像如图 8-17 所示。

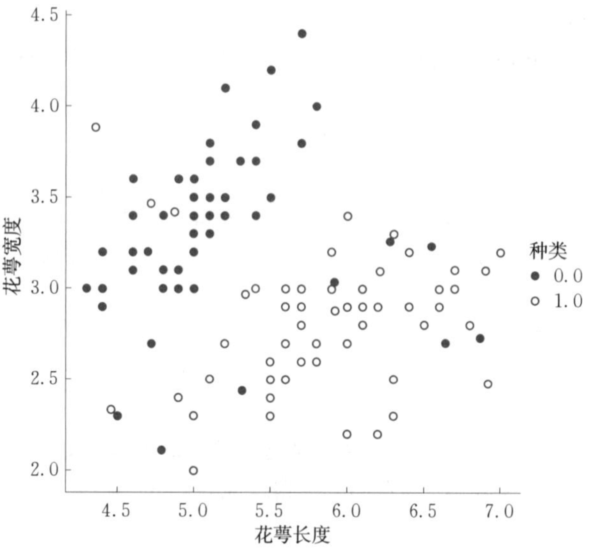

图 8-17　山鸢尾，杂色鸢尾的花萼的长度、花萼的宽度可视化图（共 115 条数据）

3. 划分数据集

代码 8-13(4)如下：

```
    X_train, X_test, y_train, y_test=train_test_split(X, y, test_size=0.3,
random_state=42)
```

4. 训练模型

KNeighborsClassifier()通过实例化 KNeighborsClassifier 类来创建一个 k 近邻分类器的实例，其需要传入以下参数：

• n_neighbors：表示选择最近的几个邻居作为参考对象。

• weights：控制邻居权重的方式，默认为 uniform，表示所有邻居权重相等。另一个选项是 distance，表示权重与距离的倒数成正比。

• algorithm：用于计算 k 近邻的算法，默认为 auto，根据训练数据自动选择合适的算法。其他可选项包括 ball_tree、kd_tree 和 brute。通常情况下 auto 即可满足大多数需求。

代码 8-13(5)如下：

```
    model=KNeighborsClassifier(n_neighbors=8)
    model.fit(X_train, y_train)
```

5. 训练结果可视化

可视化显示模型训练结果，如图 8-18 所示。

代码 8-13(6)如下：

```
    x_min, x_max=X_train[:, 0].min()-1, X_train[:, 0].max()+1
    y_min, y_max=X_train[:, 1].min()-1, X_train[:, 1].max()+1
    # 创建网格
    xx, yy=np.meshgrid(np.linspace(x_min, x_max, 500),  np.linspace(y_min,
y_max, 500))
```

```
    # 预测决策边界
    Z=model.predict(np.c_[xx.ravel(),yy.ravel()])
    Z=Z.reshape(xx.shape)
    plt.contourf(xx,yy,Z,alpha=0.3,cmap=plt.cm.Paired)
                                                        # 绘制决策边界
    # 绘制训练数据点
    sns.scatterplot(x=X_train[:,0],y=X_train[:,1],hue=y_train,edgecolor=
'k',s=50)
    plt.title("KNN 算法的决策边界")
    plt.xlabel("花萼长度")
    plt.ylabel("花萼宽度")
    plt.show()
```

输出如图 8-18 所示。

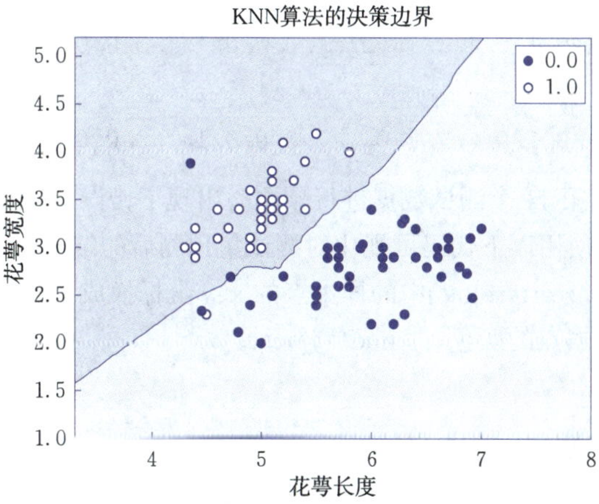

图 8-18　k 近邻模型训练后结果可视化图

图 片

图8-18

6. 模型评估

代码 8-13(7)如下：

```
    y_pre=model.predict(X_train)
    accuracy=accuracy_score(y_train,y_pre)
    rint(f"准确率为:{accuracy:.3f}")
    ref=mean_squared_error(y_train,y_pre)                # 均方误差
    print(f"均方误差为:{ref:.3f}")
    # 分类报告
    ret=classification_report(y_train,y_pre,target_names=('山鸢尾','杂色鸢尾'))
    print(ret)
```

输出为：

```
    准确率为:0.963
    均方误差为:0.037
```

```
              precision   recall   f1-score   support
    山鸢尾        0.98       0.96      0.97        47
   杂色鸢尾       0.94       0.97      0.96        33
   accuracy                0.96        80
  macro avg       0.96       0.96      0.96        80
weighted avg      0.96       0.96      0.96        80
```

7. 使用模型进行预测

代码 8-13(8)如下：

```
y_pre=model.predict(X_test)
print("测试集预测值:\n",y_pre)  # 显示预测结果
print("测试集目标值:\n",np.array(y_test))        # 显示测试集目标值,结果如下
```

输出为：

```
测试集预测值:
[0.1.1.0.1.1.0.0.1.1.0.1.0.1.1.1.0.1.1.0.0.0.1.1.0.0.0.1.1.0.0.1.1.0.1.]
测试集目标值:
[0.1.1.0.1.1.0.0.1.1.0.1.0.0.1.1.0.1.0.0.0.0.1.1.0.0.0.1.1.0.0.1.1.0.1.]
```

可以看到 KNN 算法在对第 11 个测试数据进行预测时出现了错误，将原本类别为 0 的样本预测成了类别为 1 的样本，可使用以下代码可视化对测试集预测后的结果，代码与“5. 训练结果可视化”基本相同，只是将 sns.scatterplot()中的样本点的 x、y 坐标换成了测试集的，并且按照测试集的目标值(y_test)区分数据点的颜色，即 hue=y_test。

代码 8-13(9)如下：

```
# 创建一个网格来绘制决策边界
x_min,x_max=X_train[:,0].min()-1,X_train[:,0].max()+1
y_min,y_max=X_train[:,1].min()-1,X_train[:,1].max()+1
# 创建网格
xx,yy=np.meshgrid(np.linspace(x_min,x_max,500),np.linspace(y_min,y_
max,500))
Z=model.predict(np.c_[xx.ravel(),yy.ravel()])
Z=Z.reshape(xx.shape)
# 绘制决策边界
plt.contourf(xx,yy,Z,alpha=0.3,cmap=plt.cm.Paired)
# 使用 numpy 数组的索引方式来绘制测试集数据点
sns.scatterplot(x=X_test[:,0],y=X_test[:,1],hue=y_test,edgecolor='k
',s=50)
plt.title("KNN 算法对测试集预测结果")
plt.xlabel("花萼长度")
plt.ylabel("花萼宽度")
plt.show()
```

显示图表，KNN 训练的结果如图 8-19 所示。

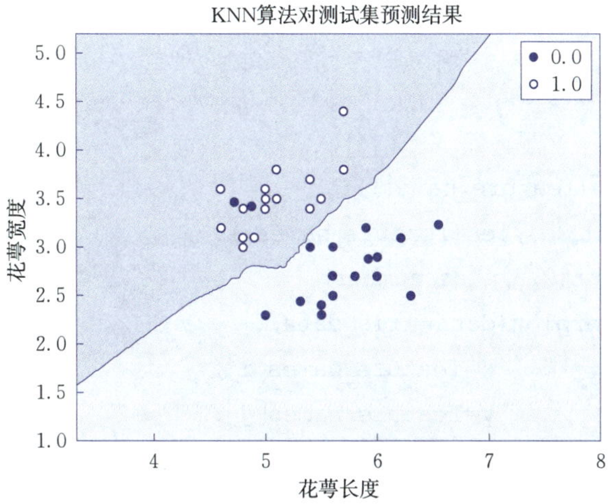

图片

图8-19

图 8-19　两个特征量分类的 k 近邻算法结果示例

8.6.2　四个特征三分类的 k 近邻算法

程序 8-14 展示两个特征二分类 k 近邻算法，由代码 8-13(1)、8-14(1)～8-14(6)组成。

程序 8-14

1. 获取数据集

获取鸢尾花数据集，使用三种鸢尾花（山鸢尾、杂色鸢尾与维吉尼亚鸢尾）的四个属性（花萼的长度、花萼的宽度、花瓣的长度、花瓣的宽度）来展示 k 近邻的使用与性能。

代码 8-14(1)如下：

```
iris=datasets.load_iris()
iris_data=pd.DataFrame(iris.data,columns=['花萼长度','花萼宽度','花瓣长度','花瓣宽度'])
# 将鸢尾花数据集的目标值(种类)添加到 iris_data 这个 DataFrame 中
iris_data['种类']=iris.target
print(iris_data.head(10))          # 查看 iris_data 前十行数据
```

输出为：

```
花萼长度  花萼宽度  花瓣长度  花瓣宽度  种类
  0        5.1       3.5       1.4      0.2
  1        4.9       3.0       1.4      0.2
  2        4.7       3.2       1.3      0.2
……
94.9       3.1       1.5       0.1      0.1
```

可视化这些输出。

代码 8-14(2)如下：

```
feature_names=['花萼长度','花萼宽度','花瓣长度','花瓣宽度']
plt.figure(figsize=(12,16))          # 设置图表大小

# 创建每个特征对的散点图
plot_number=1
for i in range(len(feature_names)):
    for j in range(i+ 1,len(feature_names)):
        plt.subplot(2,3,plot_number)
        sns.scatterplot(data=iris_data,
                        x=feature_names[i],
                        y=feature_names[j],
                        hue='种类',
                        palette='muted',
                        style='种类',
                        markers=['o','^','s']
        )
        plt.title(f"{feature_names[i]} vs {feature_names[j]}")
        plot_number+ =1
# 调整布局
plt.tight_layout()
plt.suptitle("鸢尾花数据集特征散点图(按种类划分)",y=1.02)
plt.show()
```

图片

图8-20

输出如图 8-20 所示。

2. 划分数据集

代码 8-14(3)如下：

```
X_train,X_test,y_train,y_test=train_test_split(iris_data[['花萼长度',
                                        '花萼宽度','花瓣长度','花瓣宽度']],
                        iris_data['种类'], test_size= 0.2, random_state= 42 )
```

3. 模型训练

代码 8-14(4)如下：

```
model=KNeighborsClassifier(n_neighbors= 10)
model.fit(X_train,y_train)
```

4. 模型评估

代码 8-14(5)如下：

```
y_pre=model.predict(X_train)
accuracy=accuracy_score(y_train,y_pre)
```

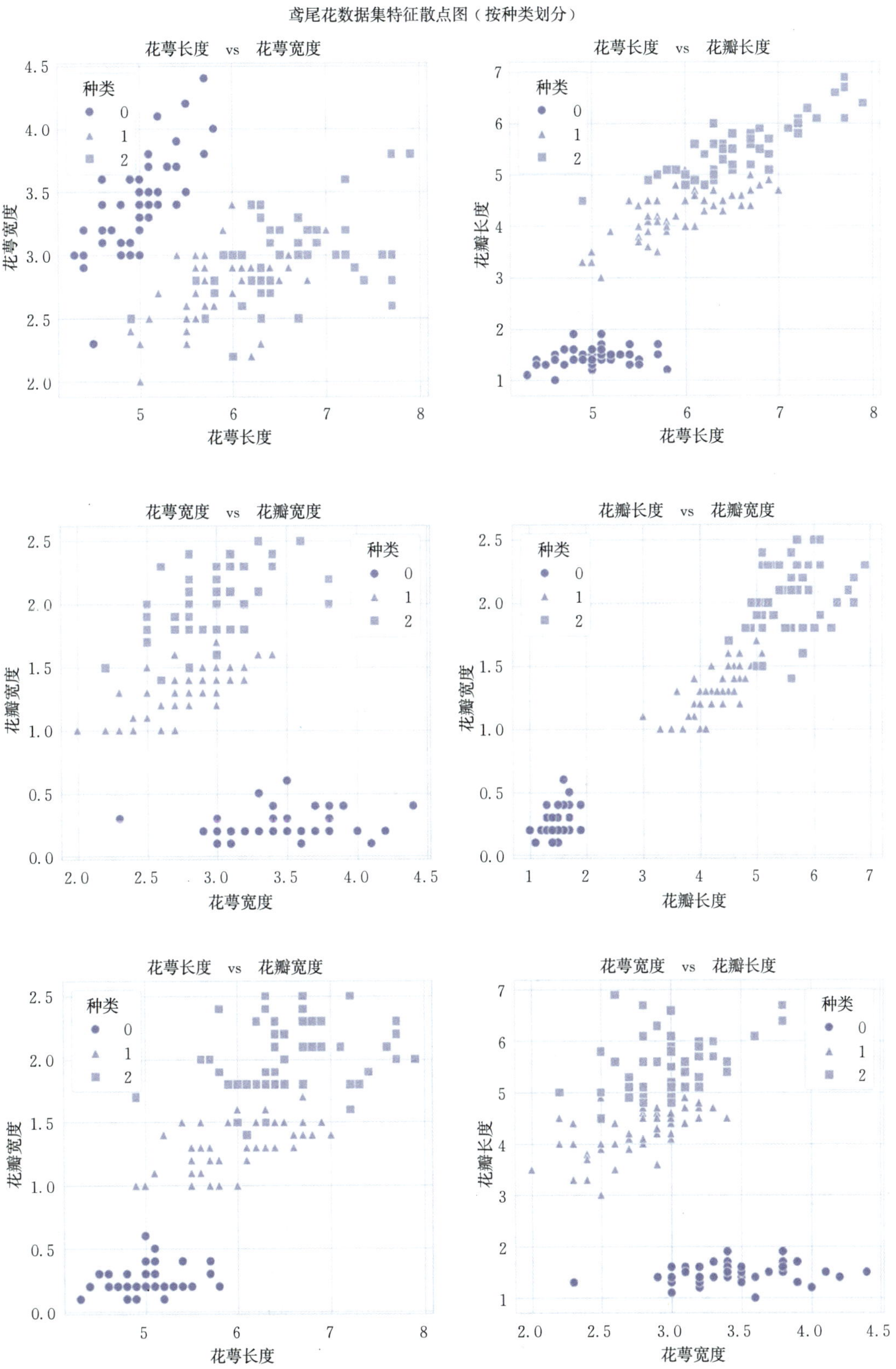

图 8-20　鸢尾花数据集特征散点图(按种类划分)

```
print(f"准确率为:{accuracy:.3f}")
ref=mean_squared_error(y_train,y_pre)
print(f"均方误差为:{ref:.3f}")
target_names=['山鸢尾','杂色鸢尾','维吉尼亚鸢']
ret=classification_report(y_train,y_pre,target_names=target_names)
print(ret)                                    # 输出模型评估结果
```

输出为：

```
准确率为:
0.958
均方误差为:
0.0417
               precision   recall   f1-score   support
     山鸢尾        1.00      1.00      1.00       38
    杂色鸢尾       0.91      0.98      0.94       41
   维吉尼亚鸢      0.97      0.90      0.94       41
    accuracy                         0.96      120
   macro avg       0.96      0.96      0.96      120
weighted avg       0.96      0.96      0.96      120
```

可视化模型评估结果。

代码 8-14(6)如下：

```
conf_matrix=confusion_matrix(y_train,y_pre)
plt.figure(figsize=(10,7))
sns.heatmap (conf_matrix,annot=True,
            fmt='d',
            cmap='Blues',
            xticklabels=target_names,
            yticklabels=target_names    )
plt.xlabel('预测值')
plt.ylabel('真实值')
plt.title('混淆矩阵')
plt.show()
```

输出混淆矩阵热力图如图 8-21 所示。

该混淆矩阵的行代表真实类别，列代表预测类别，主对角线的元素为预测类别正确的样本数量，非对角线元素表示错误预测的数量。对于山鸢尾，38 个样本全部预测正确；对于杂色鸢尾：40 个样本被正确预测为杂色鸢尾，有 1 个样本被错误预测为维吉尼亚鸢尾；对于维吉尼亚鸢尾：37 个样本被正确预测，有 4 个样本被错误预测为杂色鸢尾。

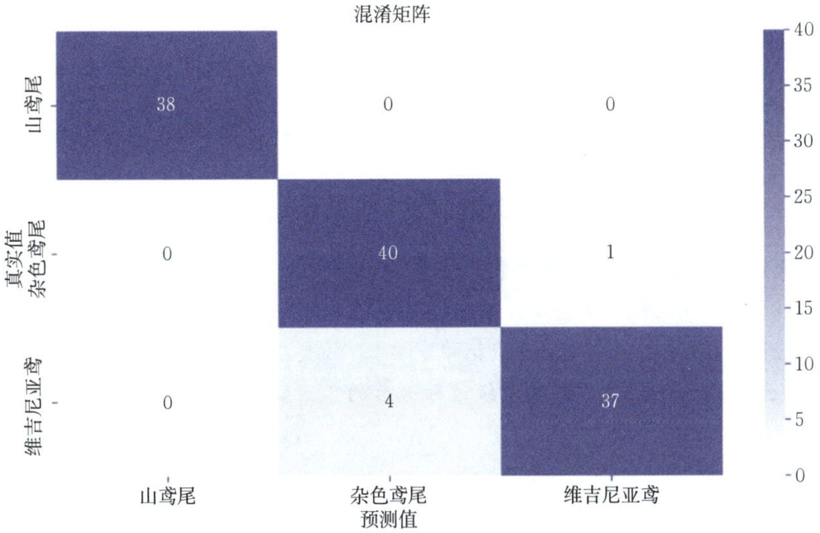

图片

图8-21

图 8-21　k 近邻模型对鸢尾花训练集预测结果的混淆矩阵热力图

8.7　K-means 算法

K-means 聚类算法的主要目的是根据数据之间的相似性将数据划分为 K 个不相交的子集(或称为簇),即划分为几类,其中每个数据点都属于且仅属于一个簇,同一个簇中的数据点尽可能相似。

8.7.1　两个特征的 K-means 聚类算法

程序 8-15 展示两个特征的 K-means 算法效果,由代码 8-15(1)～代码 8-15(6)组成。

程序 8-15

1. 导入库及相关函数

导入所需要的库,需要从 sklearn. cluster 模块中导入 KMeans 类,它提供了 K-means 算法的实现。

代码 8-15(1)如下:

```
import pandas as pd
import seaborn as sns
from sklearn import datasets
import matplotlib.pyplot as plt
from sklearn.cluster import KMeans # 从 sklearn.cluster 模块中导入 KMeans
```

2. 数据准备

继续使用鸢尾花数据集,在本节中使用三种鸢尾花(山鸢尾,杂色鸢尾与维吉尼亚鸢尾)的两个属性(花萼的长度、花萼的宽度)来展示 K-means 算法的使用与效果,由于 K-means 是无监督算法,所以只在数据准备阶段展示每条数据所对应的类别,在模型训练的时候不会使用种类这一列数据。

代码 8-15(2)如下：

```
# 从 datasets 库中加载了一个名为鸢尾花(Iris)的数据集
ris= datasets.load_iris()
iris_data= pd.DataFrame(iris.data,columns= ['花萼长度','花萼宽度','花瓣长度','花瓣宽度'])

# 将鸢尾花数据集的目标值(种类)添加到 iris_data 中
iris_data['种类']= iris.target
iris_data= iris_data[['花萼长度','花萼宽度','种类']]
print(iris_data.head(10))  # 查看经过筛选后的 iris_data 的前 10 条数据
```

输出为：

```
      花萼长度  花萼宽度  种类
  0     5.1      3.5      0
  1     4.9      3.0      0
……
```

代码 8-15(3)如下：

```
# 绘制散点图
sns.lmplot(x='花萼长度',y='花萼宽度',data=iris_data,hue='种类',fit_reg=False,markers=['o','^','s'])
plt.show()
```

显示图像，图像如图 8-22 所示。

图片

图8-22

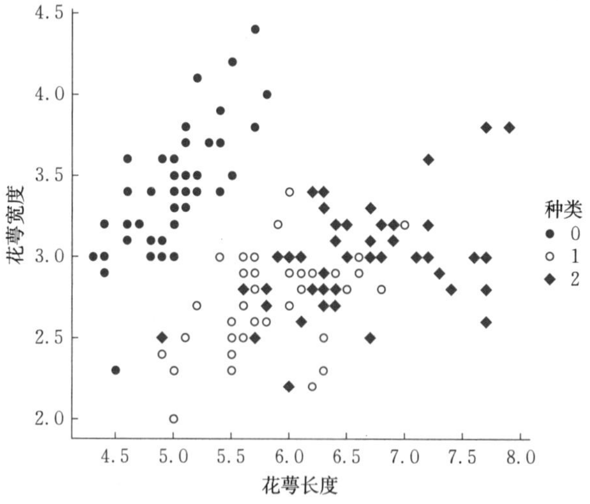

图 8-22 山鸢尾，杂色鸢尾与维吉尼亚鸢尾的花萼的长度、花萼的宽度可视化图

3. 模型训练

KMeans()通过实例化 KMeans 类构造一个 K-means 聚类器实例，其需要传入以下参数：

• n_clusters：要聚成几类，由于鸢尾花数据集有三个类别，所以这里设置为 3 类，具体聚成几类根据所使用的数据集来确定。

• init：表示初始化簇中心的方法，默认为 K-means++，即使用 K-means++算法来选择初始聚类中心，也可以选择 random，表示随机选择数据集中的数据点作为初始聚类中心。

• random_state：随机数生成器的种子，同一随机种子生成的初始簇中心点相同。

• iris_data['聚类后的簇']=kmeans. labels_：将 K-means 聚类算法得出的每个数据点所属的簇标签 kmeans. labels_添加到名为 iris_data 的数据集中的新列“聚类后的簇”中。

代码 8-15(4)如下：

```
# 创建一个 K-means 分类器，数据聚为 3 类
model= KMeans(n_clusters= 3,random_state= 0)

# 只需要传入要聚类数据的特征值
kmeans= model.fit(iris_data[['花萼长度','花萼宽度']])
```

4. 查看聚类效果

代码 8-15(5)如下：

```
labels= kmeans.labels_                 # 每个数据点所属的簇标签
centers= kmeans.cluster_centers_       # 每个簇的中心点坐标
# 给 iris_data 这个 DataFrame 添加一列值为 kmeans.labels_，列名为聚类后的簇，
方便展示聚类效果
iris_data['聚类后的簇']= kmeans.labels_
for i in range(3):
print(f'每个簇的中心坐标:\n{centers[i]}')   # 输出每个簇的中心坐标
print(iris_data.head(10))              # 输出前十行数据集与每个数据所在的簇
```

输出为：

```
簇为 0 的中心坐标：
[5.77358491 2.69245283]
簇为 1 的中心坐标：
[5.006 3.428]
簇为 2 的中心坐标：
[6.81276596 3.07446809]
      花萼长度  花萼宽度  种类  聚类后的簇
  0      5.1      3.5     0      1
  1      4.9      3.0     0      1
  2      4.7      3.2     0      1
……
```

5. 可视化聚类效果

代码 8-15(6)如下：

```
sns.lmplot(x='花萼长度',y='花萼宽度',hue='聚类后的簇',
           data=iris_data,fit_reg=False,markers=['o','^','s'])
# 聚类中心
plt.scatter(centers[:,0],centers[:,1],c='black',s=200,alpha=0.5)
plt.xlabel('sepal length')
plt.ylabel('sepal width')
plt.show()
```

输出如图 8-23 所示。

图 片

图8-23

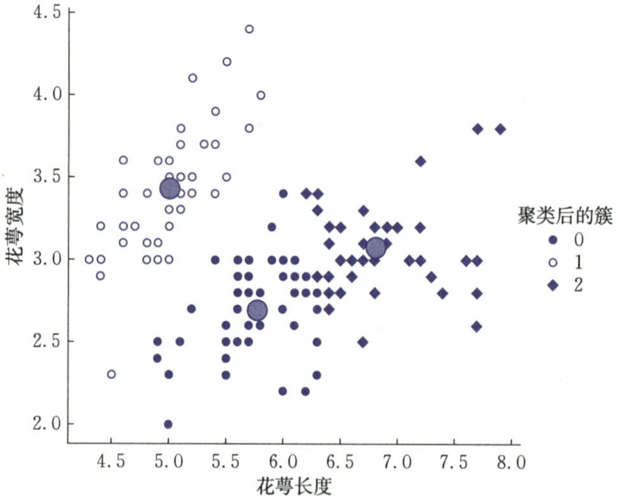

图 8-23　K-means 算法对鸢尾花数据集分类的可视化结果

8.7.2　四个特征的 K-means 聚类算法

程序 8-16 展示四个特征的 K-means 算法，由代码 8-15(1)、8-16(1)～代码 8-16(5)组成。

程序 8-16

1. 数据准备

使用鸢尾花数据集，在本节中使用三种鸢尾花(山鸢尾，杂色鸢尾与维吉尼亚鸢尾)的四个属性(花萼的长度、花萼的宽度、花瓣的长度、花瓣的宽度)来展示 K-means 算法的使用与效果。

代码 8-16(1)如下：

```
iris=datasets.load_iris()
iris_data=pd.DataFrame(iris.data,columns=['花萼长度','花萼宽度','花瓣
长度','花瓣宽度'])
# 将鸢尾花数据集的目标值(种类)添加到 iris_data 中
iris_data['种类']=iris.target
print(iris_data.head(10))  # 查看 iris_data 前十行数据
```

输出为：

```
      花萼长度  花萼宽度  花瓣长度  花瓣宽度  种类
  0      5.1      3.5      1.4      0.2     0
  1      4.9      3.0      1.4      0.2     0
......
```

可视化处理便于更加直观地理解。

代码 8-16(2)如下：

```
feature_names=['花萼长度','花萼宽度','花瓣长度','花瓣宽度']
plt.figure(figsize=(12,16))                    # 设置图表大小
# 创建每个特征对的散点图
plot_number-1
for i in range(len(feature_names)):
for j in range(i+ 1,len(feature_names)):
      plt.subplot(3,2,plot_number)
          sns.scatterplot(data=iris_data,x=feature_names[i],y=feature
          _names[j],
            hue='种类',palette='muted',style='种类',markers=['o','^','s'] )
            plt.title(f"{feature_names[i]} vs {feature_names[j]}")
            plot_number+=1
plt.tight_layout()                                   # 调整布局
plt.suptitle("鸢尾花数据集特征散点图(按种类划分)",y=1.02)
plt.show()
```

图片

图8-24

输出如图 8-24 所示。

2. 模型训练

代码 8-16(3)如下：

```
# 创建一个 K-means 分类器,把数据聚为 3 类
model=KMeans(n_clusters=3,random_state=40)
# 传入数据的特征值
kmeans=model.fit(iris_data[['花萼长度','花萼宽度','花瓣长度','花瓣宽度']])
```

3. 查看聚类效果

代码 8-16(4)如下：

```
iris_data['聚类后的簇']= kmeans.labels_
centers= kmeans.cluster_centers_
for i in range(3):
    print(f'簇为{i}的中心坐标:\n{centers[i]}')        # 输出每个簇的中心坐标
print(iris_data[['花萼长度','花萼宽度','花瓣长度','花瓣宽度','聚类后的簇
']].head(10))
```

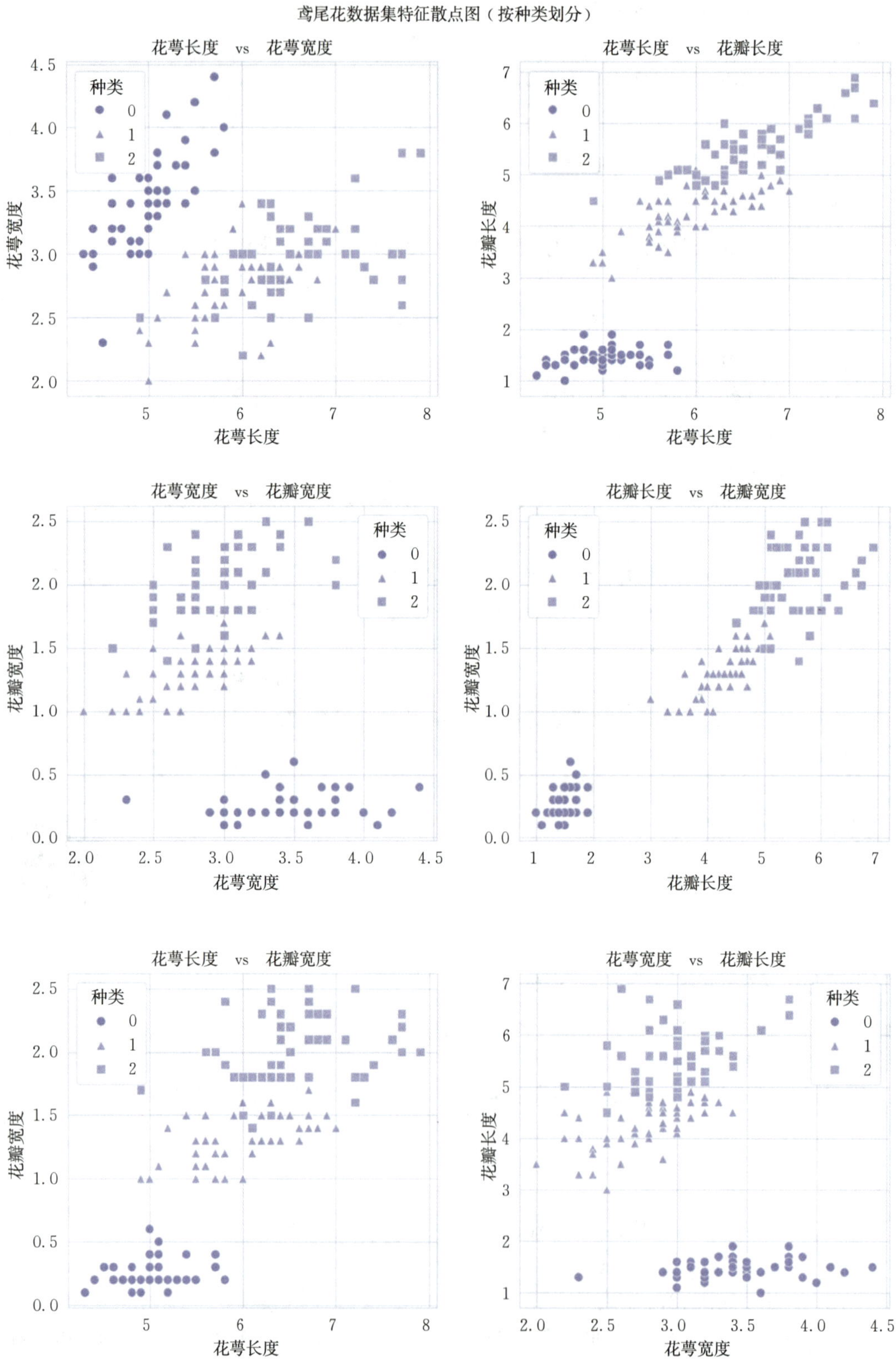

图 8-24 鸢尾花数据集特征散点图(按种类划分)

输出为：

```
簇为 0 的中心坐标：
[5.9016129  2.7483871  4.39354839 1.43387097]
簇为 1 的中心坐标：
[5.006  3.428  1.462  0.246]
簇为 2 的中心坐标：
[6.85  3.07368421  5.74210526  2.07105263]
      花萼长度  花萼宽度  花瓣长度  花瓣宽度  聚类后的簇
 0    5.1      3.5      1.4      0.2      1
 1    4.9      3.0      1.4      0.2      1
……
```

4. 聚类结果可视化

由于数据集特征数较多，在一张图中展示聚类结果的方法不可行，所以通过将特征值两两组队的方式来展示聚类效果。

代码 8-16(5)如下：

```
# 获取聚类中心
feature_names=['花萼长度','花萼宽度','花瓣长度','花瓣宽度']
centers_df=pd.DataFrame(centers,columns=feature_names)
# 设置图表大小
plt.figure(figsize=(12,8))
plt.rcParams.update({'font.size':16})
# 创建每个特征对的散点图
plot_number=1
for i in range(len(feature_names)):
  for j in range(i+ 1,len(feature_names)):
  plt.subplot(3,2,plot_number)
    sns.scatterplot(data=iris_data,
                    x=feature_names[i],
                    y=feature_names[j],
                    hue='聚类后的簇',
                    palette='muted',
                    s=50,
                    style='聚类后的簇',
                    markers=['o','^','s']
)
    plt.scatter(centers_df.iloc[:,i],centers_df.iloc[:,j],c='black',s
    =250,alpha=0.5)      # 绘制聚类中心
    plt.title(f"{feature_names[i]} vs {feature_names[j]}")
    plot_number+ =1
# 调整布局
plt.tight_layout()
plt.suptitle("鸢尾花数据集 KMeans 聚类结果(包含聚类中心)",y=
1.02)
plt.show()
```

图片

图 8-25

输出如图 8-25 所示。

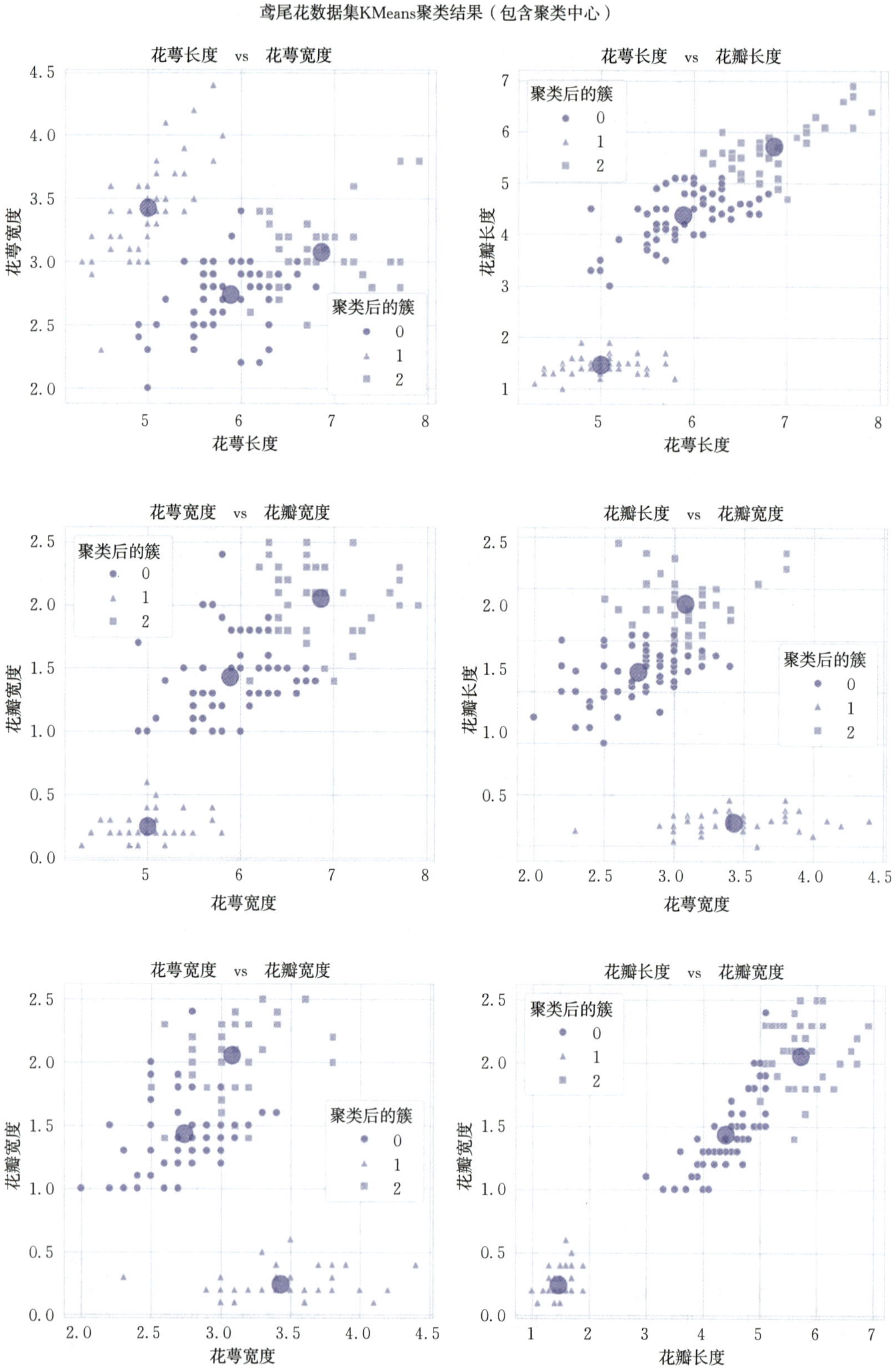

图 8-25　鸢尾花数据集 K-Means 聚类结果

8.8　朴素贝叶斯

8.8.1　不带参数调优的朴素贝叶斯算法

朴素贝叶斯分类器采用了“属性条件独立性假设”，即每个属性独立地对分类结果发生影响。程序 8-17 展示了朴素贝叶斯算法的效果，由代码 8-17(1)～代码 8-17(7)组成。

在程序 8-17 中，将加载数据集，创建一个包含 10 行 15 列的子图网格，然后对每个数字(0～9)分别获取其前 15 个样本，并在相应的子图中显示这些样本的图像。将图像以黑白色显示在网格中，可以直观地查看不同数字的写法和样本之间的差异。这种可视化有助于理解数据集的结构和特征，以及在机器学习模型中如何处理这些数据。

具体来说，就是利用手写数字数据集构建一个模型，根据给定的 8×8 像素手写数字图像，准确预测该图像所代表的数字(0～9)，即手写数字的自动识别。

程序 8-17

1. 导入所需模块

代码 8-17(1)如下：

```
import seaborn as sns
import matplotlib.pyplot as plt
import pandas as pd
from sklearn.datasets import load_digits    # 导入加载手写数字数据集的函数
# 导入用于拆分数据集的函数
from sklearn.model_selection import train_test_split
from sklearn.naive_bayes import GaussianNB # 导入高斯朴素贝叶斯分类器
from sklearn.metrics import precision_score, recall_score, f1_score, accuracy_score
from sklearn.metrics import classification_report
```

2. 数据准备与加载

准备一个包含手写数字的数据集，手写数字数据集是通过调用 sklearn.datasets 模块中的 load_digits()函数加载的。这个函数是 scikit-learn 库中提供的用于加载预置数据集的函数。当调用 load_digits()函数时，它会从 scikit-learn 内置的数据集中加载手写数字数据集，并将其作为一个对象返回。

手写数据集有以下特点：

(1)尺寸适中：手写数字数据集包含 1 797 个样本，每个样本是一个 8×8 像素的图像，总共有 10 个类别(0～9)。这种适中的尺寸使得它可以快速进行训练和测试。

(2)预处理简单：该数据集中的图像已经被缩放到 8×8 像素，并且像素值被标准化到 0 到 16 之间。这使得数据预处理变得简单，直接适用于机器学习模型。

(3)高维度特征：每个图像被展平为一个 64 维的特征向量(8×8=64)。这种高维度特征适合用于测试各种机器学习算法的性能，尤其是那些对高维度数据有优势的算法。

手写数字数据集是一个标准的分类任务，适合用于学习和练习各种机器学习算法，包括朴素贝叶斯、支持向量机、线性分类器等。该数据集包含 10 个类别(0～9)，这是一个典型的多类分类问题。

朴素贝叶斯分类器是一种基于贝叶斯定理的分类算法，特别适用于多类分类任务。在手写数字识别中，朴素贝叶斯算法可以通过以下步骤识别手写数字：

(1)特征提取：首先，从手写数字图像中提取特征。通常，每个手写数字图像是一个 28x28 像素的灰度图像。可以将每个像素的灰度值作为一个特征，这样每个手写数字图像就变成了一个包含 784 个特征(像素值)的向量。

(2)训练模型：使用训练集来训练朴素贝叶斯模型。目的是计算每个类别(数字 0 到 9)的概率，以及每个类别中每个特征出现的概率。具体来说，模型会统计每个数字在训练集中出现的次数，以及每个像素在不同数字图像中取不同灰度值的次数。

(3)在分类阶段，对于每个待分类手写数字图像，朴素贝叶斯算法计算该图像属于每个类别的概率。将图像的每个像素值与每个类别中相应像素值的概率进行比较，来估计该图像最有可能属于哪个类别。朴素贝叶斯算法会选择概率最大的类别作为预测结果。也就是说，如果某个手写数字图像最有可能是数字“3”，那么算法就会将其分类为“3”。

1）加载数据(手写字母样本库)

代码 8-17(2)如下：

```
digits= load_digits()                        # 导入手写数字数据集
X= digits.data                               # 提取特征数据
y= digits.target                             # 提取目标标签
```

2）显示数据

代码 8-17(3)如下：

```
# 创建一个包含 10 行 15 列的子图网格,图形大小为 15×10 英寸
fig,axes= plt.subplots(10,15,figsize= (7.5,5))
for i in range(10):                          # 可视化每个数字的前 15 个样本
  samples= X[y= = i][:15]                    # 获取当前数字的前 15 个样本
  for j,sample in enumerate(samples):
    ax= axes[i,j]                            # 获取当前子图
    ax.imshow(sample.reshape(8, 8), cmap= 'binary', interpolation= '
nearest')                                    # 在子图中显示图像
    ax.axis('off')                           # 关闭子图的坐标轴显示
plt.tight_layout()                           # 调整子图布局,使其紧密排列
plt.show()
```

显示如图 8-26 所示。

3）数据集划分

代码 8-17(4)如下：

```
X_train,X_test,y_train,y_test=train_test_split(X,y,test_size=0.2,
random_state=42)
```

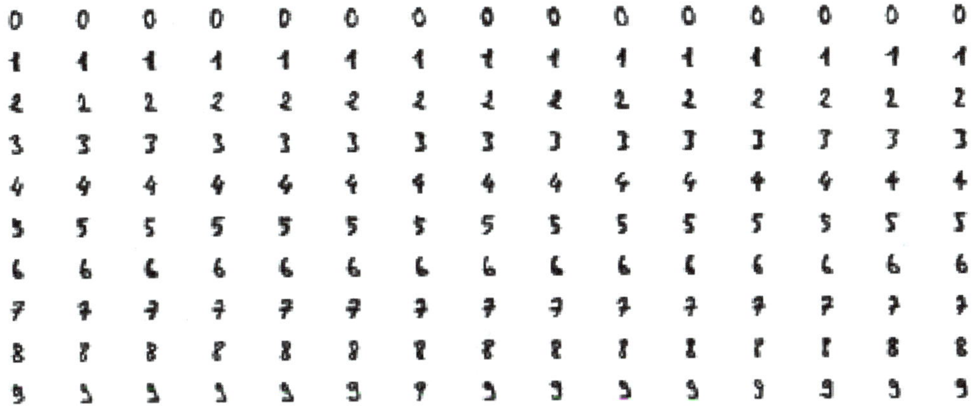

图 8-26　输出数据集中前十个数字(0 到 9)的前 15 个样本

代码将数据集(X,y)划分为了训练集(X_train,y_train)和测试集(X_test,y_test),测试集占总样本的 20%。

3. 模型训练与评估

1)用训练集去训练朴素贝叶斯分类器

代码 8-17(5)如下:

```
model=GaussianNB()                    # 初始化一个高斯朴素贝叶斯模型
model.fit(X_train,y_train)            # 在训练集上训练模型
y_pred=model.predict(X_test)          # 在测试集上进行预测
```

2)可视化模型训练结果

代码 8-17(6)如下:

```
# 生成分类报告
class_report=classification_report(y_test,y_pred,target_names=
digits.target_names,output_dict=True)
# 将分类报告转换为 DataFrame 便于可视化
df_class_report=pd.DataFrame(class_report).transpose()
# 可视化分类报告
plt.figure(figsize=(10,6))                  # 创建一个图形对象
sns.heatmap(df_class_report.iloc[:-1,:3],annot=True,fmt='.2f',cmap='
Blues')                                     # 创建热力图
plt.title('Classification Report')          # 设置图形标题
plt.show()
```

显示图像如图 8-27 所示。

3)模型性能评估

下面的代码用于计算机器学习模型的分类性能指标。具体来说,这些代码计算了模型在测试数据集上的准确率、精确率、召回率和 F1 分数,这些指标用于评估模型的预测质量。

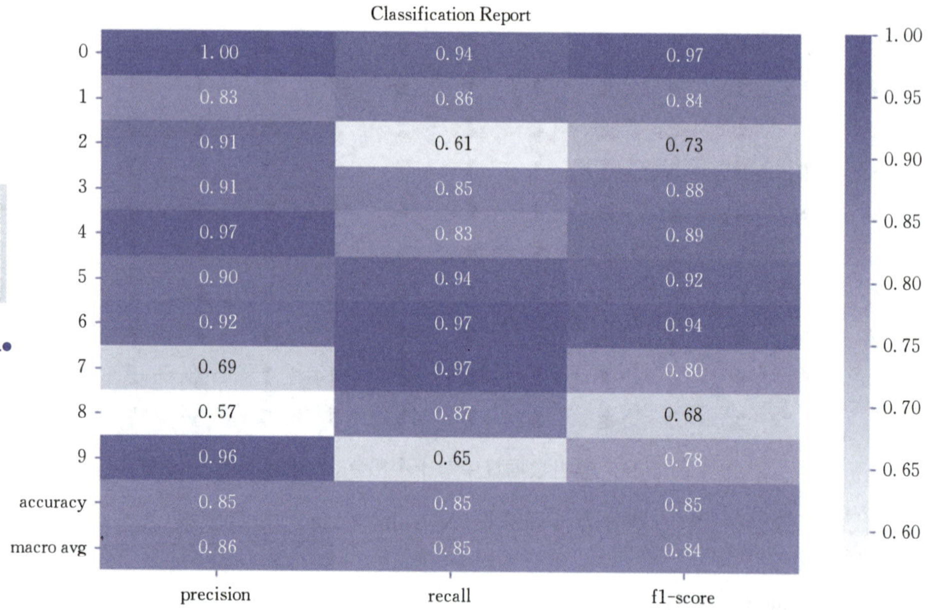

图片

图8-27

图 8-27　朴素贝叶斯在手写数字数据集上的分类报告

代码 8-17(7)如下：

```
accuracy=accuracy_score(y_test,y_pred)              # 计算模型的准确率
# 计算模型的精确率
precision=precision_score(y_test,y_pred,average='weighted')
# 计算模型的召回率
recall=recall_score(y_test,y_pred,average='weighted')
f1=f1_score(y_test,y_pred,average='weighted')           # 计算模型的 F1 分数
print(f"Accuracy:{accuracy:.2f}")                       # 打印准确率
print(f"Precision:{precision:.2f}")                     # 打印精确率
print(f"Recall:{recall:.2f}")                           # 打印召回率
print(f"F1 Score:{f1:.2f}")                             # 打印 F1 分数
```

结果如下：

```
Accuracy:   0.85
Precision:  0.88
Recall:     0.85
F1 Score:   0.85
```

8.8.2　带参数调优的朴素贝叶斯算法

在机器学习中，不同模型有不同的超参数，这些超参数对模型的性能有着重要影响。例如，在高斯朴素贝叶斯(Gaussian NB)模型中，方差平滑参数(var_smoothing)就是一个重要的超参数，它用于添加到每个特征的方差中的一个小量，以避免零方差情况。这种平滑技术有助于提高模型的稳定性，特别是在特征的方差非常小或接近于零时。当数据集中某些特征的方差非常小或者样本数较少时，可以通过调整 var_smoothing 参数来提高模型的鲁棒

性和性能。

先验概率(priors):这个参数用于指定每个类别的先验概率。在某些应用中,可能对某些类别的先验概率有特定的了解或偏好。例如,如果某些类别在实际应用中比其他类别更重要,可以调整 priors 参数来反映这一点。

手动调节这些超参数既耗时又容易出错,为了系统地寻找最佳的超参数组合,可以使用网格搜索(GridSearchCV)。网格搜索会遍历所有可能的超参数组合,并使用交叉验证来评估每个组合的性能,从而自动找到最优的超参数组合。

GridSearchCV 的作用:

(1)系统化搜索:GridSearchCV 会遍历指定网格中所有可能的超参数组合。对于每个超参数组合,都会进行模型训练和评估。

(2)交叉验证:在每个超参数组合的评估过程中,GridSearchCV 使用交叉验证技术。交叉验证将数据集分成多折(fold),并多次训练和验证模型,从而更可靠地评估模型的性能,减少过拟合的风险。

(3)自动化:通过 GridSearchCV,超参数调优过程可以自动化。只需指定参数网格和评估标准,GridSearchCV 会自动进行搜索并返回最佳参数。

程序 8-18 是一个简单的参数调优示例,以方差平滑参数(var_smoothing)为例。

程序 8-18

```
    import seaborn as sns
    import pandas as pd
    from sklearn.datasets import load_digits
    # 导入 GridSearchCV 做参数调优
    from sklearn.model_selection import train_test_split,GridSearchCV
    from sklearn.naive_bayes import GaussianNB
    from sklearn.metrics import precision_score, recall_score, f1_score,
accuracy_score,classification_report
    import matplotlib.pyplot as plt
    digits=load_digits()
    X=digits.data
    y=digits.target
    X_train, X_test, y_train, y_test=train_test_split(X, y, test_size=0.2,
random_state=42)
    param_grid={                                    # 定义参数网格
      'var_smoothing':[1e-9,1e-8,1e-7,1e-6,1e-5]     }
    # 使用 GridSearchCV 进行参数调优
    model=GaussianNB()
    grid_search=GridSearchCV(estimator=model, param_grid=param_grid,
scoring='accuracy',cv=5)
    grid_search.fit(X_train,y_train)
    # 输出最佳参数
    print(f"Best parameters found:{grid_search.best_params_}")
```

```
# 使用最佳参数进行预测
best_model=grid_search.best_estimator_
y_pred=best_model.predict(X_test)
# 生成分类报告
c_report = classification_report (y_test, y_pred, target_names = digits.target_names.astype(str),output_dict=True )
df_class_report=pd.DataFrame(c_report).transpose()
# 可视化分类报告
plt.figure(figsize=(10,6))
sns.heatmap(df_class_report.iloc[:-1,:3],annot=True,fmt='.2f',cmap='Blues')
plt.title('Classification Report')
plt.show()
# 计算性能评估指标
accuracy=accuracy_score(y_test,y_pred)
precision=precision_score(y_test,y_pred,average='weighted')
recall=recall_score(y_test,y_pred,average='weighted')
f1=f1_score(y_test,y_pred,average='weighted')
print(f"Accuracy:{accuracy:.2f}")
print(f"Precision:{precision:.2f}")
print(f"Recall:{recall:.2f}")
print(f"F1 Score:{f1:.2f}")
```

图 片

图8-28

可视化结果如图 8-28 所示。

结果参数调优的模型在测试集的表现结果如下：

```
Accuracy:0.89
Precision:0.90
Recall:0.89
F1 Score:0.89
```

通过 GridSearchCV 对高斯朴素贝叶斯模型的 var_smoothing 参数进行调优，探索了不同的 var_smoothing 值[1e-9,1e-8,1e-7,1e-6,1e-5]的效果，选择在交叉验证中效果最好的最佳参数组合。var_smoothing 参数用于在每个特征的方差中添加一个向量，以避免零方差情况，从而提高模型的稳定性和鲁棒性。

使用最佳参数组合训练了最终的高斯朴素贝叶斯模型，并在测试集上进行预测。事实证明：通过参数调优和模型评估，可以使得高斯朴素贝叶斯模型更加精确地对手写数字数据集进行分类，提高模型的泛化能力。同时，通过可视化分类报告，可以直观地了解模型在不同类别上的性能表现，有助于进一步优化和改进模型。

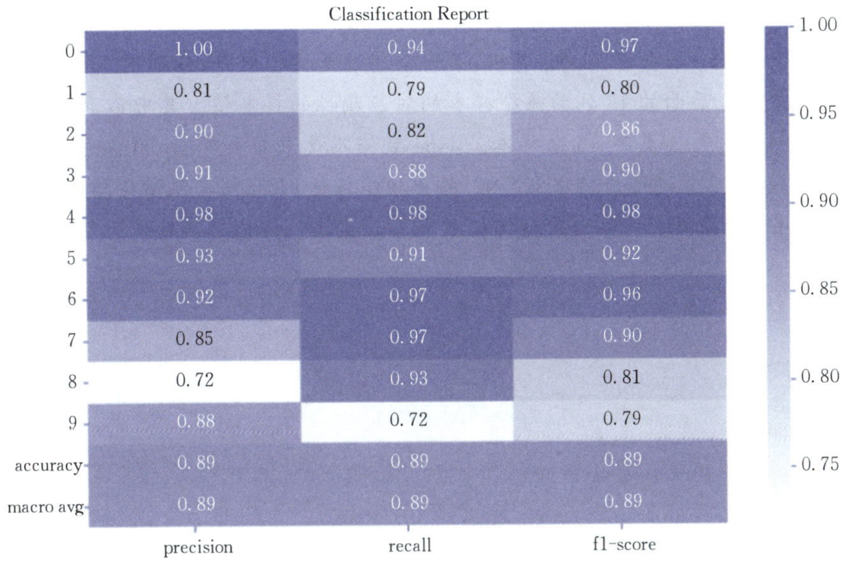

图 8-28　分类报告热图

小　结

本章主要介绍了经典机器学习算法的实践，涵盖了多种常见的机器学习算法，包括线性回归、逻辑回归、决策树、支持向量机、KNN、K-means 和朴素贝叶斯。本章通过丰富的代码示例和实验，详细介绍了以上经典机器学习算法的实现和评估方法。通过本章的学习，读者将能够掌握如何使用 Python 实现经典机器学习算法，并能够根据实际问题选择合适的算法进行建模与优化。本章的实验数据量较小且规律性强，适合初学者理解和掌握经典机器学习算法的基本概念和流程。

习　题

1. 请简单描述进行机器学习所需要的步骤。

2. 请简单描述线性回归、逻辑回归、决策树、支持向量机、KNN、K-means、朴素贝叶斯这些算法的相似与区别。

3. 请简单描述如何评估模型的训练效果。

4. 数据集样本数为 1 000，特征数为 2，给定随机生成的批量样本特征 $X \in \mathbb{R}^{\wedge}(1\,000 \times 2)$。使用线性回归模型的真实权重 $w=[2\ ,-3.4]^{T}$ 和偏差 $b=4.2$，以及一个随机噪声项 ε 来生成标签。根据以上条件，实现一个简单的线性回归，给出预测权重偏差与真实权重偏差，并可视化回归结果。

5. 请使用鸢尾花数据集的所有特征进行逻辑回归，目标回归类别任选，给出准确率、均方误差、混淆矩阵与分类报告。

6. wine 葡萄酒数据集是来自 UCI 上面的公开数据集，这些葡萄酒来自三个不同的品种。

在 wine 数据集中，这些数据包括了三种酒中 13 种不同成分的数量。文件中，每行代表一种酒的样本，共有 178 个样本；一共有 14 列，其中，第一个属性是类标识符，分别用 1、2、3 来表示，代表葡萄酒的三个分类。后面的 13 列为每个样本的对应属性的样本值。其中第 1 类有 59 个样本，第 2 类有 71 个样本，第 3 类有 48 个样本。wine 数据集是来自 ics uci datasets 的公开数据集。请对 wine 葡萄酒数据集进行全特征 KNN。给出模型评估、散点图与混淆矩阵。

7. 请对 wine 葡萄酒数据集进行全特征 K-means 聚类。给出聚类结果的可视化。